21 世纪高等学校**机电类规划教材**

JIDIANLEI GUIHUA JIAOCAI

工业和信息化普通高等教育
"十二五"规划教材立项项目

工程制图

◆ 汪正俊 主编

◆ 吴天凤 李雪玮 副主编

◆ 胡建生 主审

人民邮电出版社

北 京

图书在版编目（CIP）数据

工程制图 / 汪正俊主编. -- 北京 ：人民邮电出版
社，2013.9（2021.7重印）
21世纪高等学校机电类规划教材
ISBN 978-7-115-30537-4

Ⅰ. ①工… Ⅱ. ①汪… Ⅲ. ①工程制图－高等学校－
教材 Ⅳ. ①TB23

中国版本图书馆CIP数据核字(2013)第181661号

内 容 提 要

本书共分12章，主要内容包括制图的基本知识与技能、基本几何要素的投影、立体的投影、组合体的投影、轴测投影、工程形体的表达方法、机械图样的特殊表达方法、展开图和焊接图、标高投影、零件图、装配图、房屋建筑图等。由汪正俊主编的配套教材《工程制图习题集》将与本书同步出版。

本书适合作为高等工科院校和高等职业技术院校石油、化工、冶金、电气、纺织、采矿、地质、管理和其他教学要求相近的非机械类、非土木类专业"工程制图"课程教材。

◆ 主　　编　汪正俊
　　副 主 编　吴天凤　李雪玮
　　主　　审　胡建生
　　责任编辑　李海涛
　　责任印制　彭志环　杨林杰

◆ 人民邮电出版社出版发行　　北京市崇文区夕照寺街 14 号
　　邮编　100061　电子邮件　315@ptpress.com.cn
　　网址　http://www.ptpress.com.cn
　　天津翔远印刷有限公司印刷

◆ 开本：787×1092　1/16
　　印张：18　　　　　　　　　　　2013 年 9 月第 1 版
　　字数：453 千字　　　　　　　2021 年 7 月天津第 17 次印刷

定价：39.80 元

读者服务热线：(010)81055256　印装质量热线：(010)81055316
反盗版热线：(010)81055315

本书是按照教育部制定的高等工科类学校"工程制图"课程教学基本要求（非机、非土类专业适用，参考学时 50～70 学时），依据近年来颁布的国家标准，参考同类教材和相关文献，结合多年的教学经验和教学改革成果编写而成的。

本书适用于高等工科院校和高等职业技术院校石油、化工、冶金、电气、纺织、采矿、地质、管理和其他教学要求相近的非机械类、非土木类专业。全书内容包括制图基础、画法几何、机械制图和建筑制图四部分。在使用本书过程中，可根据专业需求和授课时数选择教材内容进行教学。

本书具有如下特点。

1．采用最新的国家标准，有的国家标准是 2009 年才修订的。

2．将机械制图和建筑制图知识融为一体，对于很多跨学科的专业教学更有利。

3．在内容安排上，理论知识以够用为原则，减少了画法几何内容。采用突出重点（主要是读图能力），分散难点，精选例题的写法。逐步培养学生的空间概念，提高空间分析问题和解决问题的能力。

4．由汪正俊主编的配套教材《工程制图习题集》将与本书同步出版。习题集中的形体尽量来源于生产实际。因为题量较大，部分题目可以让学生徒手完成。因为现在有了计算机绘图，对学生的仪器绘图质量可以适当降低。

5．现在很多制图书都将计算机绘图加入其中，由于本书篇幅有限，而且对学生系统掌握计算机绘图知识不利，所以本书删除了计算机绘图的内容。

本教材参加编写的老师：吴天凤（第 1 章、第 5 章）、魏宇涵（第 2 章）、陈瑞（第 3 章、第 6 章第 6.1、6.2 节）、施坤（第 4 章、第 6 章 6.3、6.4、6.5 节）、韩宁（第 7 章）、汪正俊（绪论、第 8 章、第 9 章、附录）、李雪玮（第 10 章）、谢晓燕（第 11 章）、袁伟（第 12 章）。汪正俊担任主编，吴天凤、李雪玮担任副主编。全书由汪正俊统稿。

本教材由胡建生教授主审。胡建生教授对本教材提出了很多宝贵意见，并提供了大量资料和插图，在此表示衷心感谢！

由于水平所限，书中错误在所难免，敬请读者斧（邮箱 wzj0554@126.com）正。

编 者
2012 年 11 月于淮南

目 录

工程图样与语言和文字一样，是人们用来表达和交流思想的工具。在现代生产中，不论是机械、煤炭、石油、化工、航空航天、电子电器还是建筑，在设计、制造、施工、安装和维修过程中，都要根据工程图样来进行。作为工程技术人员和技工人员都必须学会绘制和阅读工程图样。所以工程图样被誉为工程界的语言。

"工程制图"是理工科院校的一门必修的技术基础课。它是以研究工程图样绘制和识读规律与方法的一门学科，是培养学生的空间想象和思维能力的工具。

1．本课程的主要任务

本课程的主要任务是培养学生的绘图和读图能力，空间分析问题和解决问题的能力。为后续专业课程的学习打下良好的基础，具体包括以下几方面：

（1）用二维的平面图形来表达三维的空间物体——绘图能力；

（2）根据二维的平面图形想象三维空间的物体——读图能力；

（3）根据二维的平面图形度量三维空间的数据——图算能力；

（4）培养学生严肃认真一丝不苟的工作作风。

2．本课程的学习内容

（1）制图的基本技能，主要是绘图基本功的训练；

（2）画法几何原理，这是本学科的理论基础，也就是二维与三维空间转化的依据；

（3）国家标准的规定画法，它是工程语言的语法，作为工程技术人员，必须知道制图国家标准的规定画法，严格遵守国家标准；

（4）有关专业图样的画法，了解与自己所学专业图样的基本表达方法。

3．本课程的学习方法

本课程是一门实践性很强的专业基础课。要想学好这门课程的主要内容，只有通过画图和看图的大量实践才能掌握。在学习过程中要不断重复绘图和读图的互逆过程。空间概念的建立，很大程度上取决于实际训练的多寡。需要花大量的时间来完成一系列的制图作业。所以我们每次课后都要布置课外作业，同学们要一丝不苟地去完成。怎样才能学好本课程呢？必须做到如下几点：

（1）准备一套绘图仪器，按照正确的工作方法来画图；

（2）认真听课，及时复习，理解并运用画法几何的基本原理和方法，学会形体分析、线面和结构分析等方法；

（3）注意画图和看图相结合，物体与图样相结合，要多画多看，注意培养空间想象能力和空间构形能力；

（4）严格遵守国家标准，并学会查阅有关标准资料的方法；

（5）不断改进自学方法，准确使用制图的有关资料，提高独立的工作能力和自学能力。

本课程只能为学生的绘图和读图能力打下初步的基础，在后续课程、生产实习、毕业实习、课程设计和毕业设计中，还要继续培养和提高。

4．我国工程图学的发展概况

我国是世界上的四大文明古国之一，人们在长期生产实践中，在图示理论和制图方法领域里都有丰富经验和辉煌的成就。自大禹治水开始，勘测地形、疏通河道、建路修桥、盖房筑墓等都要绘制工程图样。在春秋时期就有了绘制施工图的专著。尤其是宋代李诚所著的《营造法式》，它是我国历史上建筑技术、艺术和制图的一部著名的建筑典籍。

到了封建社会，尤其是清朝后期，我国处于半封建和半殖民地状态，工农业生产发展落后，制图技术的发展也受到阻碍，没有自己的国家制图标准。解放后，随着工农业生产发展的需要，工程制图科学技术领域里的理论图学、应用图学、计算机图学、制图技术、制图标准和图学教育等各方面，都得到了相应的发展，尤其是 1956 年制定了我国第一部《机械制图国家标准》，随后又颁布了《建筑制图国家标准》。

为了适应工农业生产和科学技术发展的需要，在 1970 年、1974 年、1984 年对制图标准作了较大的修订和补充制定。从 1985 年至今，制图标准不断修定和制定。尤其是我国加入 WTO 后，与国际的技术交流和技术合作越来越普遍，客观上要求制定各个部门的技术图样共同适用的统一的国家制图标准。经过多年的制定和修定工作的深入开展，我国的制图标准尽量与国际标准靠拢，现已经基本形成一个新的体系。目前，这个制图国家标准体系包括第一层《技术制图标准》；第二层各专业制图标准，如《机械制图标准》、《建筑制图标准》等，第三层《CAD 制图标准》。

综上所述，工程图学和其他学科一样，也是不断地发展变化的。任何知识都有陈旧率，不是老师今天教你这样画，你一辈子都这样画。如果国家标准变了，我们的图示方法也应随之改变。所以同学们要树立不断学习、终身学习的思想。

我们力求通过本课程的教学，使学生在制图基础、投影理论和专业图样的绘制和阅读上打下良好的基础，尤其是对国家标准的理解和掌握上获得足够的基础知识。

第 **1** 章　制图的基本知识与技能

工程图样是设计、制造、安装、施工和验收的技术文件。是工程界交流技术思想的语言，规范性要求很高。为此，对于图纸、图线、字体、比例及尺寸标注等，均由国家标准做出严格规定，每位工程技术人员都必须坚持遵守。本章除对此摘要介绍外，为培养绘图者坚实的基本功，亦对绘图工具的使用、绘图方法与技能作基本介绍。

1.1　制图工具及其应用

"工欲善其事，必先利其器"。绘图工具的正确使用，既能保证绘图质量，提高绘图的准确度，又能加快绘图速度。因此，必须正确使用绘图工具及仪器。下面介绍手工绘图时常用工具的使用要点。

1.1.1　铅笔

铅笔笔芯的硬度由字母 H 和 B 来标识，HB 为中等硬度。通常用 2H 铅笔画底稿，用 H 或 HB 铅笔写字、画细实线或箭头，用 HB 或 B 铅笔加深粗实线。

画粗实线的铅笔，铅芯磨削成宽度为 d（粗实线宽）的扁四棱柱形，如图 1-1（a）所示；其余铅芯磨削成圆锥形，如图 1-1（b）所示；铅笔的削法如图 1-1（c）所示。

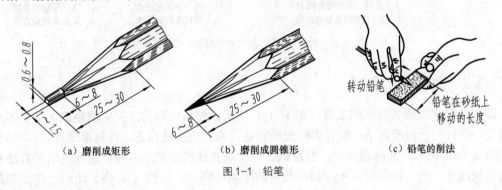

（a）磨削成矩形　　　　　（b）磨削成圆锥形　　　　　（c）铅笔的削法

图 1-1　铅笔

1.1.2　图板、丁字尺、三角板

（1）图板是画图时用的垫板，表面必须平坦；它的左边用作导边，必须平直。

（2）丁字尺是用来画水平线的。画图时，应使尺头紧靠图板左导边，自左向右画水平线，如图 1-2（a）所示，与三角板配合竖直线，如图 1-2（b）所示。

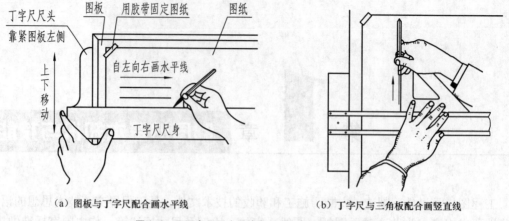

（a）图板与丁字尺配合画水平线 　　　（b）丁字尺与三角板配合画竖直线

图 1-2　用丁字尺画水平线和与三角板配合画垂直线

（3）三角板分 45° 和 30° 两块，与丁字尺配合使用，可画与水平方向成 15° 角倍数的各种倾斜线，如图 1-3（a）所示；也可用两块三角板配合画任意角度直线的平行线和垂直线，如图 1-3（b）、（c）所示。

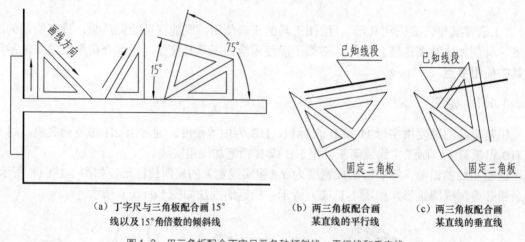

（a）丁字尺与三角板配合画 15° 　　（b）两三角板配合画　　（c）两三角板配合画
　线以及 15° 角倍数的倾斜线　　　某直线的平行线　　　某直线的垂直线

图 1-3　用三角板配合丁字尺画各种倾斜线、平行线和垂直线

1.1.3　圆规和分规

圆规是用来画圆和圆弧的工具，如图 1-4 所示。使用圆规前，应先调整钢针与铅芯的相对高度。钢针有台阶端向下，使针尖略长于铅芯，铅芯应磨成凿形，使斜面向外，以便修磨，如图 1-4（a）所示。加深图线时，圆规铅芯应比画直线的铅笔软一号，这样画出的直线和圆弧色调深浅才一致。画图时，手应握在圆规的上端手柄处，如图 1-4（b）所示。转动圆规的用力和速度要均匀，并使圆规向转动方向稍微倾斜。画大圆时应接上加长杆，双手配合画圆，如图 1-4（c）所示。画小圆时应用弹簧圆规或点圆规。

分规是等分和量取尺寸的工具，如图 1-5（a）所示。分规两针尖并拢时，必须能对齐，其使用方法如图 1-5（b）和图 1-5（c）所示。

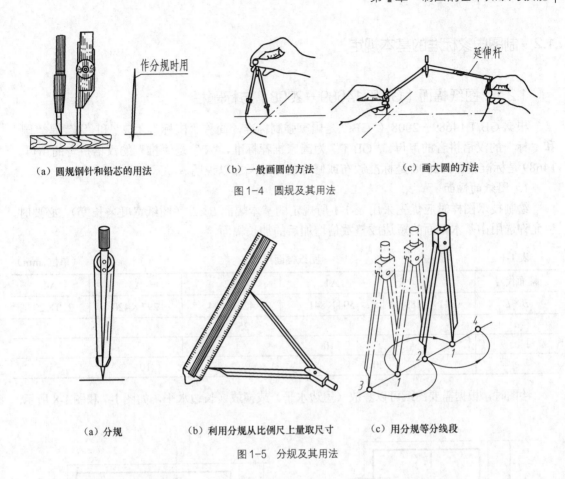

（a）圆规钢针和铅芯的用法　　　（b）一般画圆的方法　　　（c）画大圆的方法

图1-4　圆规及其用法

（a）分规　　（b）利用分规从比例尺上量取尺寸　　（c）用分规等分线段

图1-5　分规及其用法

1.1.4　其他绘图工具

绘图模板是一种快速绘图工具，上面有多种镂空的常用图形、符号或字体等。能够方便地绘制针对不同专业的图案，如图1-6（a）所示。使用时笔尖应紧靠模板，才能使画出的图形整齐、光滑。量角器用来测量角度，如图1-6（b）所示。简易的擦图片是用来防止擦去多余线条时把有用的线条也擦去的一种工具，如图1-6（c）所示。

（a）模板　　　　　　（b）量角器　　　　　　（c）擦图片

图1-6　其他绘图工具

除上面已介绍的工具外，绘图时还需准备一把专用的削铅笔刀，修磨铅笔用的砂纸，固定图纸用的透明胶带及绘图橡皮擦等。如有需要，还可准备比例尺、擦图片、曲线板等。随着计算机绘图的普及，繁杂的手工绘图工作已逐步被计算机绘图所取代，使得绘图工具也得以简化。

1.2 制图国家标准的基本规定

1.2.1 图纸幅面（GB/T 14689—2008）与标题栏

根据 GB/T 14689—2008（"GB"是国家强制标准，简称"国标"，"G"和"B"是"国"和"标"的汉语拼音的声母。"GB/T"为国家推荐标准，"T"是"推"的汉语拼音的声母。14689 是标准编号，2008 是标准颁布或修订的年号）加以说明。

1. 图纸的幅面

绘制技术图样时应优先采用表 1-1 所规定的基本幅面 $B \times L$（图纸宽度×长度）。必要时，也允许选用由基本幅面的短边成整数倍增加后的加长幅面。

表 1-1	图纸幅面尺寸				（单位 mm）
幅面代号	A0	A1	A2	A3	A4
$B \times L$	841×1189	594×841	420×594	297×420	210×297
a	25				
c	10			5	
e	20		10		

绘图时，根据需要图纸可以竖放（短边水平）或横放（长边水平，如图 1-7 和图 1-8 所示。

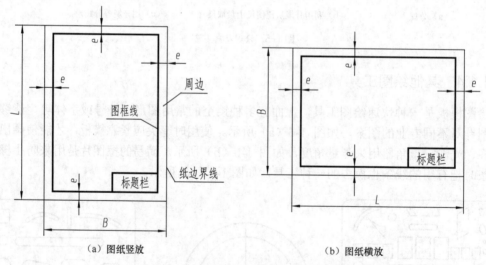

（a）图纸竖放　　　　　　　　　　　　（b）图纸横放

图 1-7　不需要装订的图框格式及标题栏配置

2. 图框格式

图纸内限定绘图区域的线框称为图框。图纸上必须用粗实线画出图框，其格式分为不留装订边和留有装订边两种，但同一种产品的图样只能采用同一种格式，具体格式如图 1-7 和图 1-8 所示。

3. 标题栏

每张图纸上都必须画出标题栏，通常应位于图纸的右下角。标题栏的右边和下边与下图框线重合。标题栏提供了图样所要表达的产品及图样管理的若干基本信息，是图样不可缺少的内容。

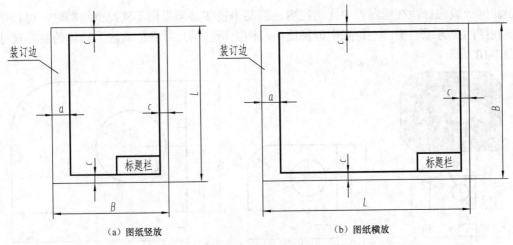

图1-8 需要装订的图框格式及标题栏配置

标题栏的基本要求、内容、尺寸和格式在国家标准 GB/T 10609.1—2008 中有详细规定，各设计单位根据自身需求其格式亦有所不同，这里不作详细介绍。在学习本课程时，作业中建议采用图1-9所示的标题栏简化格式。

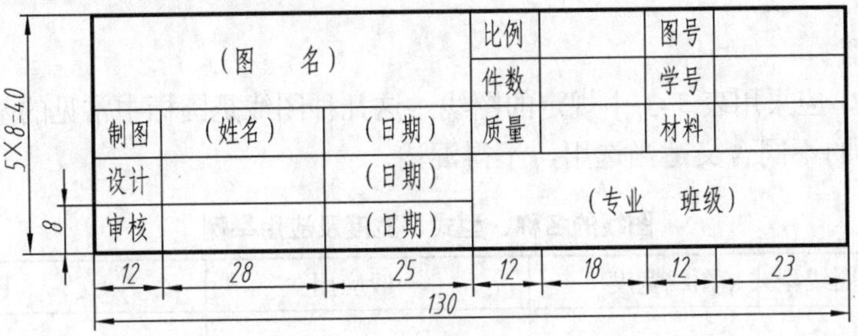

图1-9 标题栏的简化格式

1.2.2 比例（GB/T 14690—1993）

1. 比例的概念

比例是指图中图形与实物相应要素的线性尺寸之比。图形画的和相应实物一样大小时，比值为1，称为原值比例；图形画得比相应实物大时，比值大于1，称为放大比例；图形画得比相应实物小时，比值小于1，称为缩小比例。

2. 比例的选取及标注

绘制图样时，一般应优先从表 1-2 规定的系列中选取不带括号的比例，必要时也允许选用带括号的比例。应尽可能选择原值比例（1:1 比例），按物体真实大小绘制，以利于读图及空间思维。

表 1-2　　　　　　　　　　　　　　绘图比例

种　　类	比　　例
原值比例	1:1
放大比例	2:1 （2.5:1）　（4:1）　5:1 1×10^n:1 2×10^n:1　（2.5×10^n:1）　（4×10^n:1）　5×10^n:1
缩小比例	（1:1.5）　1:2　（1:2.5）　（1:3）　（1:4）　1:5　（1:6）　$1:1 \times 10^n$　（$1:1.5 \times 10^n$） $1:2 \times 10^n$　（$1:2.5 \times 10^n$）　（$1:3 \times 10^n$）　（$1:4 \times 10^n$）　$1:5 \times 10^n$　（$1:6 \times 10^n$）

注：n 为正整数

比例一般应标注在标题栏中比例栏内。当某个视图必须采用不同比例绘制时，可以标注在该视图的上方或右侧。不论采用何种比例，图上所注的尺寸数值均应为物体的实际尺寸，如图 1-10 所示。

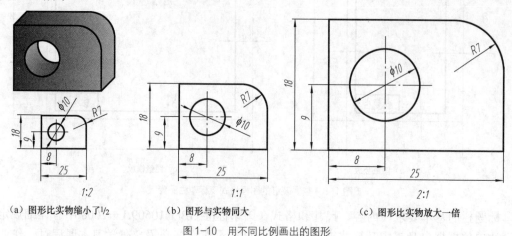

　（a）图形比实物缩小了½　　　　（b）图形与实物同大　　　　（c）图形比实物放大一倍

图 1-10　用不同比例画出的图形

1.2.3　图线（GB/T 4457.4—2002）

1. 基本线型

绘制图样时，应采用表 1-3 中规定的图线。这几种图线是国标中常见的基本线型，绘图者需按线型所表达的不同含义适当选用，不得混淆。

表 1-3　　　　　　　　　　图线的名称、型式、宽度及应用举例

图线名称	图线型式、图线宽度	一般应用	图例
粗实线	宽度 d：优先选用 0.5mm、0.7mm	可见棱边线 可见轮廓线	可见棱边线 可见轮廓线
细虚线	约 12d　约 3d 宽度：1/2d	不可见棱边线 不可见轮廓线 不可见过渡线	不可见棱边线 不可见轮廓线 不可见过渡线
细实线	宽度：1/2d	尺寸线、尺寸界线、剖面线、重合断面的轮廓线、辅助线、引出线、螺纹牙底线、齿轮齿根线、可见过渡线、短中心线、尺寸起止线、辅助线、投射线和网格线	尺寸线　剖面线 尺寸界线　过渡线 重合断面的轮廓线
细点画线	约 6d　约 24d 宽度：1/2d	轴线、对称中心线、轨迹线、节圆及节线	回转体轴线　对称中心线

图线名称	图线型式、图线宽度	一般应用	图例
细双点画线	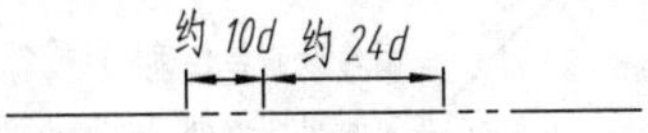 约10d 约24d 宽度：1/2d	极限位置的轮廓线、相邻辅助零件的轮廓线、假想投影轮廓线	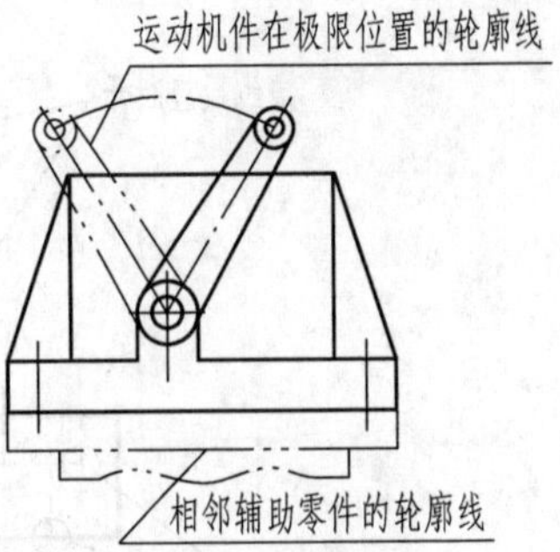
细波浪线	 宽度：1/2d	机件断裂处的边界线、视图与局部剖视图的分界线	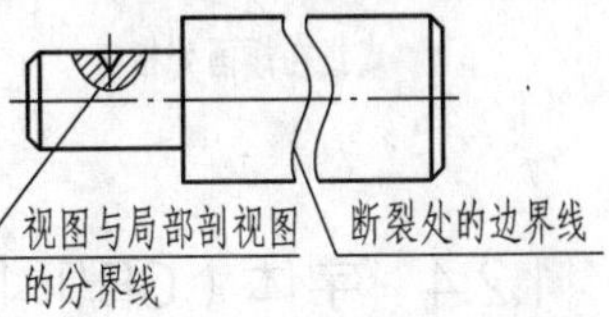
细双折线	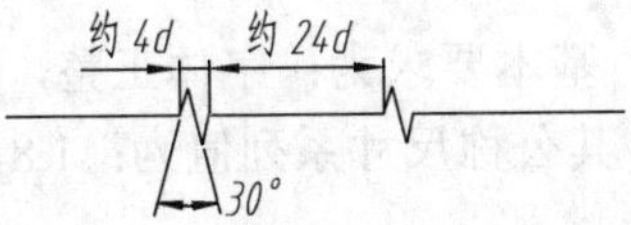 约4d 约24d 30° 宽度：1/2d	断裂处的边界线	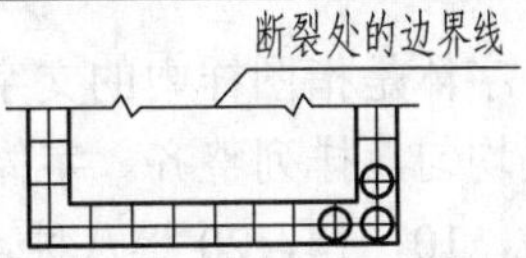
粗双点画线	 宽度：d，优先选用 0.5、0.7mm	有特殊要求的线或表面的表示线	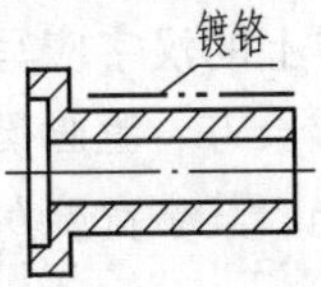

2. 图线的尺寸

图线宽度 d 应按图样的类型和尺寸大小在下列数字中选择：0.13，0.18，0.25，0.35，0.5，0.7，1.0，1.4，2.0（单位：mm）。机械工程图样上采用两类线宽：粗线和细线，其宽度比例为2:1。

3. 画线时注意事项（参阅图 1-11）

（1）同一张图样中，同类图线的宽度应基本一致。虚线、点画线及双点画线的线段长度和间隔应各大致相等。

（2）平行线之间的最小距离不得小于 0.7mm。

（3）点画线、双点画线的首末两端应为"画"，而不应为"点"。绘制圆的对称中心线时，圆心应为"画"的交点，且首末两端超出图形外 2～5mm。当圆较小（直径小于 12mm）时，允许用细实线代替细点画线。

（4）虚线、点画线或双点画线和实线相交或其自身相交时，应以"画"相交，而不应为"点"或"间隔"相交。

（5）虚线、点画线或双点画线为实线延长线时，不得与实线相连。

（6）图线不得与文字、数字或符号重叠混淆，不可避免时，应首先保证文字、数字或符号的清晰。

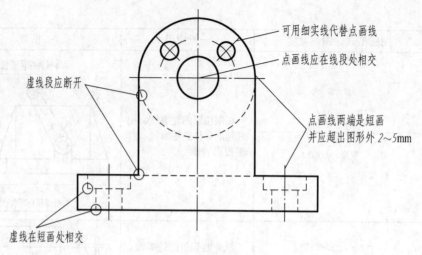

图 1-11　图线注意事项

1.2.4　字体（GB/T 14691—1993）

字体是指图样中的文字、字母、数字的书写形式。基本要求为：字体工整，笔画清楚，间隔均匀，排列整齐。字体的号数即为字体的高度 h，其公称尺寸系列值为：1.8，2.5，3.5，5，7，10，14，20 等八种，单位：mm。

1.　汉字

图样上的汉字应写成长仿宋体字，并应采用国家正式公布的简化字。长仿宋体字的特点是：字形长方、笔画挺直、粗细一致、起落分明、撇挑锋利、结构均匀。汉字高度 h 不应小于 3.5mm，其字宽度 b 一般为 $\sqrt{2}h/2(\approx 0.7h)$，如图 1-12 所示。

10号字

字体工整笔画清楚间隔均匀排列整齐

7号字

横平竖直注意起落结构均匀填满方格

5号字

技术制图机械电子汽车航舶土木建筑矿山井坑港口纺织服装

3.5号字

螺纹齿轮端子接线飞行指导驾驶舱位挖填施工引水通风闸阀坝棉麻化纤

图 1-12　长仿宋体汉字的字体示例

2.　数字和字母

数字和字母可写成斜体和直体。斜体字字头向右倾斜，与水平线约成75°，当与汉字混合书写时，可采用直体，如图 1-13 所示。

3.　字体应用示例

用作指数、分数、注脚、尺寸偏差的字母和数字，一般采用比基本尺寸数字小一号的字体，如图 1-14 所示。

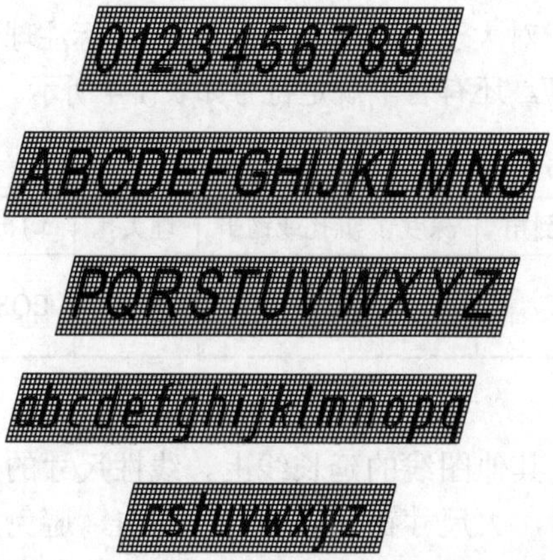

0123456789
ABCDEFGHIJKLMNO
PQRSTUVWXYZ
abcdefghijklmnopq
rstuvwxyz

图 1-13　数字及字母字体示例

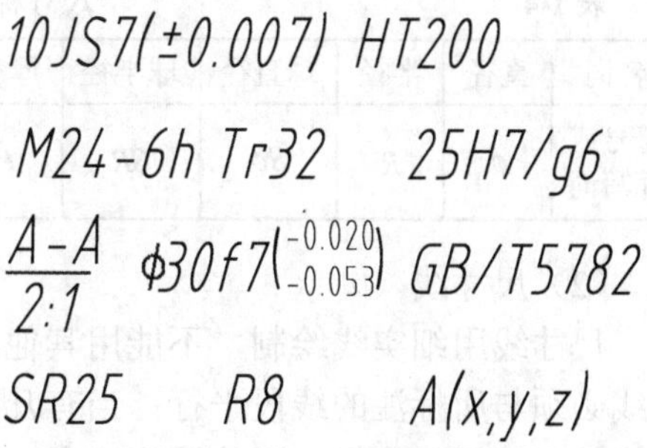

10JS7(±0.007) HT200
M24-6h Tr32 25H7/g6
A-A
2:1
φ30f7(-0.020 -0.053) GB/T5782
SR25 R8 A(x,y,z)

图 1-14　字体应用举例

1.2.5　尺寸标注（GB/T 4458.4—2003）

图形主要表达机件的结构形状，而工程形体的大小则是由图样上所标注的尺寸确定的。尺寸标注是一项非常重要的工作，必须认真对待。如果尺寸有遗漏或错误，将会给生产造成困难。

1．基本规则

（1）机件的真实大小应以图样上所注的尺寸数值为依据，与图形的大小及绘图的准确度无关。

（2）图样中（包括技术要求和其他说明）的尺寸以 mm 为单位时，不需标注计量单位的代号或名称；否则必须注明相应的计量单位的代号或名称。

（3）图样中所标注的尺寸，为该图样所示机件的最后完工尺寸，否则应加以说明。

（4）机件的每一尺寸，一般只标注一次，并应标注在反映该结构最清晰的图形上。

2．尺寸的组成

如图 1-15 所示，一个完整尺寸应包括尺寸数字、尺寸线、尺寸界线和尺寸终端形式。

对称中心线和轮廓线的引出线作尺寸界线
超出约2mm
R8
轮廓线作尺寸界线
箭头
尺寸线
尺寸数字
尺寸界限
25
19
40
2-φ8
8
23
1.4倍的字高
60

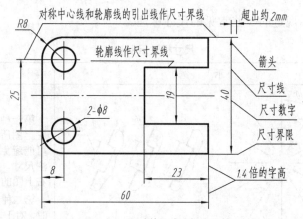

图 1-15　尺寸的组成及标注示例

（1）尺寸数字

线性尺寸数字一般应注写在尺寸线的上方或中断处。线性尺寸数字的方向一般应按表 1-5 所示方法注写，并尽可能避免在左上至右下 30° 范围内注写尺寸。当无法避免时，可按表中图示标注。同一图样中，尺寸数字应尽可能用同一形式注写，且不能被任何图线通过，无法避免时应将图线断开。国标还规定了一些特定的尺寸符号，如标直径时，应在尺寸数字前加注符号“ϕ”；标注半径时应加注"R"（通常对小于或等于半圆的圆弧标半径，对大于半圆的圆弧标直径）；标注球面的直径或半径时，应在符号"ϕ"、"R"前再加注符号"S"。还有若干规定符号如表 1-4 所示。

表 1-4   尺寸标注常用符号及缩写词

名词	直径	半径	球直径	球半径	厚度	正方形	45°倒角	深度	沉孔或锪平	埋头孔	均布
符号或缩写词	ϕ	R	$S\phi$	SR	t	□	C	⟱	⊔	∨	EQS

（2）尺寸线

尺寸线用细实线绘制，不能用其他图线代替或画在其他图线的延长线上。线性尺寸的尺寸线必须与所标注的线段平行；当有几条平行尺寸线时，大尺寸在外，小尺寸在内，避免尺寸线与尺寸界线相交，影响图形清晰。尺寸线与轮廓线或两平行尺寸线间间隔为比数字高度大一个字号。标注直径或半径时，尺寸线或其延长线一般应通过圆心，如图 1-15 所示。

（3）尺寸界线

尺寸界线用细实线绘制，并由图线的轮廓线、轴线或对称中心线处引用，也可直接利用以上各线作为尺寸界线。尺寸界线一般应与尺寸线垂直，并超出尺寸线的终端 2mm 左右，如图 1-15 所示。如果尺寸界线垂直于尺寸线会造成图线不清晰，则尺寸界线允许倾斜（如表 1-5 中光滑过渡处的尺寸）。

（4）尺寸终端形式

常见尺寸终端有两种形式：箭头适用于各种类型图样，机械图样中主要采用这种形式，如图 1-16 所示，图中 d 为粗实线的宽度。斜线用细实线绘制，与水平方向成 45°，图中 h 为字体高度，采用斜线

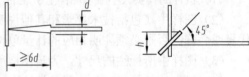

图 1-16 尺寸终端形式

形式时，尺寸线与尺寸界线一般应垂直。同一张图样中应采用同一种尺寸终端形式。

3. 尺寸标注示例

表 1-5 列出了国标规定的一些常见的尺寸标注。

表 1-5   尺寸标注示例

标注内容	示 例	说 明
线性尺寸数字的方向	（图示：角度方向标注示例，各方向标注 20，30°；右上方矩形中标注 16、22、16；下方斜边标注 30、35、24，$\phi24$、42）	第一种方法：尺寸数字应按左上图所示的方向注写，并尽可能避免在图示 30°范围内标注尺寸，当无法避免时，可按右上图的形式标注。 第二种方法：在不致引起误解时，对于非水平方向的尺寸，其数字可水平地注写在尺寸线的中断处，如下图的两图所示 在一张图样中，应尽可能采用一种方法，一般采用第一种方法注写

续表

标注内容	示　例	说　明
角度	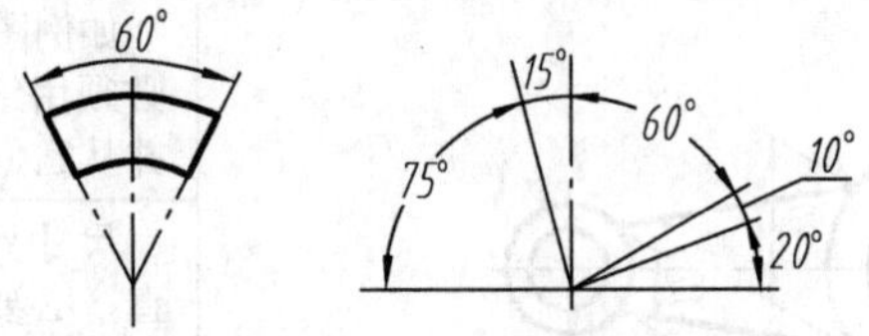	尺寸界线应沿径向引出，尺寸线画成圆弧，圆心是角的顶点。尺寸数字一律水平书写，一般应在尺寸线的中断处，必要时也可按右图的指引线形式标注
圆	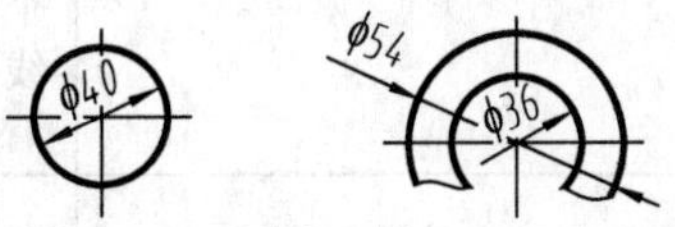	圆的直径尺寸一般应按这两个例图注
圆弧		圆弧的半径尺寸一般应按例图标注。同心圆在成圆的视图中可共用一个尺寸线，不同心的圆角也可共用一个尺寸线
大圆弧	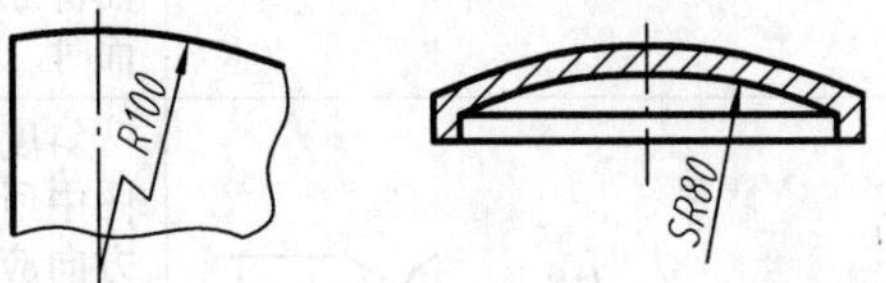	在图纸范围内无法标出圆心位置时，可按左图标注；不需标出圆心位置时，可按右图标注
小尺寸	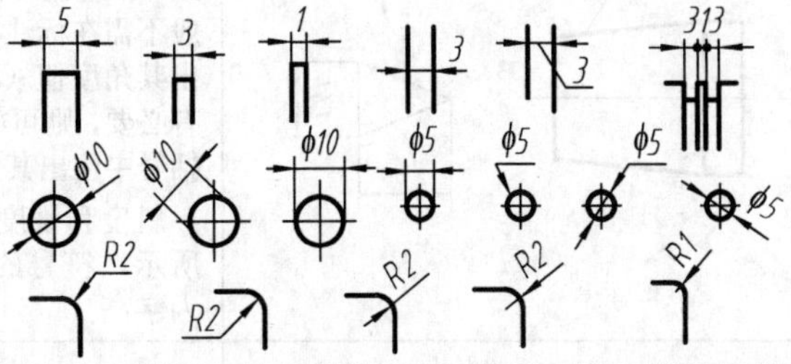	如上排例图所示，没有足够的地方时，箭头可画在尺寸界线的外面，或用小圆点代替两个箭头；尺寸数字也可写在外面或引出标注。圆和圆弧的小尺寸，可按下排例图标注
球面	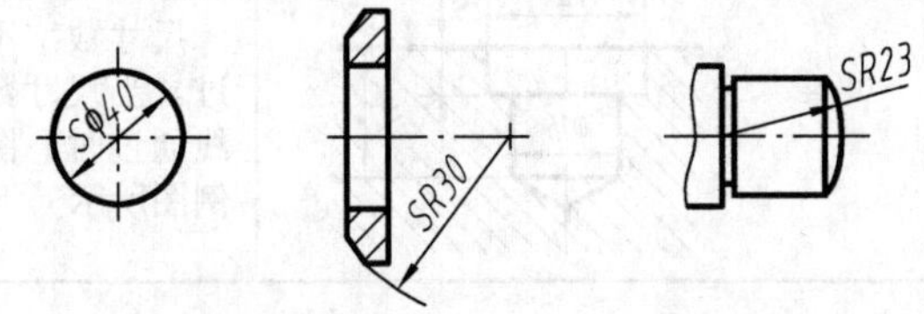	标注球面的尺寸，如左侧两图所示，应在 ϕ 或 R 前加注 "S"。不致引起误解时，则可省略 S，如右图中的球面
弦长和弧长	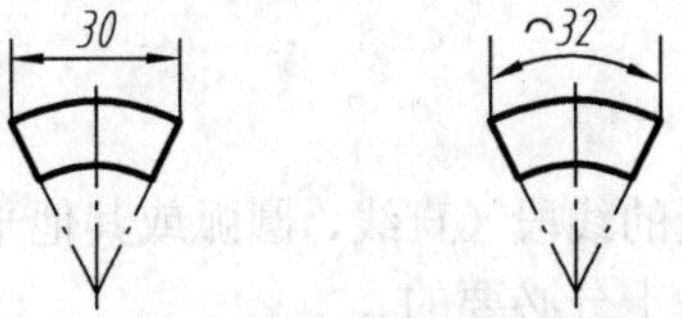	标注弦长和弧长时，如这两个例图所示，尺寸界线应平行于弦的垂直平分线，标注弧长尺寸时，尺寸线用圆弧，并应在尺寸数字前方加注符号 "⌒"
只画出一半或大于一半时的对称机件	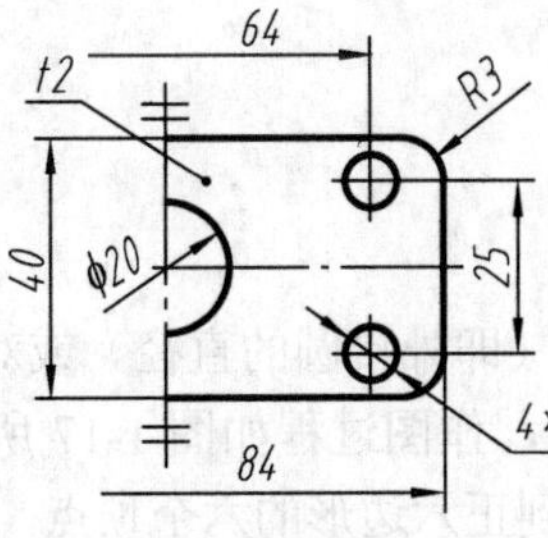	图上的尺寸 84 和 64，其尺寸线应略超过对称中心线或断裂处的边界线，仅在尺寸线的一端画出箭头。在对称中心线的两端分别画出两条与其垂直的平行细实线（对称符号）
板状零件		标注板状零件的尺寸时，可如例图所示，在厚度的尺寸数字前加注符号 "t"

续表

标注内容	示　例	说　明
光滑过渡处的尺寸	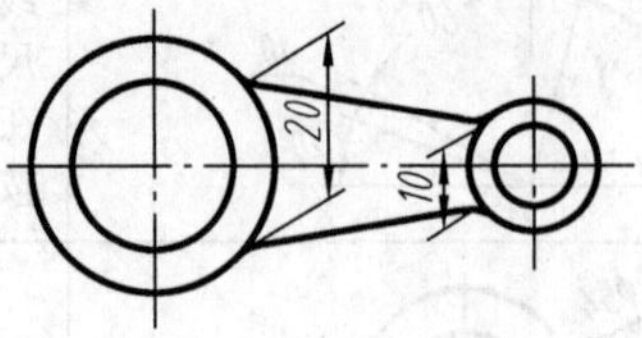	如例图所示，在光滑过渡处，必须用细实线将轮廓线延长，并从它们的交点引出尺寸界线
允许尺寸界线倾斜		尺寸界线一般应与尺寸线垂直，必要时允许倾斜，仍如这个例图所示，若这里的尺寸界线垂直于尺寸线，则图线很不清晰，因而允许倾斜
正方形结构		如例图所示，标注断面为正方形的机件的尺寸时，可在边长尺寸数字前加注"□"，或用14×14代替"□14" 　图中相交的两条细实线是平面符号（当图形不能充分表达平面时，可用这个符号表示平面）
斜度和锥度	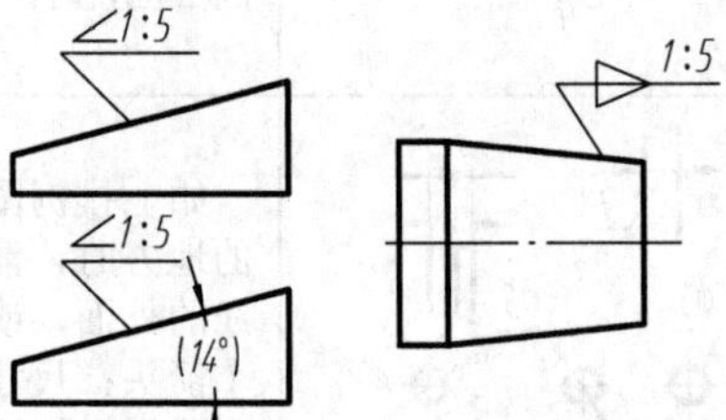 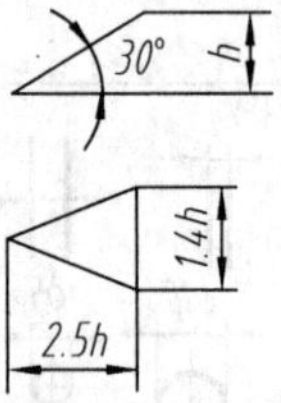	斜度、锥度可用左侧两个例图中所示的方法标注，符号的方向应与斜度、锥度的方向一致。锥度也可标注在轴线上，一般不需在标注锥度的同时，再注出其角度值（α 为圆锥角）；如有必要，则可如例图中所示，在括号中注出其角度值 　斜度和锥度的画法，如右图所示，符号的线宽为 $h/10$，h 为字高
图线通过尺寸数字时的处理	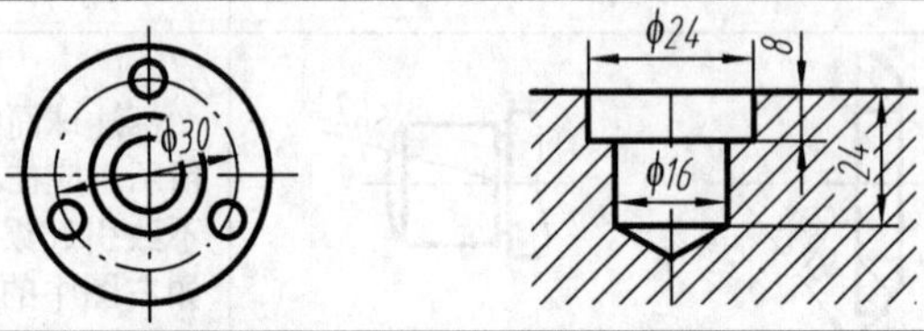	尺寸数字不可被任何图线通过。当尺寸数字无法避免被图线通过时，图线必须断开，如例图所示

1.3　平面图形的几何作图

　　工程图样上的图形都是由各种类型的线段（直线、圆弧或其他平面曲线）组成的。因此，掌握一些常见的几何图形的作图方法是十分必要的。

1.3.1　基本几何作图

1．正多边形的画法

（1）正六边形

　　在画正六边形时，若知道对角线的长度（即外接圆的直径）或对边的距离（即内切圆的直径，即可用圆规、丁字尺和30°三角板画出，作图过程如图1-17所示。也可利用正六边形的边长等于外接圆半径的原理，用圆规直接找到正六边形的六个顶点，作图方法如图1-18所示。

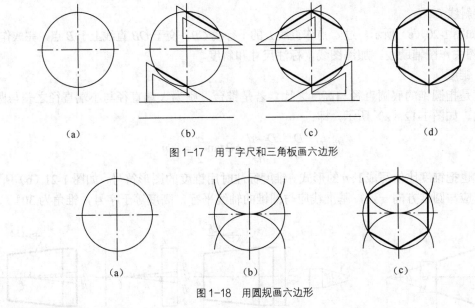

图1-17 用丁字尺和三角板画六边形

(a) (b) (c) (d)

图1-18 用圆规画六边形

(a) (b) (c)

（2）正五边形

若已知外接圆的直径求作五边形，其作图步骤如图1-19所示。

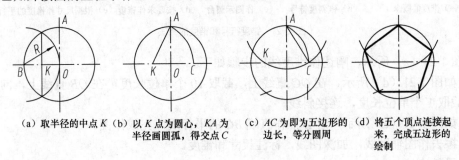

（a）取半径的中点 K （b）以 K 点为圆心， KA 为 （c） AC 为即为五边形的 （d）将五个顶点连接起
半径画圆弧，得交点 C 边长，等分圆周 来，完成五边形的
绘制

图1-19 正五边形的画法

2. 斜度和锥度

（1）斜度

斜度是指直线或平面对另一直线或平面的倾斜程度。一般以直角三角形的两直角边的比值来表示，如图1-20（a）所示，即：

$$斜度 = \tan \alpha = H\!:\!L = 1\!:\!n$$

并把比值化成 $1\!:\!n$ 的形式。在图上标注斜度时，用图形符号表示"斜度"。图形符号如图1-20（b）所示。符号斜边的斜向应与斜度方向保持一致，角度为30°，高度等于字高 h。

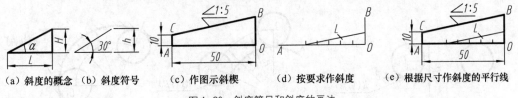

（a）斜度的概念 （b）斜度符号 （c）作图示斜楔 （d）按要求作斜度 （e）根据尺寸作斜度的平行线

图1-20 斜度符号和斜度的画法

以图1-20（c）为例，阐述作斜度线的步骤如下：

① 如图1-20（d）所示，在 OA 直线上截取5个单位长度，在 OB 直线上截取1个单位长

度，连接斜线 L；

② 如图 1-20（e）所示，过 C 点作直线 L 的平行线 CB，交于 OB 直线上于 B 点，完成作图。

③ 擦去作图辅助线，加深图线，标注尺寸和斜度。

（2）锥度

锥度是指圆锥的底圆直径与高度之比。若是锥台，则为大端直径与小端直径之差与圆台高度之比，如图 1-12（a）所示，即：

$$锥度 = \frac{D}{H} = \frac{D-d}{h} = 2\tan\frac{\alpha}{2} = 1:n$$

通常也把锥度比值写成 $1:n$ 的形式。锥度标注时用锥度的图形符号，如图 1-21（b）所示。图形符号应与圆锥方向一致，基准线应与圆锥的轴线平行，高度等于字号，锥角为 30°。

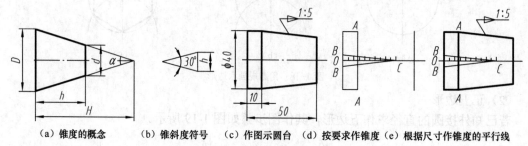

（a）锥度的概念　（b）锥斜度符号　（c）作图示圆台　（d）按要求作锥度　（e）根据尺寸作锥度的平行线

图 1-21　锥度符号和锥度的画法

如图 1-21（a）所示，阐述作锥度线的步骤如下。

① 如图 1-21（d）所示，在 OC 直线上，截取 10 个单位长度，在 OB 直线上，向上和向下分别截取 1 个单位长度，连接斜线。

② 如图 1-21（e）所示，过 A 点作直线 BC 的平行线，完成作图。

③ 擦去作图辅助线，加深图线，标注尺寸和锥度。

3. 圆弧连接

连接即指光滑过渡。圆弧连接就是用已知半径的圆弧（称为连接圆弧），光滑连接（即相切）两已知线段（直线或圆弧）。作图时，要解决两个问题：

（a）求出连接圆弧的圆心；

（b）定出切点的位置。

（1）圆弧连接的基本关系

① 当一个圆或圆弧与已知直线 AB 相切时，圆心 O 的轨迹是直线，即 AB 的平行线。其距离等于圆的半径 R。过圆心 O 向直线 AB 作垂线，垂足 K 即为切点，如图 1-22（a）所示。

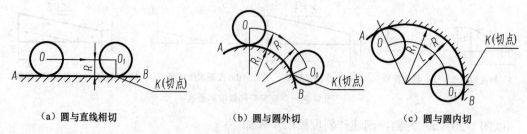

（a）圆与直线相切　　（b）圆与圆外切　　（c）圆与圆内切

图 1-22　圆弧连接的基本关系

② 当一个圆与圆弧 $\overset{\frown}{AB}$ 相切时（见图 1-22（b）、（c）），圆心 O 的轨迹是 $\overset{\frown}{AB}$ 的同心弧。外切时，圆心 O 的轨迹在半径 $L=(R_1+R)$ 的圆周上；内切时，圆心 O 的轨迹在半径为 $L=(R_1-R)$ 的圆周上；而切点 K 则是该圆与圆弧 $\overset{\frown}{AB}$ 的连心线与圆弧的交点。

圆弧连接的作图方法，就是根据上述道理进行的。

（2）圆弧连接的作图举例

表 1-6 列举了用已知半径为 R 的圆弧，连接两已知线段的几种情况。

表 1-6　　　　　　　　　　　　圆弧连接作图举例

连 接 要 求		求连接弧的圆心 O 和切点 K_1、K_2	画 连 接 弧
连接相交两直线	两直线倾斜 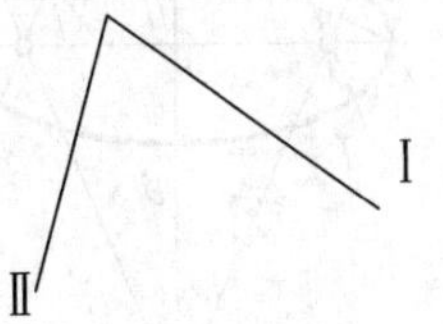 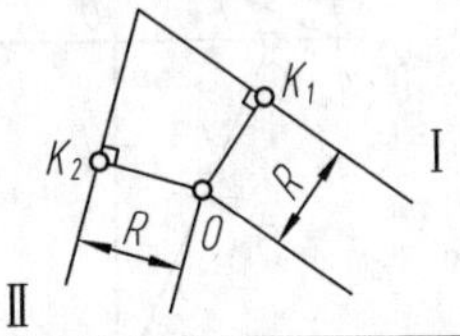 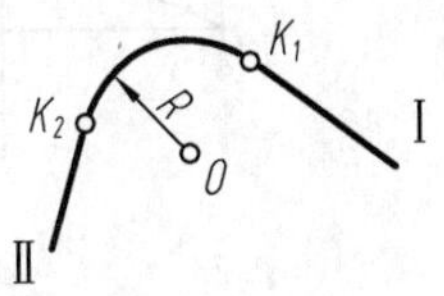		
	两直线垂直 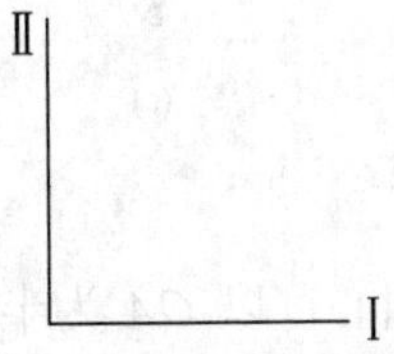 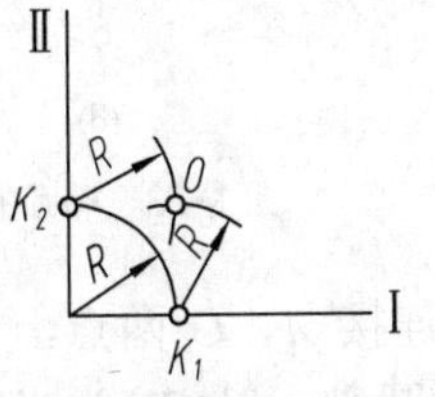 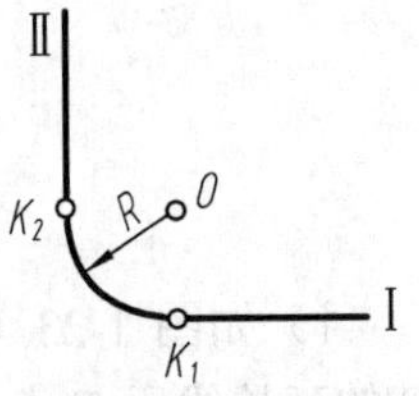		
连接一直线和一圆弧	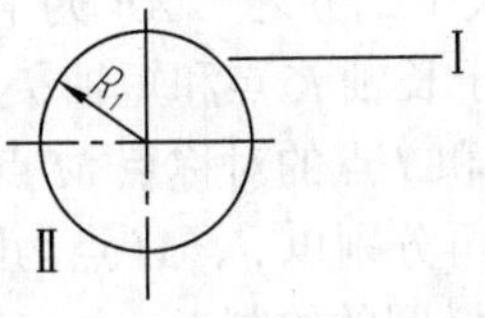	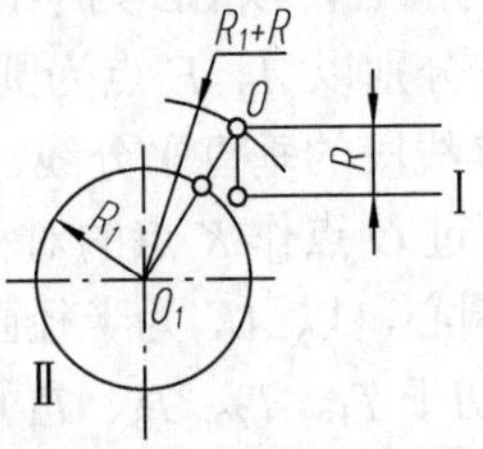	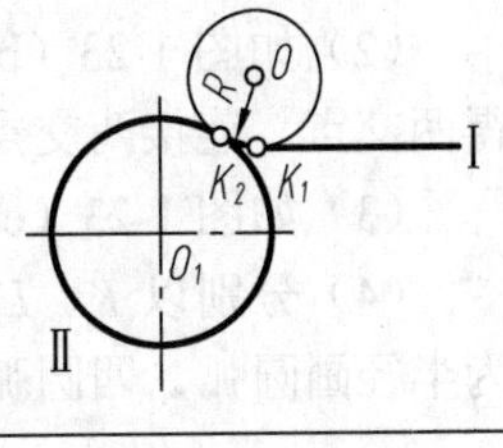
连接两圆弧	外切 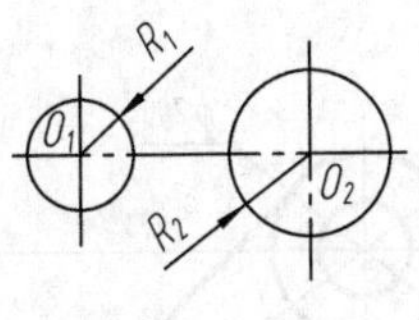 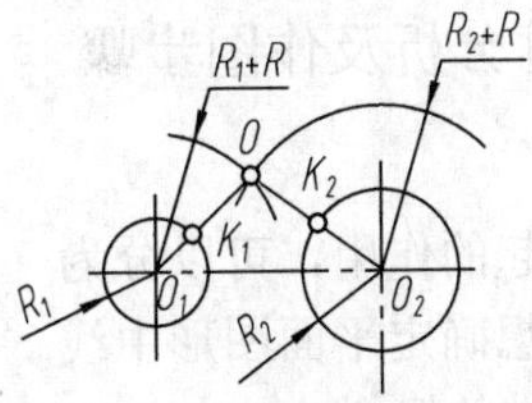 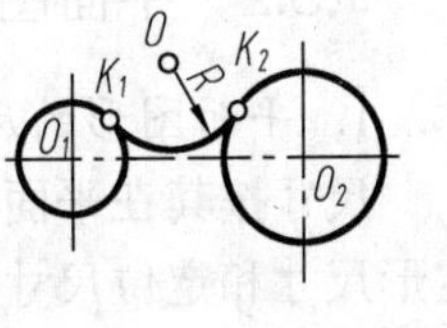		
	内切 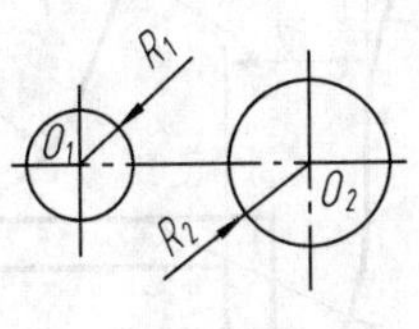 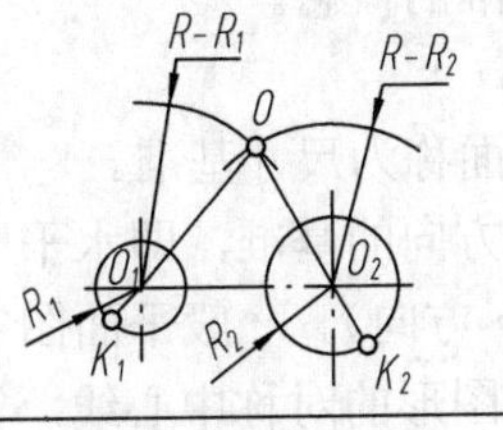 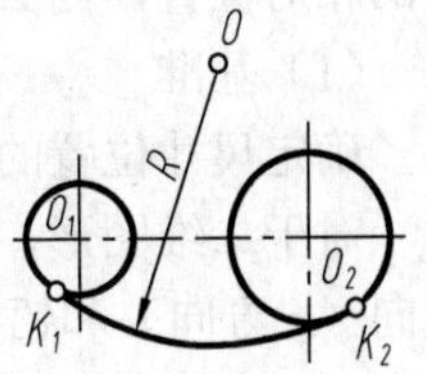		
	内外切 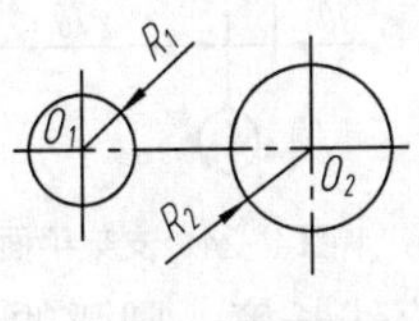 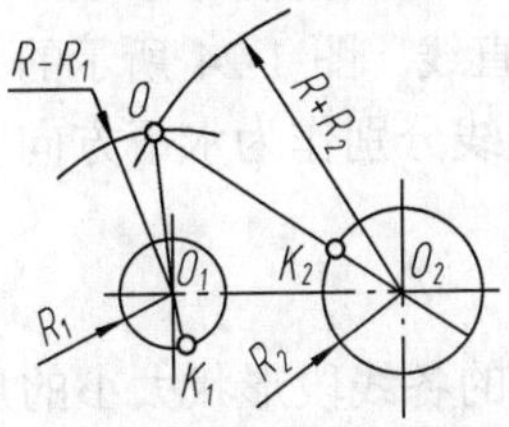 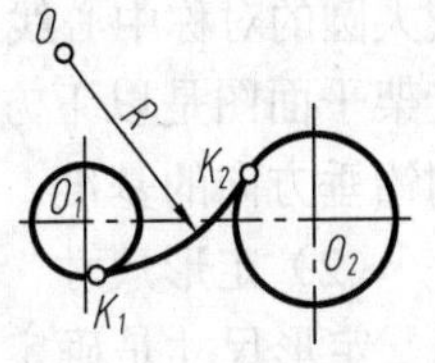		

4. 椭圆的画法

精确的绘制椭圆应用椭圆规或计算机来完成，这里只介绍一种常用的尺规近似画法，用几段圆弧连接起来，代替椭圆曲线。如图 1-23 所示，已知椭圆长轴为 AB，短轴为 CD，具体画图步骤如下：

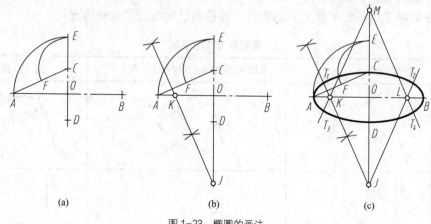

(a)　　　　　　　　(b)　　　　　　　　(c)

图 1-23　椭圆的画法

（1）如图 1-23（a）所示，连接 A、C 两点，以 O 点为圆心，以 OA 为半径画圆弧交于 OC 的延长线于 E 点。以 C 点为圆心，以 CE 为半径画圆弧交于 AC 线上 F 点；

（2）如图 1-23（b）所示，分别以 A、F 点为圆心，以大于二分之一 AF 为半径画圆弧，得两交点。连接两交点，得 AF 线段的垂直平分线，分别交于长轴 K 点和短轴 J 点。

（3）如图 1-23（c）所示，过 O 点作 K 点的对称点 L 点和 J 点的对称点 M 点。

（4）分别以 K、L 两点为圆心，以 AK 为半径画圆弧，再分别以 J、M 点为圆心，以 JC 为半径画圆弧，四圆弧分别相切于 T_1、T_2、T_3、T_4 点，完成椭圆的绘制。

1.3.2　平面图形的尺寸分析及作图步骤

1. 平面图形的尺寸分析

尺寸按其在平面图形中所起的作用，可以分为定形尺寸和定位尺寸两类。要想确定平面图形中线段的相对位置，则必须引入基准的概念。

（1）基准

确定尺寸位置的点、线、面称为尺寸基准。

对于二维图形，需要两个方向的基准，即水平方向（x 方向）和铅垂方向（y 方向）。一般平面图形中常选用的基准线有：对称图形的对称中心线，较大圆的对称中心线，较长的直线。图 1-24 所示的支架平面图是以下方两较长直线分别作为水平方向和铅垂方向的基准。

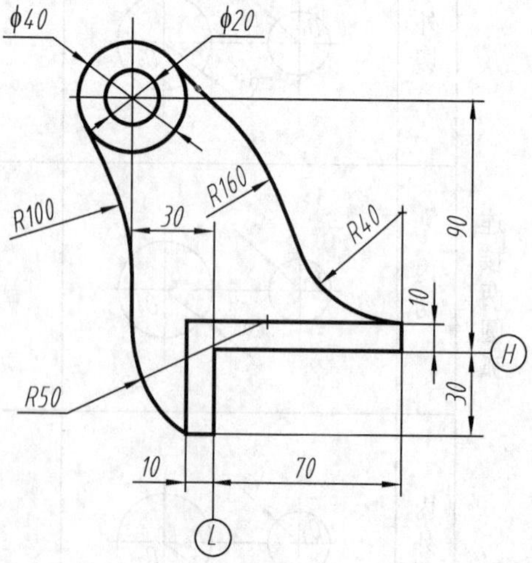

（2）定形尺寸

图 1-24　支架平面图

定形尺寸是确定平面图形的各线段形状大小的尺寸，如直线长度、圆弧的半径或直径、角度等。如图 1-24 所示的尺寸 $\phi40$、$\phi20$、$R100$、$R50$、10、70 等为支架的定形尺寸。

（3）定位尺寸

定位尺寸是确定平面图形的线段或线框相对位置的尺寸，如图 1-24 所示的尺寸 90、30 均为定位尺寸。

2. 平面图形的线段分析

（1）已知线段

已知线段注有完整的定形尺寸和定位尺寸（x 方向和 y 方向）。对圆弧来说，就是半径 R 和圆心的两个坐标尺寸都齐全的圆弧，如图 1-24 中所示的 $\phi40$、$\phi20$ 和 70、30、10。已知线段可以根据尺寸直接画出，不依靠与其他图线的连接关系。

（2）中间线段

中间线段的尺寸标注不完整，需待与其一端相邻的线段作出后，依靠与该线段的连接关系才能确定画出。对于圆弧来说，较常见的是给出半径和圆心的一个定位尺寸，如图 1-24 所示的 $R40$ 和 $R50$ 两个圆弧。

（3）连接线段

连接线段的尺寸标注不完全，或不标尺寸，需待与其两端相邻的两线段作出后，依靠两个连接关系才能画出。对于圆弧来说，以给出一个半径为多见，如图 1-24 中 $R100$ 和 $R160$ 两圆弧。

3. 平面图形的作图步骤

通过对平面图形的尺寸及线段分析，可归纳出平面图形的作图步骤为：

（1）首先画出基准线（x、y 方向）；

（2）先画已知线段；

（3）再画中间线段；

（4）最后画连接线段；

（5）检查、整理无误后，按规定加深线型（详见 1.4.5）；

（6）标注尺寸，具体画图步骤如图 1-25 所示。

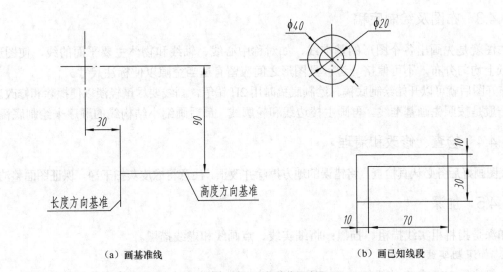

（a）画基准线　　　　　　　　　　　（b）画已知线段

图 1-25 支架的作图步骤

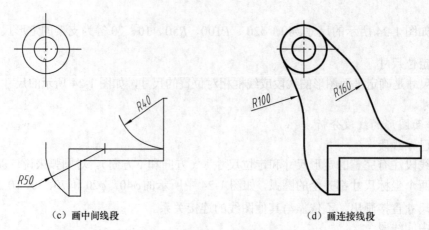

（c）画中间线段　　　　　　　　　　　（d）画连接线段

图1-25　支架的作图步骤（续）

1.4　绘图的方法和步骤

绘制图样时，除了必须熟悉制图标准，掌握几何作图的方法和正确使用绘图工具外，还须掌握好绘图的方法和步骤。

1.4.1　做好绘图前的准备工作

（1）准备好必需的绘图工具和仪器。
（2）根据图形的大小及多少选择合适的比例及图纸幅面大小。

1.4.2　固定图纸

（1）图纸放在图板左边，与图板下边之间保留1～2个丁字尺尺身宽。同时丁字尺尺头紧靠图板左导边，图纸按尺身找正后用胶带纸固定在图板上。
（2）用细实线"按 GB/T 14689—2008"规定绘制图框线和标题栏。

1.4.3　布图及绘制底稿

布图就是先画出各个图形的基准线，如对称中心线、轴线和物体主要平面的线，使图形在图纸上均匀分布，不可偏挤一边，且图形之间应留有适当空隙以便标注尺寸。

布好图后就可以开始绘制底稿。绘制底稿时用2H铅笔，画线要尽量轻淡以便擦除和修改。一般是按照先画基准线，再画主棱边线和轮廓线，最后画细小结构线的顺序来绘制底稿。

1.4.4　检查、修改和清理

底图画好后务必认真检查，将错误的地方擦除并改正。注意将橡皮灰扫干净，保证图面整洁。

1.4.5　加深

加深是指将粗实线描粗、描黑；将细实线、点画线和虚线描黑。

1. 加深粗实线

一般选用 HB 或 B 的铅笔加深。圆规用来加深的铅芯应比加深直线用的铅笔软一号，即

B 或 2B 型。要做到用力均匀，线型一致，线型正确，粗、细分明，连接处要光滑过渡，勤修磨铅笔和铅芯。加深粗实线时，要按先曲后直，先上后下，先左后右的顺序，尽量减少尺身在图样上的摩擦次数，以保证图面质量。

2. 加深细线型

用 H 的铅笔按粗实线的加深顺序依次加深所有细虚线、细点画线、细实线。

1.4.6　注写尺寸，填写标题栏完成图样

注写尺寸和填写标题栏，要字体工整，笔画清楚。除个人签名外，最好是写长仿宋字。

第 **2** 章　点、直线、平面的投影

2.1　投影的基本知识

在阳光或灯光照射下，物体会在地面上留下一个灰黑的影子，这个影子只能反映出物体的轮廓，却表达不出物体的形状和大小。人们根据生产活动的需要，对这种现象经过科学的抽象，总结出了影子和物体之间的几何关系，逐步形成了以影表形的方法，使在图纸上准确而全面地表达物体形状和大小的要求得以实现。

将空间三维形体表达为二维平面图形的基本方法是投影法。如图 2-1 所示，设空间有一平面 *ABC*，以及平面外的一点 *S*，将 *S* 与平面 *ABC* 上各点连接成直线，并作出 *SA*、*SB*、*SC* 与 *P* 平面的交点 *a*、*b*、*c*。点 *a*、*b*、*c* 分别称为点 *A*、*B*、*C* 在 *P* 平面上的投影；平面 *P* 称为投影平面，简称为投影面；点 *S* 称为投射中心；直线 *SA*、*SB*、*SC* 称为投射线。这种产生图象的方法称为投影法。工程上常用的投影法有中心投影法和平行投影法两类。

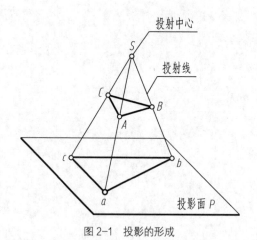

图 2-1　投影的形成

2.1.1　中心投影法

所有投射线相交于一点的投影法称为中心投影法，如图 2-1 所示。中心投影法具有很强的立体感，常用来绘制建筑物及工业产品的外观图，也称透视图。

2.1.2 平行投影法

投射线相互平行的投影法称为平行投影法。其中投射线相互平行而且与投影面垂直的平行投影法称为正投影法，简称"投影"，如图 2-2（a）所示；投射线相互平行但是与投影面倾斜的平行投影法称为斜投影法，简称"斜投影"，如图 2-2（b）所示。工程图样主要用正投影法绘制。

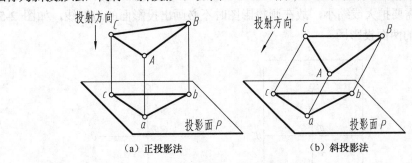

（a）正投影法 （b）斜投影法

图 2-2 平行投影法

2.2 点的投影

2.2.1 点在两投影面体系第一分角中的投影

1. 两投影面体系的建立

空间两个互相垂直的投影平面组成两投影面体系，如图 2-3 所示，其中处于正面直立位置的平面称为正立投影面，用大写字母 V 表示，简称正面或 V 面；处于水平位置的平面称为水平投影面，用大写字母 H 表示，简称水平面或 H 面。V 面和 H 面的交线称为投影轴，记为 OX。两个投影平面把空间分成四个部分，分别称为第 I、第 II、第 III 和第 IV 分角。分角的划分顺序如图 2-3 所示。

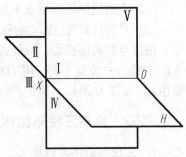

图 2-3 两投影面体系

2. 点的两面投影

如图 2-4（a）所示，由第 I 分角中的 A 点分别作垂直于 V 面、H 面的投射线，与 H 面的交点就是 A 点的水平投影，用 a 表示；与 V 面的交点是 A 点的正面投影，用 a' 表示。由两条投射线所组成的平面 Aaa' 分别垂直于 V 面和 H 面，而且与 OX 轴垂直，与 OX 轴的交点用 a_X 表示。

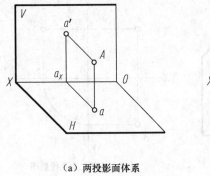

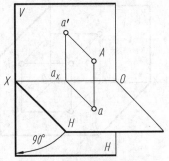

（a）两投影面体系 （b）两投影面体系的展开

图 2-4 点在第一分角中的投影

显然平面 Aaa_Xa' 为矩形。所以 $a'a_X=Aa$，即 A 点的正面投影到 OX 轴的距离等于空间 A 点到 H 面的距离；$aa_X=Aa'$，即 A 点的水平投影到 OX 轴的距离等于 A 点到 V 面的距离。

保持正立投影面 V 不动，使水平投影面 H 绕 OX 轴向下旋转 90° 展开，即与 V 面处于同一平面，如图 2-4（b）所示。由于在同一平面上，且过 OX 轴上的点 a_X 只能作一条直线垂直于 OX 轴，故 a'、a_X、a 三点共线，且 $a'a\perp OX$。直线 $a'a$ 称为投影连线，如图 2-5（a）所示。因投影面可根据需要扩大或缩小，故在画投影图时不必画出投影面的边框线，如图 2-5（b）所示，即为 A 点的两面投影图。

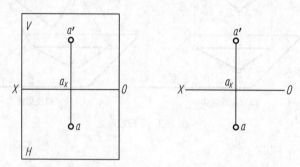

（a）A 点在两投影面体系中的展开图　　（b）A 点的两面正投影图

图 2-5　点的投影图

由此可以概括出点的两面投影规律：

（1）点的投影连线垂直于投影轴，即 $a'a\perp OX$。

（2）点的投影到投影轴的距离，等于该点与相邻投影面之间的距离，即 $a'a_X=Aa$，$aa_X=Aa'$

根据点的两面投影，就能确定该点的空间位置。可以想象：保持图 2-5（b）中 OX 轴上方的 V 面直立位置不变，将 OX 轴下方的 H 面绕 OX 轴向前旋转 90° 恢复到水平位置，再分别由 a'、a 作 H 面和 V 面的垂线，两条垂线唯一相交于一点，就是 A 点。

2.2.2　点在三投影面体系第一分角中的投影

1. 三投影面体系的建立

如图 2-6（a）所示，在两投影面体系基础上再添加一个与 V、H 面都垂直的投影面，该投影面称为侧立投影面，简称侧面，用 W 表示。这三个互相垂直的平面组成一个三投影面体系。同理 W 和 H 面、W 和 V 面的交线都称为投影轴，分别记为 OY 和 OZ。三投影面的交点记为原点 O。

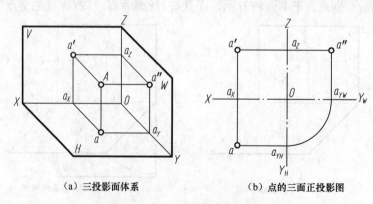

（a）三投影面体系　　　　　　（b）点的三面正投影图

图 2-6　点在三投影面体系中的投影

2. 点的三面投影

三投影面体系的第Ⅰ分角中的 A 点分别向 H 面、V 面和 W 面投影，得到三个投影点，分别记作 a、a'、a''。其中 a'' 称为 A 点的侧面投影，习惯上用其对应的小写字母加两撇表示。规定保持 V 面正立位置不变，使 H 面绕 OX 轴向下旋转 90°，W 面绕 OZ 轴向右后旋转 90°，使三个投影面处在同一平面内，如图 2-6（b）所示，即为展开后点的三面投影图。在旋转过程中 OY 轴一分为二，随 H 面旋转后的位置以 OY_H 表示，随 W 面旋转后的位置以 OY_W 表示。

由图 2-6 可以概括出点的三面投影规律：

（1）点的投影连线垂直于投影轴，即 $a'a \perp OX$、$a'a'' \perp OZ$、$a''a \perp OY$；

（2）点的投影到投影轴的距离，等于该点到相邻投影面的距离，即 $a'a_z=aa_y=Aa''$、$aa_x=a''a_z=Aa'$、$a'a_x=a''a_y=Aa$。

【例 2-1】 如图 2-7（a）所示，已知 A 点的正面投影 a' 和侧面投影 a''，试求其水平投影 a。

解： 根据点的投影规律 $a'a \perp OX$，所以 a 在过 a' 而垂直于 OX 轴的直线上；又 a 到 OX 轴距离等于 a'' 到 OZ 轴的距离，可以直接量取 $aa_x=a''a_z$。或利用 45° 线定出水平投影 a 的位置，如图 2-7（b）所示。在投影图上，a_x、a_y、a_z 可以不标出。

3. 点的直角坐标

如果将三投影面体系的 V、H、W 投影面视为直角坐标系的坐标面，投影轴视为坐标轴，点 O 即为坐标原点，从而构成了直角坐标系。所以空间点到投影面的距离就等于点的直角坐标，如图 2-8 所示。因此已知点的三个坐标就能画出点的三面投影图。

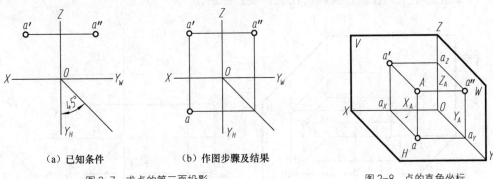

（a）已知条件　　　（b）作图步骤及结果

图 2-7 求点的第三面投影　　　图 2-8 点的直角坐标

点的投影与坐标的关系如下：

点到 W 面的距离：$X_A=Oa_X=a'a_Z=aa_{YH}=Aa''$

点到 V 面的距离：$Y_A=Oa_Y=a a_X=a''a_Z=Aa'$

点到 H 面的距离：$Z_A=Oa_Z=a'a_X=a''a_Y=Aa$

【例 2-2】 已知 A 点的坐标为（25，20，30），试求其三面投影。

解： 作图步骤如图 2-9 所示。

（1）沿 OX 方向量取 25 得 a_X 点。

（2）过 a_X 作 OX 轴垂线，自点 a_X 向上截取 30 可得正面投影 a'，向前截取 20 作水平投影 a。

（3）依点的投影规律由 a、a' 作出侧面投影 a''。

4. 特殊位置点

位于投影面上或投影轴上的点称为特殊位置点，如图 2-10（a）中的 B 点和 C 点。投影面上的点有一个坐标值为零，其所在面上的投影与该点重合，另两个投影位于这个投影面的两根轴上。投影轴上的点有两个坐标值为零，在相交于该轴的两个面上的投影与该点重合，另一个投影与原点重合，如图2-10（b）所示。

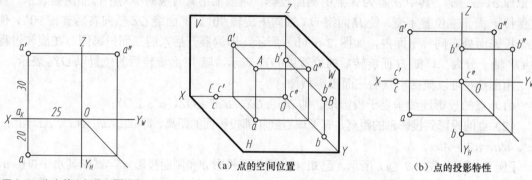

图 2-9　由点的坐标作三面投影

图 2-10　特殊位置点

（a）点的空间位置　　　（b）点的投影特性

5. 两点的相对位置

两个点的投影沿上下、左右、前后三个方向所反映的坐标差，即两点对 H、W、V 投影面的距离差，能够确定该两点的相对位置。如图2-11所示，A 点的 X 坐标小于 B 点的 X 坐标，说明 A 点在 B 点的右侧；A 点的 Y 坐标大于 B 点的 Y 坐标，说明 A 点位于 B 点的前方；A 点的 Z 坐标大于 B 点的 Z 坐标，说明 A 点在 B 点的上方。即 A 点位于 B 点的右、前、上方。总之点的 X、Y、Z 坐标值大的在左、在前、在上，反之亦然。

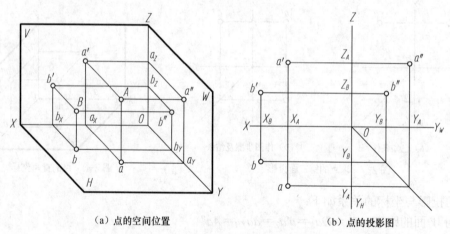

（a）点的空间位置　　　　　　　（b）点的投影图

图 2-11　两点的相对位置

6. 重影点

当空间两个点处于同一投射线上时，它们在与该投射线垂直的投影面上的投影必重合。此两点称为该投影面的重影点。显然重影点有两个坐标相同。如图 2-12（a）所示，A、B 两点处于同一条铅垂投射线上，故它们的水平投影重合。此时该两点的 X 坐标和 Y 坐标相等，而 A 点的 Z 坐标大于 B 点的 Z 坐标，说明 A 点在 B 点的正上方。

当两点的投影重影时，必然是一点的投影可见，另一点的投影不可见。如上述 A、B 两点的水平投影重影，因 $Z_B<Z_A$ 所以从上向下看时，B 点不可见，在水平投影图中 b 不可见。在投影图上常把不可见的投影点加上括号，如图2-12（b）所示。

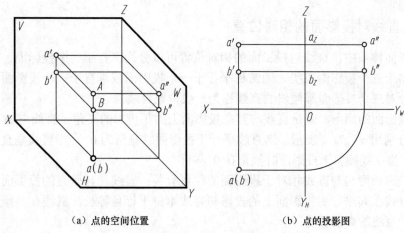

（a）点的空间位置 　　　　（b）点的投影图

图 2-12　重影点的投影

2.3　直线的投影

2.3.1　概述

直线的投影一般仍为直线，特殊情况投影为一点。如图 2-13 所示，直线 *AB* 倾斜于 *H* 面，其投影 *ab* 为短于 *AB* 的线段；直线 *CD* 垂直于 *H* 面，其投影 *cd* 积聚为一点；直线 *EF* 平行于 *H* 面，其投影 *ef* 等于 *EF* 长。显然直线的投影与直线相对于投影面的位置有关。

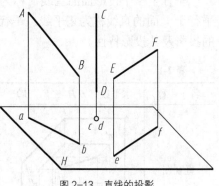

图 2-13　直线的投影

两点能且只能确定一条直线。直线的投影可由直线上任意两点的同面投影确定。如图 2-14 所示，已知 *A*、*B* 两点的三面投影，那么用直线分别连接两点的同面投影 *a'b'*、*ab*、*a"b"*，即为直线 *AB* 的三面投影。线段用粗实线画出。

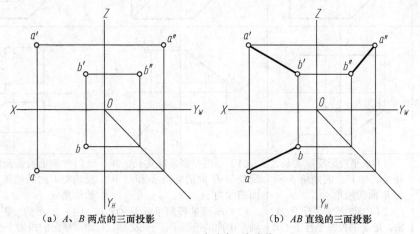

（a）*A*、*B* 两点的三面投影 　　　　（b）*AB* 直线的三面投影

图 2-14　两点确定一条直线

2.3.2 直线对投影面的相对位置

在三投影面体系中，直线对投影面的相对位置可以分为平行于一个投影面、垂直于一个投影面和倾斜于三个投影面三类。通常称平行于一个投影面或垂直于一个投影面的直线为特殊位置直线；对三个投影面都倾斜的直线称为一般位置直线。

直线与投影面的倾角，就是直线与其在投影面上的正投影的夹角。直线与 H 面、V 面和 W 面的夹角分别用 α、β、γ 表示。当直线平行于投影面时倾角为 $0°$；当直线垂直于投影面时倾角为 $90°$；当直线倾斜于投影面时倾角在 $0°\sim90°$。

直线的投影长度也与直线相对于投影面的位置有关：直线在其垂直的投影面上的投影积聚成一点，直线在其平行的投影面上的投影与直线本身平行且等长，直线在其倾斜的投影面上的投影短于直线的真实长度。

1. 一般位置直线

图 2-14（b）所示为一条一般位置的直线 AB 的三面投影。由于直线 AB 与 V、H、W 三个投影面都倾斜，所以它的三面投影与 OX、OY、OZ 三个投影轴都倾斜，而且都小于直线 AB 的真实长度，也不反映直线 AB 对三个投影面的倾角 α、β、γ 的真实大小。

2. 特殊位置的直线

（1）平行于一个投影面的直线

平行于一个投影面的直线，称为投影面的平行线。其中平行于 H 面的直线称为水平线；平行于 V 面的直线称为正平线；平行于 W 面的直线称为侧平线。表 2-1 列出了投影面平行线的投影及其投影特性。

表 2-1   投影面的平行线

名　称	水平线（$//H$ $\angle V$、W）	正平线（$//V$ $\angle H$、W）	侧平线（$//W$ $\angle V$、H）
直观图			
投影图			
投影特性	（1）水平投影反映实长，并反映与 V 面的倾角 β 和与 W 面的倾角 γ； （2）V 面的投影平行于 OX 轴，W 面的投影平行于 OY 轴，且长度缩短	（1）正面投影反映实长，并反映与 H 面的倾角 α 和与 W 面的倾角 γ； （2）H 面的投影平行于 OX 轴，W 面的投影平行于 OZ 轴，且长度缩短	（1）侧面投影反映实长，并反映与 V 面的倾角 β 和与 H 面的倾角 α； （2）V 面的投影平行于 OZ 轴，H 面的投影平行于 OY 轴，且长度缩短

从表 2-1 可概括投影面平行线的投影特性如下：

① 在所平行的投影面上的投影反映实长；

② 在所平行的投影面上的投影与轴的夹角，等于直线与另两个投影面的倾角；

③ 在另外两个投影面上的投影平行于相应的投影轴，但长度缩短。

（2）垂直于一个投影面的直线

垂直于一个投影面的直线，称为投影面的垂直线。其中垂直于 H 面的直线称为铅垂线；垂直于 V 面的直线称为正垂线；垂直于 W 面的直线称为侧垂线。垂直于一个投影面的直线，一定平行于另外两个投影面。表 2-2 列出了投影面垂直线的投影及其投影特性。

表 2-2 投影面的垂直线

名　　称	铅垂线（$\perp H$、$/\!/V$、$/\!/W$）	正垂线（$\perp V$、$/\!/H$、$/\!/W$）	侧垂线（$\perp W$、$/\!/V$、$/\!/H$）
直观图	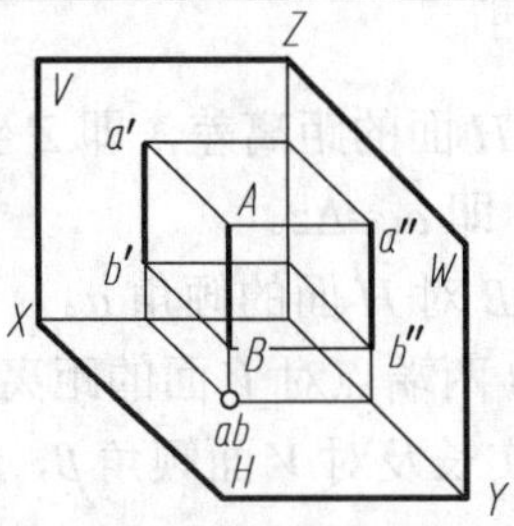	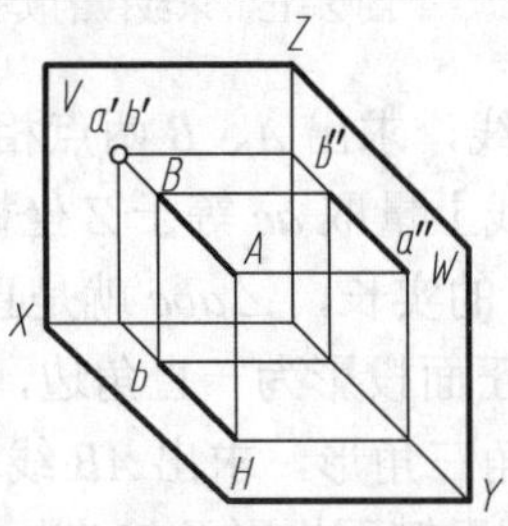	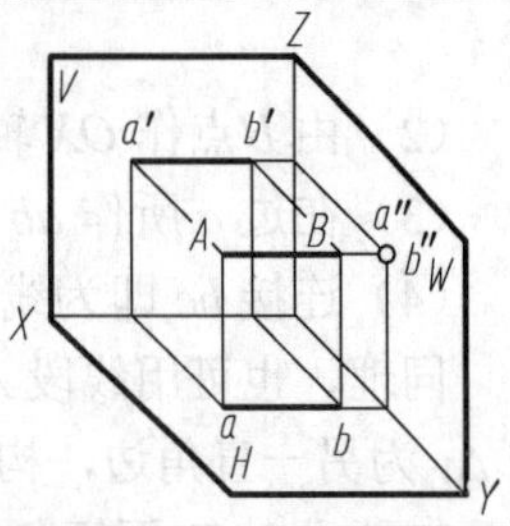
投影图	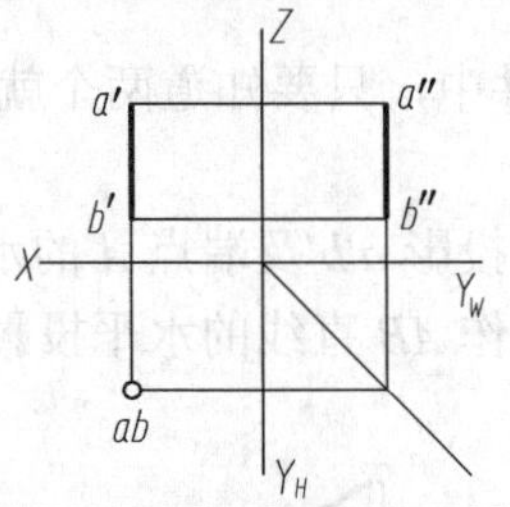	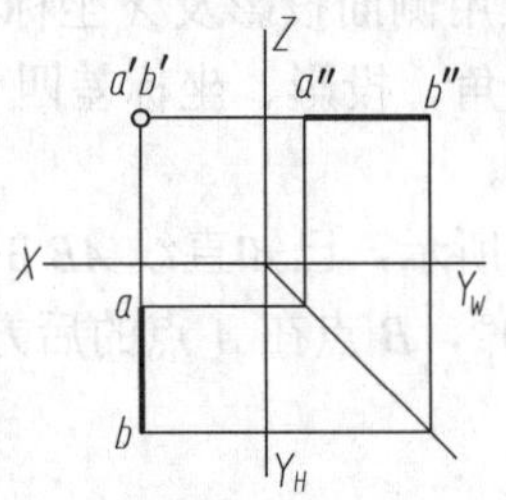	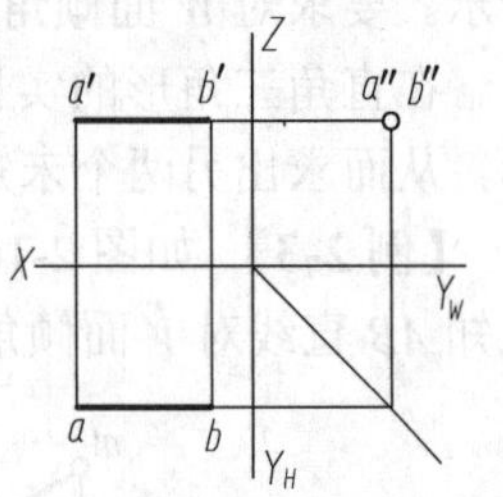
投影特性	（1）水平投影积聚为一点 （2）$a'b'=a''b''=AB$ （3）$a'b'\perp OX$，$a''b''\perp OY_W$	（1）正面投影积聚为一点 （2）$ab=a''b''=AB$ （3）$ab\perp OX$，$a''b''\perp OZ$	（1）侧面投影积聚为一点 （2）$a'b'=ab=AB$ （3）$a'b'\perp OZ$，$ab\perp OY_H$

从表 2-2 可概括投影面垂直线的投影特性如下：

① 在所垂直的投影面上的投影积聚为一点；

② 在另外两个投影面上的投影垂直于相应的投影轴，且反映直线的实长。

2.3.3　一般位置直线的实长及对投影面的倾角

一般位置直线的投影不反映直线的真实长度及其对投影面的倾角的真实大小。但可以用作图方法求出一般位置直线的实长及倾角。如图 2-15（a）所示，若过点 B 作 $BC/\!/ab$，则 $\triangle ABC$ 为直角三角形。BC 是一条直角边，且 $BC=ab$，即等于 AB 的水平投影长；另一条直角边 $AC=Aa-Bb$，即 A、B 两点与 H 面的距离差，也就是 Z 坐标差 ΔZ，即 A、B 两点的正面投影到 OX 轴的坐标差；斜边就是直线 AB 的真实长度；斜边 AB 与直角边 BC 的夹角就是直线 AB 对 H 面的倾角。显然根据一般位置直线的投影，求出这个直角三角形，就能确定一般位置直线的实长及其对投影面的倾角，这种图解方法称为直角三角形法。

如图 2-15（b）所示，投影作图过程如下：

（1）以水平投影 ab 为一直角边，过 a 点作 ab 的垂线；

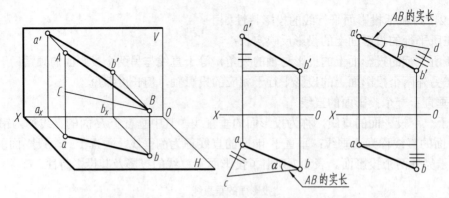

(a) 一般直线的空间位置　　　(b) 求实长及其与 H 面的倾角　(c) 求实长及其与 V 面的倾角

图 2-15　求线段的实长及倾角

（2）由 b′ 点作 OX 轴平行线，求出 A、B 两点相对于 H 面的距离差，即 Z 坐标差 Δz。

（3）在过 a 所作 ab 的垂线上量取 ac 等于 Z 坐标差，即 $ac=\Delta z$。

（4）连接 bc 即为线段 AB 的实长，$\angle abc$ 就是直线 AB 对 H 面的倾角 α。

同理，也可用线段 AB 的正面投影为一直角边，A、B 两端点对 V 面的距离差，即 Y 坐标差 Δy 为另一直角边，构造直角三角形，求出 AB 线段的实长及对 V 面倾角 β，如图 2-15（c）所示。要求对 W 面倾角 γ 必须用侧面投影及 X 坐标差。

在直角三角形的实长、倾角、投影、坐标差四个条件中，只要知道两个就能画出该三角形，从而求出另两个未知条件。

【例 2-3】　如图 2-16（a）所示，已知直线 AB 的正面投影 a′b′ 及端点 A 的水平投影 a，且已知 AB 直线对 V 面倾角 $\beta=30°$，B 点在 A 点的后方，求作 AB 直线的水平投影。

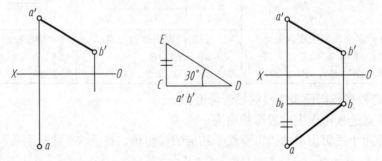

（a）已知条件　　（b）作直角三角形求 AB 的 Y 坐标差　（c）求 AB 直线的水平投影

图 2-16　求 AB 直线的水平投影

解：已知直线的正面投影 a′b′，又知直线对 V 面的倾角 30°，即知道直角三角形的一条直角边，以及斜边和它的夹角为 30°，显然能够作出这个直角三角形；它的另一直角边长即为 A、B 两点的 Y 坐标差 Δy，也就是水平投影 a、b 两点到 OX 轴的距离差 Δy。

作图步骤如下：

（1）如图 2-16（b）所示，在适当位置任作一直角 C，量取一直角边 CD= a′b′ 得端点 D；

（2）过 D 点作一直线使与 CD 夹角为 30°，交另一直角边于点 E，即 $CE=\Delta y$；

（3）如图 2-16（c）所示，在水平投影图中，过 a 点向上截取 CE 长，得 b_0 点；

（4）过 b_0 作直线平行 OX 轴，与过 b′ 的投影连线的交点即为 b 点，连接 ab 即为 AB 直线的水平投影。

2.3.4 直线上的点

1. 点在直线上

如果点在直线上，点的投影 a 必定在直线的同面投影上。反之，若点的各面投影均在直线的同面投影上，则空间点一定在直线上。

2. 直线上的点

直线上的点，分割直线段的长度比，等于其投影分割直线段同面投影的长度之比。如图 2-17 所示，已知 C 点在 AB 直线上，那么：$AC:CB= ac:cb= a'c':c'b'= a''c'':c''b''$。

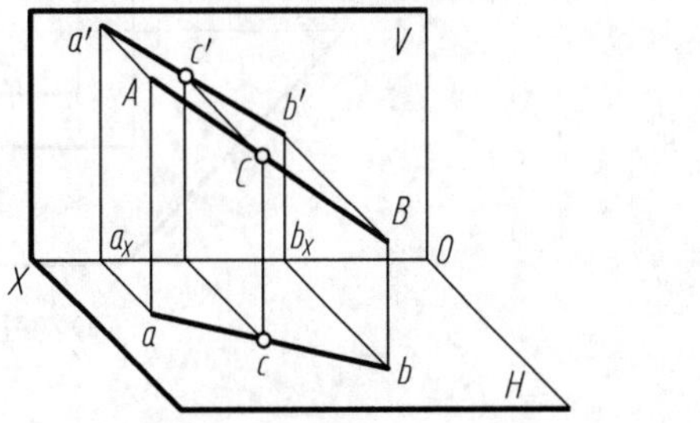

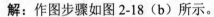

【例 2-4】 如图 2-18（a）所示，已知 AB 直线的投影，在其上作一点 C，使 $AC:CB=2:3$。

解：作图步骤如图 2-18（b）所示。

（1）过 a 点任作一直线，在其上依次截取 5 等分。

（2）连接 $5b$，过第二等分点 2 作直线平行于 $5b$，交 ab 于 c。

（3）由 c 作垂直 OX 轴的投影连线交于 $a'b'$ 上 c' 点。

图 2-17 直线上的点

【例 2-5】 如图 2-19（a）所示，已知 AB 直线及 C 点的投影，判断 C 点是否在直线 AB 上。

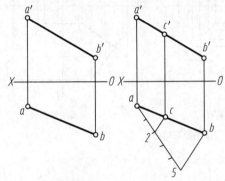

（a）AB 直线的两投影 （b）求 C 点的作图过程

图 2-18 求直线上的 C 点

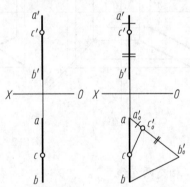

（a）已知条件 （b）判断方法

图 2-19 判断 C 点是否在直线上

解：若点 C 在直线 AB 上则 $a'c':b'c'= ac:bc$，因此可以比较两面投影的比例。

作图步骤如图 2-19（b）所示：

（1）过 a 任作一直线，在其上依次截取。$a_0'c_0'=a'c'$、$b_0'c_0'= b'c'$。

（2）连接 $b_0'b$ 及 $c_0'c$，若 $b_0'b /\!/ c_0'c$ 则点 C 在直线 AB 上，否则不在。该题显然不在。

2.3.5 两直线的相对位置

空间两直线的相对位置有三种情况：平行、相交和交叉（或称异面），如图 2-20 所示。

1. 平行两直线

如果两直线平行，则它们的同面投影一定平行。反之，如果两直线的同面投影均互相平行，则空间两直线也相互平行。

如图 2-20（a）所示，若 $AB /\!/ CD$，又 $Aa /\!/ Cc$，故平面 $Aa bB /\!/$ 平面 $CcdD$，则 $ab /\!/ cd$。反之，根据图 2-21（a）可判断空间直线 AB 与 CD 一定相互平行。

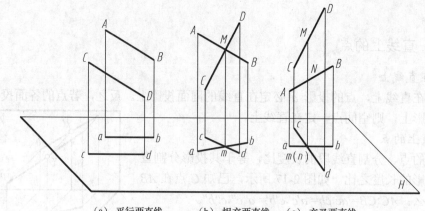

（a）平行两直线　　　（b）相交两直线　　（c）交叉两直线

图 2-20　两直线的相对位置

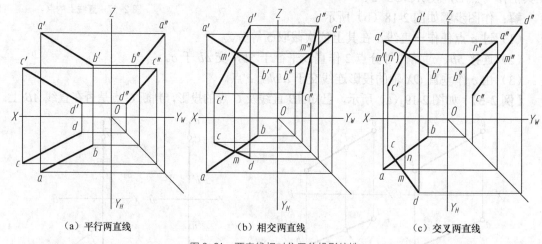

（a）平行两直线　　　　　（b）相交两直线　　　　　（c）交叉两直线

图 2-21　两直线相对位置的投影特性

2. 相交两直线

如果两条直线相交，则它们的同面投影一定相交。反之，如果两直线的同面投影相交，且投影的交点符合一点的投影规律，则空间两直线也相交。如图 2-20（b）所示，直线 AB 与 CD 相交于点 M，M 为两直线的公共点，故 m 应同时属于 ab、cd，则 ab、cd 相交于 m。反之，根据图 2-21（b）可判断空间直线 AB 与 CD 一定相交于 M 点，因为点 M 的三面投影连线垂直于相应的投影轴。

3. 交叉两直线

既不平行又不相交的两直线称为交叉两直线。交叉两直线的投影可能相交，但是各投影的交点不符合同一点的投影规律。交叉两直线在同一投影面上投影的交点，为对该投影面的一对重影点的投影。如图 2-20（c）所示，虽然 $a'b'$ 和 $c'd'$ 相交，但是该交点是分别位于两直线 AB 和 CD 上的对投影面的重影点 M、N 两点的投影。重影点投影可见性判断原则是：坐标值大的可见。正面投影前可见，水平投影上可见，侧面投影左可见。不可见点加括号表示。图 2-21（c）为交叉两直线。

交叉两直线的投影可能会有一面或两面投影互相平行，但决不会三面投影都互相平行。

【例 2-6】　如图 2-22（a）所示，判断两侧平线 AB、CD 的相对位置。

解：方法一：如图 2-22（b）所示，作出直线 AB、CD 的侧投影。

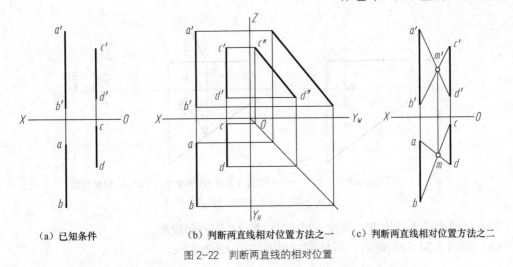

（a）已知条件 （b）判断两直线相对位置方法之一 （c）判断两直线相对位置方法之二

图 2-22 判断两直线的相对位置

因 $a''b''$∥$c''d''$，则 AB∥CD。

方法二：如图 2-22（c）所示，分别连接 AD、BC 成直线，检查 $a'd'$ 与 $b'c'$的交点 m'和水平投影 ad 与 bc 的交点 m 的连线是否垂直于 OX 轴，现 $m'm$⊥OX，故 AB∥CD。

2.3.6 一边平行投影面的直角的投影

空间两条互相垂直的直线，如果其中一直线为投影面的平行线，则两直线在该投影面上的投影互相垂直。反之，如果两直线在同一投影面上的投影互相垂直，且其中一直线为对该投影面的平行线，则空间两直线互相垂直。

如图 2-23（a）所示，已知 AB⊥AC，又 AB 为水平线，所以 ab∥AB、则 ab⊥AC，故 ab⊥平面 $ACca$，所以 ab⊥ac。图 2-23（b）所示为两相互垂直直线的两面投影图。

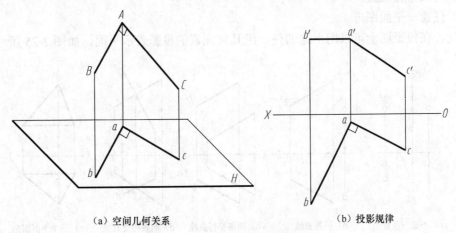

（a）空间几何关系 （b）投影规律

图 2-23 一边平行投影面的直角的投影

【例 2-7】 如图 2-24（a）所示，试求 A 点与水平线 MN 间的距离。

解：过点作直线的垂线，点和垂足之间的线段长是该点与直线间的距离。直线 MN 为水平线，故可从水平投影入手先作垂直线。

作图步骤如图 2-24（b）所示。

（1）如图 2-24（b）所示，过 a 作直线垂直于 mn，交 mn 于 b 点，即 ab⊥mn。

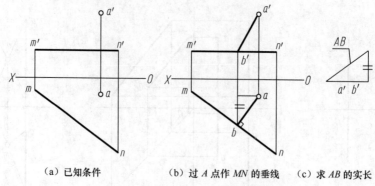

(a) 已知条件　　　(b) 过 A 点作 MN 的垂线　　(c) 求 AB 的实长

图 2-24　求点与两直线的距离

（2）按投影关系作出 b'，连接 a'b'，得距离 AB 的两面投影。

（3）如图 2-24（c）所示，用直角三角形法求 AB 的实长。

2.4　平面的投影

2.4.1　平面的表示法

1. 平面的几何元素表示法

由初等几何知道，满足以下条件之一，能且只能确定一个平面：

（1）不在一条直线上的三点；

（2）一条直线和直线外的一点；

（3）两条相交直线；

（4）两条平行直线；

（5）任意一平面图形。

因此，在投影图上可以用上述的任一组几何元素的投影表示平面，如图 2-25 所示。

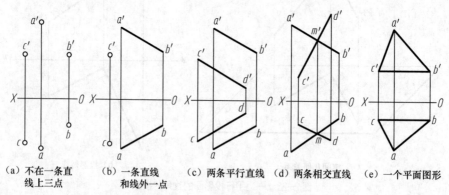

　（a）不在一条直　　（b）一条直线　　（c）两条平行直线　　（d）两条相交直线　　（e）一个平面图形
　　　线上三点　　　　　和线外一点

图 2-25　几何元素表示的平面

2. 平面的迹线表示法

平面与投影面的交线称为平面的迹线。如图 2-26（a）所示，平面 P 与 V 面的交线称为正面迹线，记作 P_V；平面 P 与 H 面的交线称为水平迹线，记作 P_H；平面 P 与 W 面的交线称为侧面迹线，记作 P_W。

图 2-26（b）所示为用迹线表示的 P 平面的投影图。因迹线是投影面上的直线，故它在该投影面上的投影与本身重合，其他两面投影在投影轴上，不作标记。

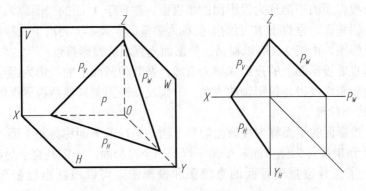

（a）迹线平面的空间位置　　　（b）在正投影图中用迹线表示平面

图 2-26　迹线表示的平面

2.4.2　平面对投影面的相对位置

表 2-3 投影面的垂直面

名称	铅垂面（⊥H，对 V、W 倾斜）	正垂面（⊥V，对 H、W 倾斜）	侧垂面（⊥W，对 V、H 倾斜）
直观图			
投影图			
投影特性	（1）水平投影积聚为一直线，并反映与 V 面倾角 β 和与 W 面倾角 γ； （2）正面和侧面投影均为缩小的类似形	（1）正面投影积聚为一直线，并反映与 H 面倾角 α 和与 W 面倾角 γ； （2）水平和侧面投影均为缩小的类似形	（1）侧面投影积聚为一直线，并反映与 V 面倾角 β 和 H 面倾角 α； （2）正面和水平投影均为缩小的类似形

在三投影面体系中，平面对投影面的相对位置可以分为：投影面垂直面、投影面平行面和一般位置平面三类。投影面垂直面和投影面平行面习惯称为特殊位置平面。下面讨论三种

位置平面的投影特性。

1. 投影面的垂直面

垂直于一个投影面的平面称为投影面的垂直面。垂直于 V 面的平面称为正垂面，垂直于 H 面的平面称为铅垂面，垂直于 W 面的平面称为侧垂面。表 2-3 列出了三种位置投影面垂直面的直观图和投影图。由表 2-3 可以概括出投影面垂直面的投影特性：

（1）在所垂直的投影面上的投影积聚为直线，在其他两面上的投影为缩小的类似形；

（2）平面的积聚性投影与投影轴的夹角，分别反映平面与其他两投影面的夹角。

2. 投影面的平行面

平行于一个投影面的平面称为投影面的平行面。平行于 V 面称为正平面，平行于 H 面称为水平面，平行于 W 面称为侧平面。平面平行于一个投影面，一定垂直于另两个投影面。

表 2-4 列出了三种位置平行面的直观图和投影图。可以概括出投影面平行面的投影特性：

（1）在所平行的投影面上的投影反映实形，在其他两投影面上的投影积聚为直线；

（2）平面的积聚性投影平行于相应的投影轴。

表 2-4 投影面的平行面

名称	水平面（//H ⊥V ⊥W）	正平面（//V ⊥H ⊥W）	侧平面（//W ⊥H ⊥V）
直观图	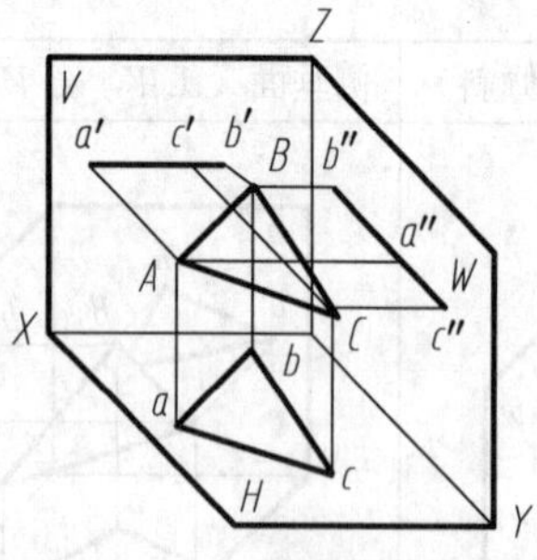	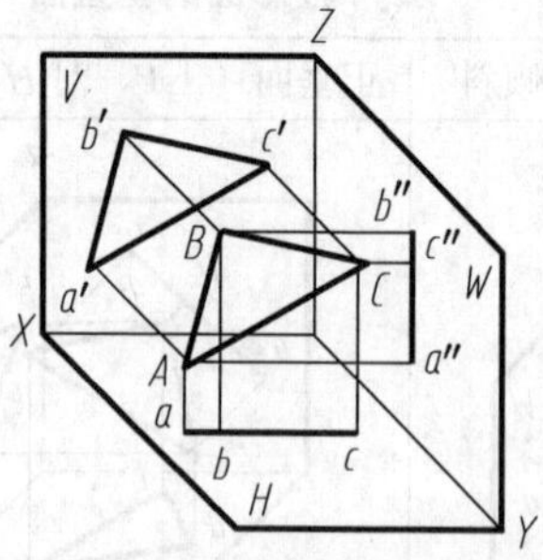	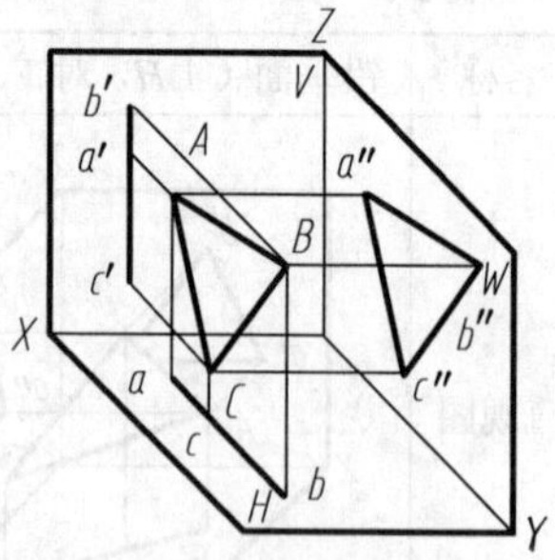
投影图	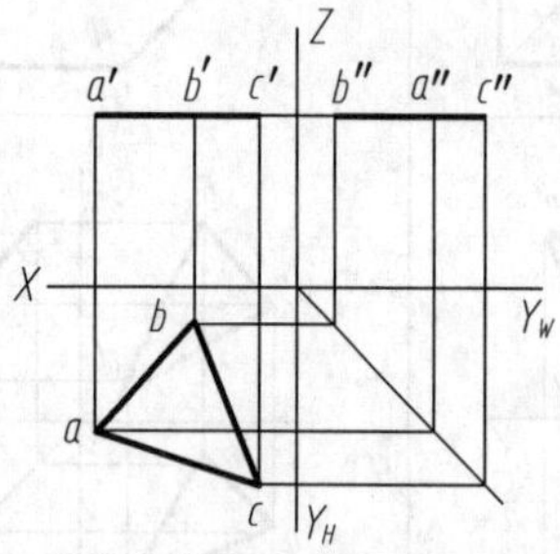	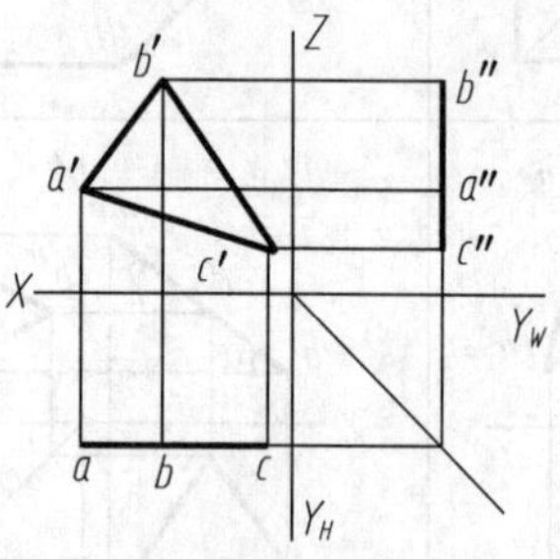	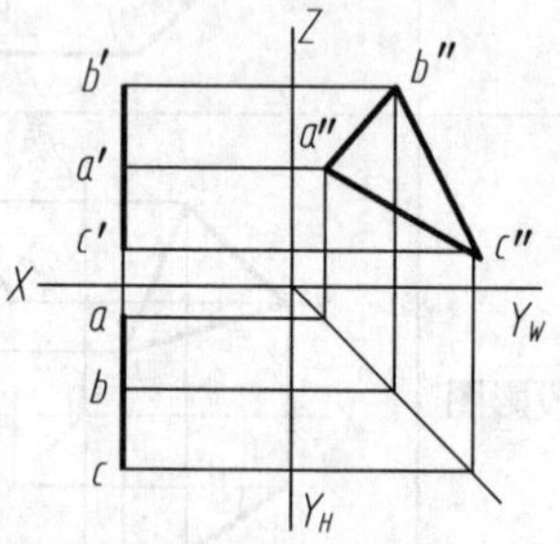
投影特性	（1）水平投影反映实形； （2）正面投影积聚为一条 //OX 轴的一直线； （3）侧面投影积聚为一条 //OY 轴的一直线	（1）正面投影反映实形； （2）水平投影积聚为一条 //OX 轴的一直线； （3）侧面投影积聚为一条 //OZ 轴的一直线	（1）侧面投影反映实形； （2）正面投影积聚为一条 //OZ 轴的一直线； （3）水平投影积聚为一条 //OY 轴的一直线

3. 一般位置平面

如图 2-27（a）所示，对三个投影面都倾斜的平面称为一般位置平面。如图 2-27（b）所示，显然一般位置平面的三面投影均无积聚性，也不反映实形。一般位置平面的三面投影都为比原图形缩小的类似形。

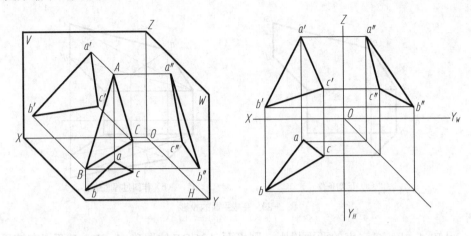

（a）一般位置平面的直观图　　　　　（b）一般位置平面的三面投影图

图 2-27　一般位置平面的投影

2.4.3　平面上的点、直线

平面上的点和直线的几何条件是：

（1）如果点在平面内的一条直线上，则点位于此平面上；

（2）如果直线通过平面内的两点，或者通过平面内的一点且平行于平面内的另一条直线，则该直线在此平面上。

按此原理可进行有关平面上的点、直线的投影作图。

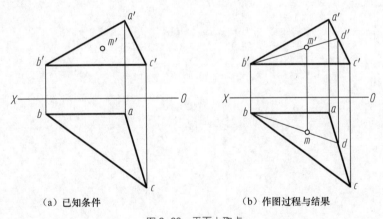

（a）已知条件　　　　　　　　（b）作图过程与结果

图 2-28　平面上取点

【**例 2-8**】　如图 2-28（a）所示，已知点 M 在△ABC 平面上，现知 M 点的正面投影 m'，试作出其水平投影。

解：作图步骤如图 2-28（b）所示。

（1）连接 $b'm'$，并延长交 $a'c'$ 于 d'，并作出水平投影 d。

（2）连接 bd，过 m' 作投影连线，交 bd 于 m。

【**例 2-9**】　如图 2-29（a）所示，已知平面 $ABCDE$ 的正面投影及 AB、BC 的水平投影，

试完成该平面的水平投影。

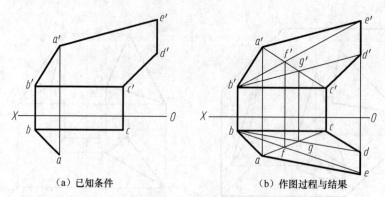

（a）已知条件　　　　　　　　　　　　（b）作图过程与结果

图 2-29　完成平面的投影

解：已知 A、B、C 三点的两面投影，则平面 ABCDE 位置确定。D、E 两点在该平面上，且知其正面投影，用平面上取点法可作出它们的水平投影，连接即为平面的水平投影。

作图过程如图 2-29（b）所示。

（1）连接 a'c'和 ac，再连接 b'd'和 b'e'分别交 a'c'于 f'、g'。

（2）根据直线上点的投影规律，求出 F、G 点的水平投影 f、g 两点。

（3）连接 bf、bg 直线并延长，再根据直线上点的投影规律求出两点的水平投影 d、e。

（4）连接 cd、de、ea 各线，完成作图。

第 3 章 立体的投影

3.1 立体分类及其三视图的形成

在设计和绘制工程图样时，所要表达的立体形状是千变万化的。我们在表达立体之前，首先要对立体进行分类。对于不同类型的立体特征，选择不同的表达方法。

3.1.1 立体的分类

首先我们将工程设计、绘图、制造、安装和施工过程中常见的立体分为两大类：规则立体和不规则立体。所谓的规则立体就是围成立体的所有表面都有严格的名称，如平面、圆柱面等；不规则立体表面就没有具体的名称，如飞机机身、山坡等。规则立体都是人工制造的，不规则立体有人工制造和天然形成的。

规则立体又分为基本几何体和组合体。所谓基本几何体有具体的名称，如棱柱、圆锥等；那么组合体可以看成是由基本体经叠加或挖切后组合而成的。

基本几何体又可分为平面立体和曲面立体。所谓的平面立体是指围成立体的所有表面都是平面。平面立体可分为棱柱、棱锥的一般多面体。曲面立体即围成立体的表面部分或全部是曲面。曲面立体可分为回转体和非回转体两类。回转体常见的有圆柱、圆锥、圆球、圆环体和一般回转体。非回转体常见的有椭球、斜圆柱、斜圆锥、双曲抛物面等。同时，曲面立体根据立体的母线不同可以分为直纹曲面（圆柱、圆锥等）和曲纹曲面（圆球、圆环等）。

组合体可分为叠加型、挖切型和综合型 3 类。所有工程立体的分类如下：

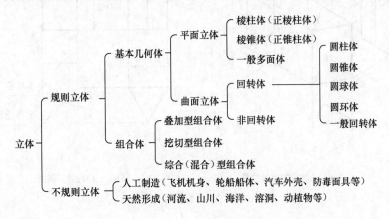

3.1.2　三视图的形成

我们在工程中所见的立体，也称为物体。它有很多物理量，如形状、大小、质量、颜色、分子结构等。而工程图样只是个平面图形，它不能表达物体的所有物理量，只能表达物体的形状和大小两个物理量。我们把只有形状和大小两个物理量的立体称之为形体。在现实生活中形体是不存在的，它只是一种几何抽象而已。在本书中，今后谈到的立体就是指形体。

我们把形体表面与表面的交线称为棱边线。把曲面的可见与不可见部分的分界线称为轮廓线。画形体的投影是画形体棱边线和轮廓线的投影。在上一章中我们知道三投影面体系。为了表达形体的形状，我们将形体放在三投影面体系中，为便于画图和看图，尽量使较多的棱边线和轮廓线与投影面垂直或平行，尽量使较多的表面与投影面垂直或平行，使画出的投影图最简单。

下面以正三棱柱为例，介绍立体三视图的形成过程。

如图 3-1（a）所示，将一正三棱柱放置在三面投影体系当中，为方便画图，使其上、下底面成水平面，侧面中两个为铅垂面，一个为正平面，三条棱线都是铅垂线。这个正三棱柱的投影特点如下。

（1）水平投影图　反映上下两底面的实形，两底面的投影重合，3 个侧面的投影积聚成直线，且与底面的对应边重合。

（2）正面投影图　后侧面 AA_1C_1C 为正平面，其投影反应实形。上下底面的投影积聚为直线，和后侧面的 AC、A_1C_1 边完全重合。两前侧面的正面投影为类似形，即两并排的矩形。除两公共边 BB_1 外，其余边都与后侧面对应边的投影重合。

（3）侧面投影图　两个前侧面的侧面投影为类似形，且投影完全重合。上下底面和后侧面都具有积聚性，和两个前侧面的侧面投影形成的矩形的对应边完全重合。

根据国家标准规定，用投影法绘制物体的图样时，其投影图又称为视图。三面投影称为三视图，正面投影为主视图，水平投影为俯视图，侧面投影为左视图，三视图的配置如图 3-1（b）所示。显然，它们分别为立体的正面投影、水平投影和侧面投影。画立体三视图，一般不画出投影轴，因为立体与各投影面距离的远近，不影响立体的投影。

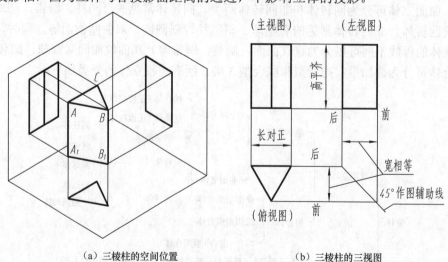

（a）三棱柱的空间位置　　　　　　　（b）三棱柱的三视图

图 3-1　三视图的形成

将投影轴 *OX，OY，OZ* 方向作为形体的长、宽、高 3 个方向，则主视图反映形体的长和高，俯视图反映形体的长和宽，左视图反映形体的宽和高。由此可得三视图的投影规律：

主俯视图长对正，主左视图高平齐，俯左视图宽相等

这里必须注意俯、左视图之间宽相等和前后的对应关系。作图时可用分规直接量取宽相等，亦可用 45° 辅助线作图。

3.2　平面立体的投影

平面立体的特点是所有表面均为平面。所有的棱边线（表面的交线）都是直线。在画图时，尽量使较多的表面和棱边线处于特殊位置。绘制平面立体的投影，就是画出围成平面立体所有平面的投影或画出组成平面立体的棱边线的投影。

3.2.1　棱柱的投影

1. 棱柱的形状特征

棱柱有两个平行的多边形底面。通常用底面多边形的边数来区别不同的棱柱，如底面为四边形，称为四棱柱。侧棱垂直于底面的棱柱，称为直棱柱。侧面倾斜于底面的棱柱称之为斜棱柱。若棱柱底面为正多边形的直棱柱，则称之为正棱柱。正棱柱的所有侧面一般都垂直于底面。

2. 棱柱的投影特点

如图 3-2（a）所示，将一正五棱柱放置在三面投影体系当中，使其上、下底面成水平面，侧面中四个为铅垂面，一个为正平面，五条棱线都是铅垂线。画图时，根据平面和线的投影特性，先画出俯视图正五边形，再画出其余两面投影图，如图 3-2（b）所示。

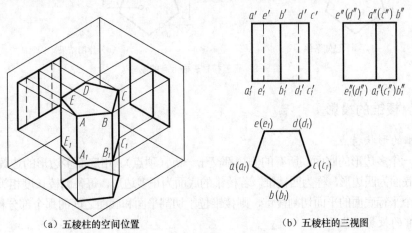

| （a）五棱柱的空间位置 | （b）五棱柱的三视图 |

图 3-2　五棱柱的投影

可见的棱边线画成粗实线，不可见的棱边线画成虚线，当粗实线和虚线重合时，用粗实线画，虚线与点画线重合时用虚线画。实线的优先数最高，虚线次之，点画线最低。

另外，在形体的投影图中，如有需要，可以将它表面上的点的不可见投影的投影符号用括号括起来，以便与可见投影加以区别。如果点属于垂直于投影面的表面，在该表面有积聚

性的那个投影图上，一般不判别该点的可见性。

3. 棱柱表面上的点和线

在平面立体表面上取点作图的关键是要先找到该点所在平面在三视图中的投影位置。立体表面的投影或积聚成直线或成为与之对应的类似的图形。如图 3-2（b）所示，由于其五个侧面的水平投影都积聚成直线，因此侧面上的点的水平投影就落在相应五边形的边上，根据投影关系就可以很方便地求出侧面上的点的三面投影。

可见性判断原则：面可见，面上的点也可见；面不可见，面上的点也不可见。

【例 3-1】 如图 3-3（a）所示，已知正五棱柱表面上两点 *M*、*N* 的一面投影 *m*′ 和 *n*，求另外两个视图上的投影。

解： 由图 3-3（a）可知，*M* 点的正面投影 *m*′ 可见，故 *M* 点在棱柱的左前侧面上，该侧面的水平投影有积聚性，投影为五边形的一边，所以 *m* 在此边上。再按投影关系即俯左视图宽相等求得 *m*″。*N* 点的水平投影 *n* 在五边形内且可见，证明 *N* 点在棱柱的上底平面上，根据投影关系，可作出正面和侧面投影。作图过程如图 3-3（b）所示。

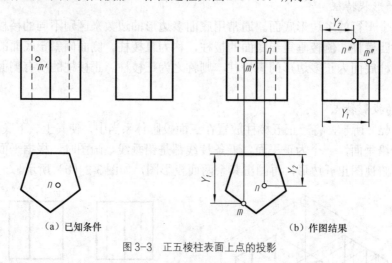

（a）已知条件　　　　　　　　　　　　　（b）作图结果

图 3-3　正五棱柱表面上点的投影

3.2.2　棱锥的投影

1. 棱锥的形状特点

棱锥有一个多边形的底面，所有的侧棱都交于一点（顶点）。用底面多边形的边数来区别不同的棱锥，如底面为四边形，称为四棱锥。若棱锥的底面为正多边形，每条侧棱长度相等，称为正棱锥。若用一个平行底面的平面切割棱锥，则棱锥位于切割平面和底面之间的那个部分称为棱台。

2. 棱锥的投影特点

如图 3-4（a）所示，一个三棱锥放置在三面投影体系当中，使其底面 *ABC* 为水平面，侧面 *SAB*、*SBC* 为一般位置平面，侧面 *SAC* 是侧垂面。画图时，应先画底面的三面投影，再画出顶点的三面投影，最后画出各棱线的三面投影，如图 3-4（b）所示。

3. 棱锥表面上的点和线

棱锥侧面无积聚性，如在棱锥的一般位置侧面上找点，则需要在此表面上过点的已知投影先作一辅助直线，再在直线的投影上定出点的投影，即用辅助线法取点。

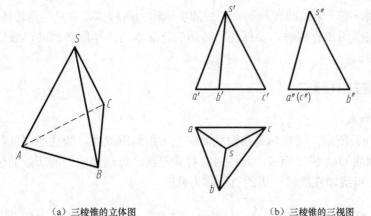

（a）三棱锥的立体图　　　　　　　　（b）三棱锥的三视图

图 3-4　三棱锥的投影

【例 3-2】 如图 3-5 所示，已知三棱锥表面上点 K 的正面投影 k'，求其另外两面投影。

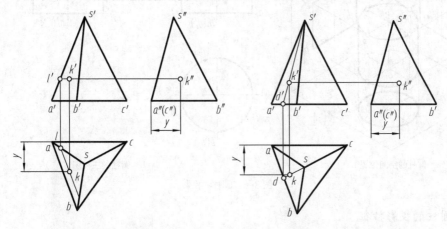

（a）利用平行线的投影规律求解　　　　　（b）利用直线上点的投影规律求解

图 3-5　三棱锥表面取点

解： 方法一，利用平行线的投影规律求 K 点的另两面投影。

（1）如图 3-5（a）所示，过 k' 点作 a'b' 的平行线交于 s'a' 上 l' 点。根据直线上点的投影规律求出 L 点的水平投影 l 点；

（2）过 l 点作 ab 的平行线，再过 k' 点投影得 K 点的水平投影 k 点；

（3）根据高平齐和宽相等作出 K 点侧面投影 k″点。

方法二，利用直线上点的投影规律求 K 点的另两面投影。

（1）如图 3-5b 所示，过 s' 点与 k' 点相连并延长交于 a'b' 上 d' 点。根据直线上点的投影规律求出 D 点的水平投影 d 点；

（2）连接 sd，再过 k' 点投影得 K 点的水平投影 k 点；

（3）根据高平齐和宽相等作出 K 点侧面投影 k″点。

3.3　曲面立体的投影

曲面立体是由曲面或曲面与平面围成，常见的曲面立体是基本回转体。以直线或曲线为封闭边界的平面，绕一轴线回转一周所形成的实体称为回转体。常见的回转体有圆柱、圆锥、圆球和圆环。在画图和看图时，要抓住回转体的特殊本质，即回转面的形成规律和回转面转向轮廓线的投影。

3.3.1 圆柱的投影

1. 圆柱的形成

如图 3-6（a）所示，圆柱体是由圆柱面和上下端面组成的。圆柱面可以看成由直线 AA_1 绕与它平行的轴线 OO_1 旋转而成。直线 AA_1 称为母线，母线绕回转面所处的任一位置称为素线。母线上任一点绕轴线旋转一周的轨迹称为纬圆。

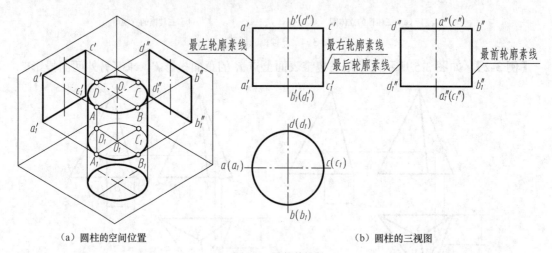

（a）圆柱的空间位置 （b）圆柱的三视图

图 3-6　圆柱的投影

2. 圆柱的投影特征

如图 3-6（b）所示，把圆柱的轴线放置成铅垂线，向三个投影面进行投影，水平投影为圆且有积聚性，圆柱面上所有点的水平投影都落在圆周上；另两面投影分别为矩形线框，线框上、下边也为圆柱上、下端面的投影。

主视图上矩形左右两边是圆柱面上最左、最右两条素线 AA_1 和 BB_1，此为正面投影的转向轮廓线，它们把圆柱面分成前、后两个半圆柱面，主视图中前半圆柱面可见，后半圆柱面不可见且与前半圆柱面投影重合。这两条转向轮廓线的左视图与轴线重合，不必画出。

左视图中矩形左、右两边是圆柱面上最前、最后两条素线 CC_1 和 DD_1，此为侧面投影的转向轮廓线，它们把圆柱面分成左、右两个半圆柱面，左视图上左半圆柱面可见，右半圆柱面不可见与左半圆柱面投影重合。这两条转向轮廓线的主视图与轴线重合，也不必画出。

画图时，首先画圆柱的轴线和投影为圆的对称中心线，再画投影为圆的视图，然后画其它两视图。

3. 圆柱表面取点

求圆柱表面上点的基本方法是利用圆柱面和上下底面的投影的积聚性来作图。如果给定圆柱表面上点的一个投影，可先在有积聚性的那个投影图上求出它的第二个投影，再根据长对正、高平齐、宽相等的投影原理求出其他投影，并判别可见性。

【例 3-3】 如图 3-7 所示，已知圆柱面上点 M 的正面投影 m' 及 N 点的侧面投影 n''，求其另外两面投影。

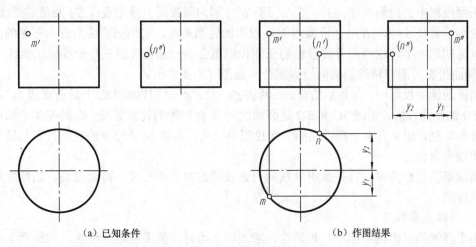

（a）已知条件　　　　　　　　　（b）作图结果

图3-7　圆柱表面取点

解：根据给定的*m'*的位置，可判定点*M*在前半圆柱面的左半部分；因圆柱面的水平投影有积聚性，故*m*必在前半圆周的左部，*m"*可根据*m'*和*m*求得，因*M*点在左半圆柱，所以*m"*可见。又知圆柱面上点*N*的侧面投影*n"*，其他两面投影*n*和*n'*的求法和可见性分析同*M*点，请读者自行分析。

3.3.2　圆锥的投影

1. 圆锥的形成

如图3-8（a）所示，圆锥体是由圆锥面和底面组成。圆锥面可以看成由直线*SA*绕与它相交的轴线旋转一周而成。因此，圆锥面的素线都是通过锥顶的直线。

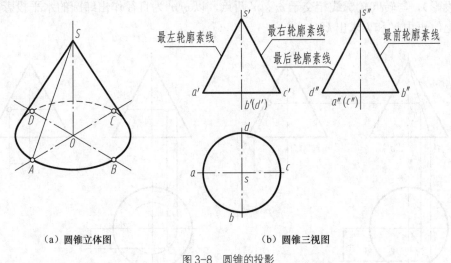

（a）圆锥立体图　　　　　　　　　（b）圆锥三视图

图3-8　圆锥的投影

2. 圆锥的投影特点

如图 3-8（a）所示，为方便作图，把圆锥轴线放置成投影面垂直线，底面成为投影面平行面。投影后，如图 3-8（b）所示，水平投影是圆，它既是圆锥底面的投影，又是圆锥面的投影。正面投影和侧面投影都是等腰三角形，其底边为圆锥底面的积聚性投影。

正面投影中三角形的左、右两腰 $s'a'$ 及 $s'b'$ 分别为圆锥面上最左素线 SA 及最右素线 SB 的正面投影。素线 SA 和 SB 是圆锥面对 V 面投影的轮廓素线，它们把圆锥面分为可见的前一半和不可见的后一半，这两部分圆锥面的正面投影重合在一起为等腰三角形线框。素线 SA 和 SB 的侧面投影与圆锥轴线的侧面投影重合，画图时不需表示。

圆锥的侧面投影中，三角形的前、后两腰 $s''c''$ 及 $s''d''$ 分别为圆锥面上最前素线 SC 及最后素线 SD 的侧面投影。素线 SC 和 SD 是圆锥面对 W 面投影的轮廓素线，在其左半个圆锥面的侧面投影可见，而其右半个圆锥面的侧面投影不可见。素线 SC 和 SD 的正面投影与圆锥轴线的正面投影重合。

画圆锥的投影图时，首先画出轴线的投影及圆的对称中心线，再画出圆，最后完成圆锥的其他投影。

3. 圆锥表面取点

由于圆锥的三面投影都不具积聚性，求表面上点时，需采用辅助线法。圆锥面上简单易画的辅助线有过锥顶的直线（素线）及垂直于圆锥轴线的圆（纬圆）。下面将分别介绍这两种辅助线法。

【例 3-4】 如图 3-9 所示，已知圆锥面点 K 的正面投影 k'，求 k 和 k''。

解：

（1）辅助素线法

如图 3-9（a）所示，过锥顶 S 和点 K 作辅助素线 SL，即连接 $s'k'$ 并延长，与底面相交于点 l'，对照投影关系，找到 SL 的水平投影 sl 和侧面投影 $s''l''$，再由 k' 根据点的投影特性作出点 k 和 k''。由于点 K 位于前、左圆锥面上，因此 K 的三面投影均可见。

（2）辅助纬圆法

如图 3-9（b）所示，过点 K 在圆锥面上作一纬圆（水平圆），即过 k' 作一水平线（纬圆的正面投影），与转向轮廓线相交于 m'、n' 两点，以 $m'n'$ 为直径作出纬圆的水平投影，k 一定在圆周上，再由 k' 和 k 求出 k''。

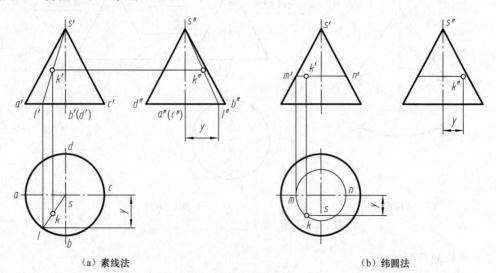

（a）素线法　　　　　　　　　　　　　（b）纬圆法

图 3-9　圆锥表面取点

3.3.3　圆球的投影

1. 圆球的形成

圆球由球面组成，球面可看做是由半圆作母线绕其直径旋转一周而成的。

2. 圆球的投影特点

圆球的三面投影都是与球的直径相等的圆，如图 3-10（a）所示。主视图 a′ 圆为球的正视转向轮廓线 A 的投影，俯视图的 b 圆为球的俯视转向轮廓线 B 的投影，左视图的 c″ 圆为侧视转向轮廓线 C 的投影，用点画线画它们的对称中心线，各中心线亦是转向轮廓圆的投影位置，具体对应投影关系如图 3-10（a）所示。

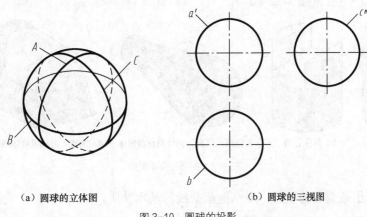

（a）圆球的立体图　　　　　　　　　　（b）圆球的三视图

图 3-10　圆球的投影

3. 圆球的表面取点

圆球面的三面投影都不具有积聚性。为作图方便，球面上取点常选用在球面上作辅助纬圆的方法。

【例 3-5】　如图 3-11 所示，已知球面上的点 M 的正面投影(m′)，求其他两面投影。

解： 根据 m′ 的位置及可见性，可判断 M 点在上半个球的右、后部，因此 m 点可见，(m″) 不可见。如图 3-11（a）所示，采用辅助水平纬圆法，即过 m′ 作一直线，与转向轮廓线圆交于 k′、l′。以 k′l′ 为直径在水平投影上作出纬圆的水平投影，m 点应在圆周上，再根据(m′)和 m 求出(m″)。亦可采用辅助侧平纬圆法（见图 3-11（b））或辅助正平纬圆法（见图 3-11（c）），原理完全相同，在此不再赘述。

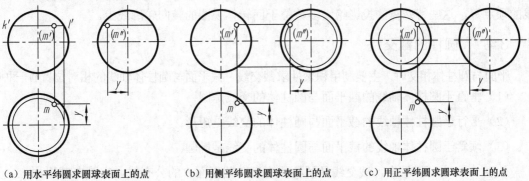

（a）用水平纬圆求圆球表面上的点　　（b）用侧平纬圆求圆球表面上的点　　（c）用正平纬圆求圆球表面上的点

图 3-11　圆球表面取点

3.4 平面与立体相交

在工程上，由于结构的需要，常会碰到一些平面与回转体相交的零件，如图 3-12 所示。与立体相交的平面称为截平面，截平面与立体的交线称为截交线，截交线围成的图形称为截断面。为了表达清楚形体的形状，工程图样上要求画出零件表面的截交线。立体的截交线可由单一平面切割单一回转体产生（见图 3-12（a）），也可以用多个平面切割单一回转体产生（见图 3-12（b）），还可以由单一平面切割多个回转体产生（见图 3-12（c）），也可以用多个平面切割多个回转体产生（见图 3-12（d））。

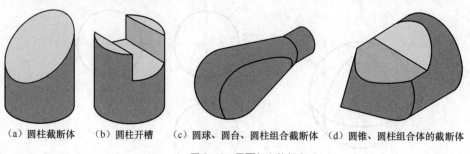

(a) 圆柱截断体　(b) 圆柱开槽　(c) 圆球、圆台、圆柱组合截断体　(d) 圆锥、圆柱组合体的截断体

图 3-12　平面与立体相交

为了正确画出截交线的投影，应掌握截交线的基本性质。

（1）截交线是截平面与立体表面交点的集合，截交线既在截平面上，又在立体表面上，是截平面和立体表面的共有线。

（2）立体是由其表面围成的，所以截交线必然是由平面曲线围成的封闭的图形，其形状取决于回转体的几何特征，以及回转体与截平面的相对位置。

（3）求截交线的实质是求它们的共有点。

截交线常用的作图方法如下。

当截交线是圆或直线时，可借助绘图仪器直接作出截交线的投影。当截交线为非圆曲线时，则需描点作图。先作出截交线上的特殊点，再作出若干个一般点，然后将这些共有点连成光滑曲线。所谓特殊点，是指截交线上确定其大小、范围的最高、最低点，最左、最右点，最前、最后点，以及投影上截交线可见性的分界点，椭圆长轴、短轴的端点，抛物线、双曲线的顶点等。这些特殊点的投影绝大多数位于回转体视图的转向轮廓线上。

3.4.1　圆柱的截交线

平面与圆柱体相交时，主要利用积聚性求截交线。截平面与圆柱体轴线的相对位置有三种：

（1）垂直于圆柱体轴线的截平面与圆柱体的交线是圆；

（2）平行于圆柱体轴线的截平面与圆柱体的交线是矩形；

（3）倾斜于圆柱体轴线的截平面与圆柱体的交线是椭圆。

从表 3-1 中可以看出，截交线是圆柱体表面和截平面 P 的公有线，它既在截平面上，又在圆柱表面上。

表 **3-1**　　　　　　　　　　　　　　平面与圆柱相交的三种形式

截平面位置	垂直于轴线	平行于轴线	倾斜于轴线
截交线	圆	两平行直线（矩形）	椭圆
轴测图			
投影图			

【例 3-6】　如图 3-13 所示，圆柱面被正垂面 P 截切，已知它的主视图和俯视图，求作左视图。

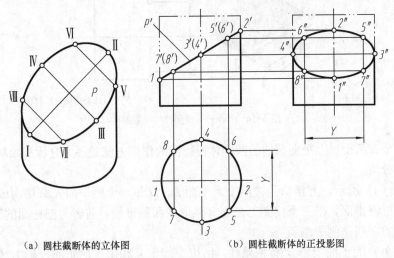

（a）圆柱截断体的立体图　　　　　　（b）圆柱截断体的正投影图

图 3-13　圆柱截交线的画法

解：倾斜于圆柱体轴线的截平面与圆柱体的交线是椭圆。

（1）投影分析

截平面 P 与圆柱轴线斜交，所得截交线是一个椭圆。由于 P 的正面投影有积聚性，因此椭圆的正面投影就在 p′上；由于圆柱的水平投影有积聚性，因此椭圆的水平投影就积聚在圆柱水平投影上，而椭圆的侧面投影则需描点作图获得。

（2）作图过程

① 作出完整圆柱的左视图。

② 作特殊点的投影。以主视图上的 1′、2′、3′、4′为特殊点，它们分别为椭圆长、短轴端点及上下、前后的极限位置点，同时也是圆柱轮廓线上的点。根据投影关系可直接作出其水

平投影 1、2、3、4 及侧面投影 1″、2″、3″、4″。

③ 作必要的一般点。在截交线投影为已知的主视图上定出一般点的位置，如点 5'6'和点 7'（8'），其水平投影 5、6 和 7、8 应在圆柱面积聚性圆的投影上，再根据投影关系不难求出其侧面投影 5″、6″和 7″、8″，一般点取多少可根据作图准确程度要求而定。

④ 在左视图上依次光滑连接各点。

⑤ 整理轮廓线并加深。

圆柱上被截掉轮廓线的投影不应画出，所以左视图上圆柱轮廓线只画 3″和 4″以下部分。最后加深可见的轮廓线，完成作图。

【例 3-7】 如图 3-14 所示，已知开槽圆柱的主视图和左视图，求作俯视图。

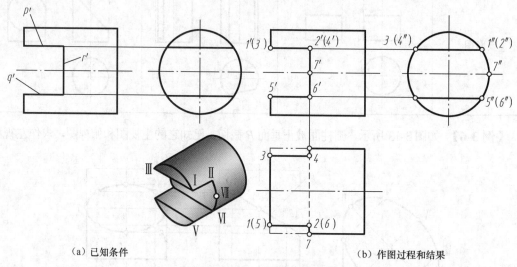

（a）已知条件 （b）作图过程和结果

图 3-14　补画开方槽圆柱的投影图

解： 被两个或两个以上平面截切的回转体投影图的作图方法是逐个分析和绘制其截交线。

（1）投影分析

如图 3-14（a）所示，方槽口是被两个水平面 P、Q 和一个侧平面 R 截切而成的。这三个平面均为特殊位置平面，在三个视图上分别有显形性和积聚性，前者与圆柱面的交线为直线，后者与圆柱面的交线是侧平圆弧。

由于截平面 P 的正面投影 p' 有积聚性，所以交线 I II 和 III IV 的正面投影 1'2'和（3'）（4'）与 p' 重合；圆柱的侧面投影有积聚性，因此交线 I II 和 III IV 的侧面投影 1″≡2″ 和 3″≡4″ 在圆周上积聚成两点。平面 Q 与 P 的情况相同，读者可用上述方法自行分析。

因为截平面 R 是一侧平面，其正面投影 r' 有积聚性，所以前半个圆柱面上的交线圆弧的正面投影 2'7'6' 与 r' 重合，侧面投影 2″7″6″ 与圆柱的侧面投影圆重合。后半个圆柱面上的交线与前半个对称，读者亦可自行分析。

（2）作图过程

如图 3-14（b）所示，作图过程如下。

① 先画出整个圆柱的俯视图。

② 按投影关系，先求水平面 P 与圆柱面截交线的水平投影 12 和 34，再求平面 R 与圆柱截交线的水平投影 276。此段圆弧为侧平圆弧，故其水平投影积聚为线段。

③ 补画截平面之间的交线投影，其水平投影不可见，应画成虚线。

④ 整理轮廓线并加深。

作图时，应特别注意轮廓线的投影。由主视图可见，圆柱水平轮廓线在 7 点以左就被切掉了，即转向轮廓线不完整，因此俯视图上圆柱轮廓线切掉处不应再画出。最后，加深所有可见轮廓线，完成作图。

【**例 3-8**】 如图 3-15（a）所示，已知圆柱被三个截平面截切后的主视图，求其俯视图与左视图。

解：

（1）投影分析

由图中可看出，圆柱体是被水平面 P、正垂面 Q 及侧平面 R 截切。P 平面与圆柱表面的交线为直线，Q 平面与圆柱表面的交线为椭圆，R 平面与圆柱表面的交线为圆。

因为截平面 P、Q、R 的正面投影都有积聚性，因此各段交线的正面投影分别与 p'、q'、r' 重合。因为截平面 P 是水平面，所以在侧面投影积聚为一条水平线。由于圆柱的左视图有积聚性，因此截平面 Q、R 与圆柱面交线的侧面投影也与圆柱的侧面投影圆重合。平面 Q 与 P、R 两平面的交线为两条正垂线，带切口圆柱体的水平投影需作图求得。

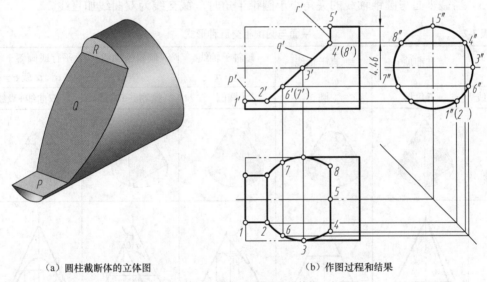

（a）圆柱截断体的立体图 （b）作图过程和结果

图 3-15 补画圆柱被三平面截切后的俯、左视图

（2）作图过程

如图 3-15（b）所示，作图过程如下。

① 先画出整个圆柱的俯、左视图。

② 求平面 P 与圆柱的交线（直线）投影：主视图上为 1'2'，按投影关系找到 1"2"，再找到水平投影 12。

③ 求平面 Q 与圆柱的交线（椭圆）投影：先从主视图上找椭圆上特殊位置点 2'、3' 和 4'，按投影关系找到 2"、3" 和 4"，再找到水平投影 3 和 4。如描点困难，可再找一般位置点 6' 和 7'，同样的办法找到其水平投影 6 和 7。顺次光滑连接各点，即可得该段交线得水平投影。

④ 再求平面 R 与圆柱的交线（圆弧）。该交线圆弧为侧平圆弧，所以侧面投影 4"5"8" 积

聚在圆周上，而水平投影 $\overset{\frown}{458}$ 则积聚成直线。

以上各截平面与后半个圆柱面的交线和前半个圆柱面上交线是对称的，读者可自行分析其作图。

⑤ 补画截平面 Q 与 P、R 之间的交线投影。

⑥ 整理轮廓线并加深。

由主视图可见，圆柱的水平轮廓线自 3′ 点以都切掉了，故其俯视图上圆柱轮廓线只画到 3 点处为止。最后，加深所有的可见轮廓线，完成作图。

3.4.2 圆锥的截交线

平面与圆锥体表面相交，根据截平面对圆锥轴线的位置不同，可以得到五种截交线，如表 3-2 所示。

（1）当截平面通过圆锥顶点时，截交线为等腰三角形。

（2）当截平面垂直于圆锥面回转轴线时，截交线为圆。

（3）当截平面与圆锥轴线的夹角大于圆锥半角时，截交线为椭圆。

（4）当截平面与圆锥轴线的夹角等于圆锥半角时，截交线为抛物线加直线。

（5）当截平面与圆锥轴线的夹角小于圆锥半角时，截交线为双曲线加直线。

表 3-2   平面与圆锥相交五种形式

截平面位置	过锥顶	垂直于轴线	倾斜于轴线 $\theta > \alpha$	倾斜于轴线 $\theta = \alpha$	平行或倾斜于轴线 $\theta < \alpha$ 或 $\theta = 0$
截交线	三角形	圆	椭圆	抛物线+直线	双曲线+直线
轴测圆	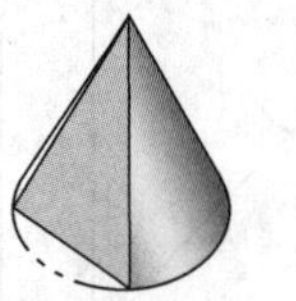	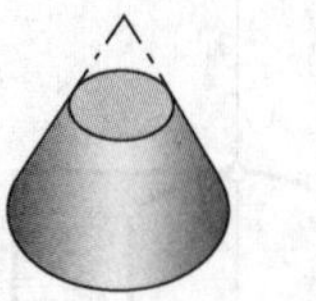	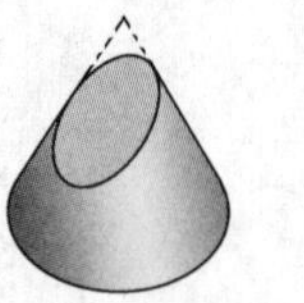	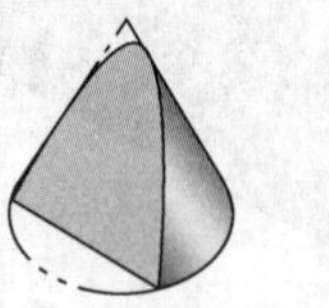	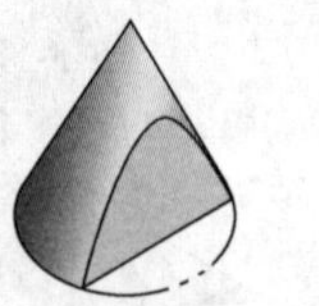
投影图	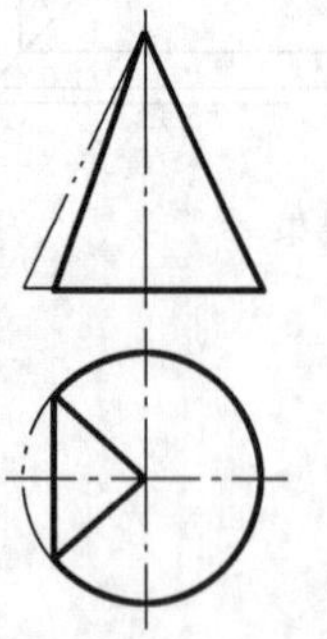	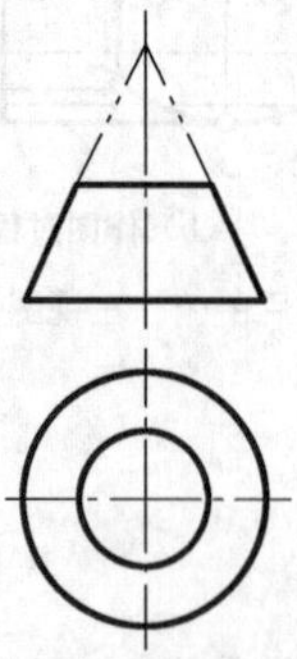	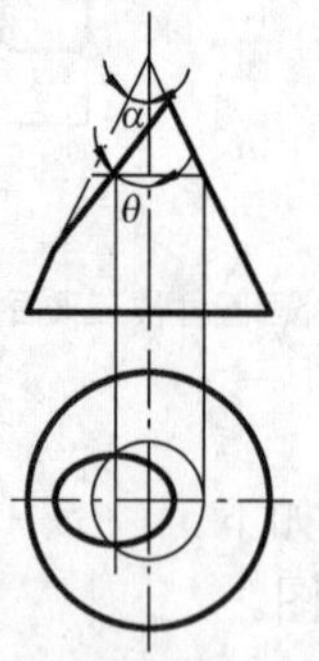	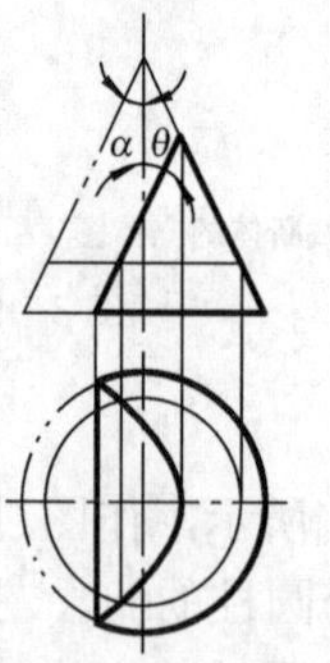	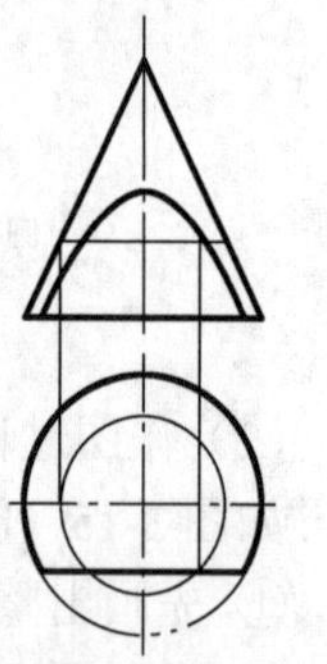

【例 3-9】 如图 3-16（a）、（b）所示，圆锥被正平面 P 所截，求作交线的投影。

解： 因为截平面 P 为正平面，且与圆锥轴线平行，所以截交线为双曲线。其水平投影积聚在平面 P 的水平投影 p 上，侧面投影积聚在平面 P 的侧面投影 p'' 上，均为直线，故只需求出正面投影即可。截交线上最低点Ⅱ和Ⅲ的水平投影 2、3 位于 P 与圆锥底圆的水平投影的交点，由此可按投影关系定出 2′ 和 3′。在水平投影上过锥顶点 S 向 p 作垂线，其垂足 1 点即为双曲线的最高点 I 的水平投影，即为 23 的中点。其正面投影 1′ 可用锥面上取点的辅助纬圆法作出。一般点 IV 和 V 点的作图方法同 I 点。

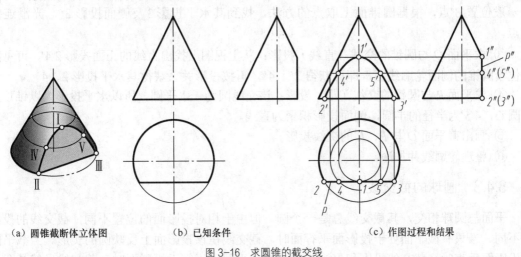

(a) 圆锥截断体立体图　　　　(b) 已知条件　　　　(c) 作图过程和结果

图 3-16　求圆锥的截交线

【例 3-10】　如图 3-17（a）所示，已知圆锥被三个截平面截切后的主视图，求其俯视图与左视图。

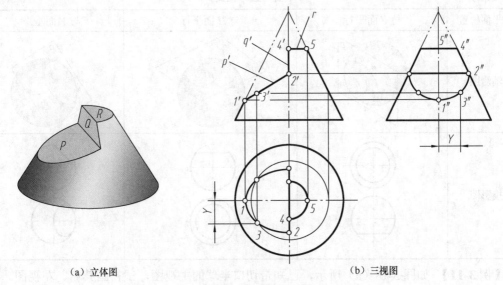

(a) 立体图　　　　　　　　　　　(b) 三视图

图 3-17　补画圆锥三平面截切后的俯、左视图

解：

（1）投影分析

由图 3-17（a）中可看出，圆锥被正垂面 P、侧平面 Q 及水平面 R 所截切，三段交线分别为椭圆、直线及圆，且交线的正面投影也分别与 p′、q′ 和 r′ 重合。其水平投影及侧面投影需通过作图获得。截平面 Q 与平面 P、R 相交，交线为正垂线。

（2）作图过程

如图 3-17（b）所示，作图过程如下。

① 先画出圆锥完整的俯、左视图。

② 求平面 P 与圆锥的交线（椭圆）投影：先从主视图上找椭圆上特殊位置点 $1'$ 和 $2'$，它们是棱边线上的点，对照投影关系找出侧面投影 $1''$ 和 $2''$，再找到水平投影 1 和 2。可再取一般位置 $3'$ 点，根据圆锥面上取点的方法，找到其水平投影 3 及侧面投影 $3''$。光滑连接各点。

③ 求平面 Q 与圆锥的交线（直线）投影：从主视图上找出直线的正面投影 $2'4'$，可见刚好位于圆锥的侧面轮廓线上，即可获得 $2''$、$4''$，再按投影关系获得其水平投影 2、4。

④ 求平面 R 与圆锥的交线（圆）投影：该交线圆为一水平圆，所以水平投影为以锥顶 S 为圆心，$4'5'$ 为半径的半圆，侧面投影积聚为直线。

⑤ 画出截平面 Q 与 P、R 的交线投影。

⑥ 整理轮廓线并加深。

3.4.3 圆球的截交线

平面与圆球相交，其截交线总是一个圆，但由于相对投影面的位置不同，截交线的投影也不同。当只有截平面处于投影面平行面时，截交线在该投影面上反映圆的实形。当截平面与投影面垂直时，截交线投影积聚为直线。当截平面不平行于投影面时，截交线虽然是圆，但其投影却是椭圆。参见表 3-3。

表 3-3 平面与圆球相交

截平面位置	与 V 面平行	与 H 面平行	与 V 面垂直
轴测图	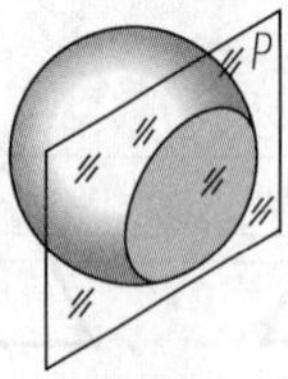	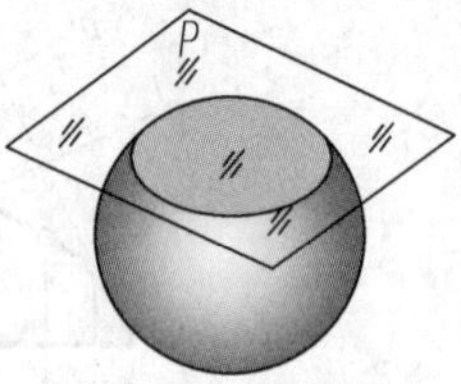	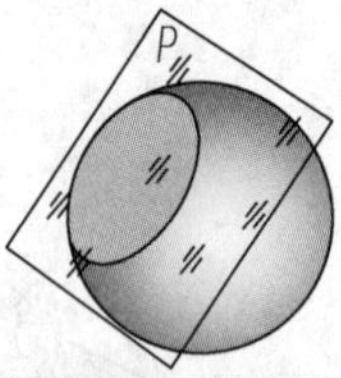
投影图	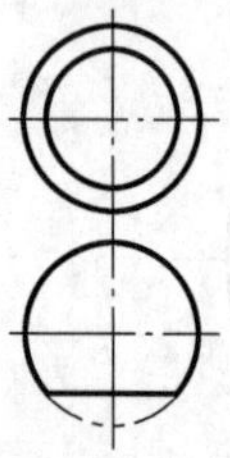	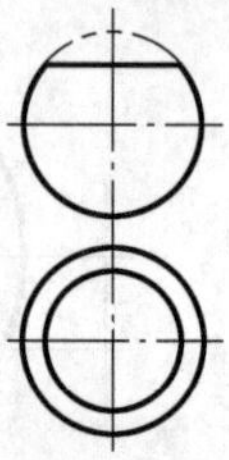	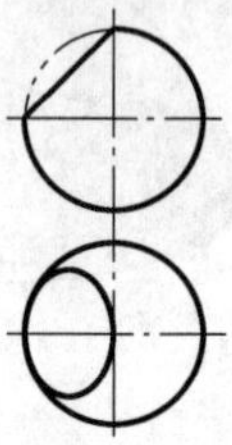

【例 3-11】 如图 3-18（a）所示，已知带切口半球的主视图，试补画其俯、左视图。

解：

（1）投影分析

该半球切口分别被两个侧平面 P、Q 及水平面 R 截切而成，其交线的形状为两个侧平圆弧及一个水平圆弧，分别在侧面投影及水平投影上反应实形，而另两面投影积聚为直线。

（2）作图过程

如图 3-18（b）所示，作图过程如下。

① 画出完整半球的俯、左视图。

② 作侧平面 P 与球面的交线：侧面投影为以 R_1 为半径的圆弧，水平投影积聚为直线段。平面 Q 与平面 P 左右对称，所产生的交线形状相同，侧面投影相重合。

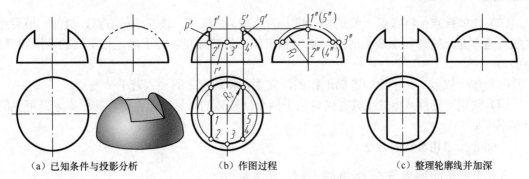

| (a) 已知条件与投影分析 | (b) 作图过程 | (c) 整理轮廓线并加深 |

图 3-18 补画带切口半球的俯、左视图

③ 作水平面 R 与球面的交线：水平投影为以 R_2 为半径的圆弧，侧面投影积聚为直线。

④ 画出三个截平面之间交线的投影，注意左视图上交线不可见，故画成虚线。

（3）整理轮廓线并加深

如图 3-18（c）所示，从主视图上可看出，圆球的侧面轮廓线自 3 点以上被切掉了，故左视图上圆球轮廓线 3″ 之上的不应画出。加深所有可见轮廓线，完成作图。

3.5 两回转体表面相交

工程上常会遇到两基本形体相交的零件，相交的形体称为相贯体，内外表面在相交处产生的交线称为相贯线。这里仅讨论两相交形体均为回转体时，相贯线的性质和作图方法。

1. 相贯线的性质

（1）相贯线上每一点都是相交两回转体表面的共有点。

（2）两回转体的相贯线一般是封闭的空间曲线（见图 3-19（a）），特殊情况下可以是平面曲线（见图 3-19（b））或直线（见图 3-19（c））。

| (a) 相贯线为空间曲线 | (b) 相贯线为平面曲线 | (c) 相贯线为直线 |

图 3-19 两曲面立体的相贯线

2. 求相贯线的基本方法

（1）利用表面求点法求相贯线。

（2）利用辅助平面法求相贯线。

3. 求相贯线的作图步骤

（1）首先分析两相贯体的形状、相对位置及相贯线的空间形状，然后分析相贯线的投影情况，有无积聚性可以利用。

（2）作特殊点：特殊点一般是相贯线上的最高、最低点，最左、最右点，最前、最后点，这些点通常是回转体轮廓线上的点。求出相贯线上的特殊点，便于确定相贯线的范围和变化趋势。

（3）作一般点：为了比较准确地作图，需要在特殊点之间插入若干一般点。

（4）判别可见性：相贯线只有同时位于两个回转体的可见表面上时，其投影才是可见的，否则不可见。

下面介绍求相贯线的方法。

3.5.1 表面取点法求相贯线

使用条件：对于相贯的两回转体中，至少有一个有积聚性投影，则相贯线的投影也积聚，这就相当于知道了相贯线上一系列点中的一个投影，求其他两个投影。通常情况下，回转体为圆柱。

【例3-12】 如图3-20所示，求作轴线垂直相交两圆柱的相贯线。

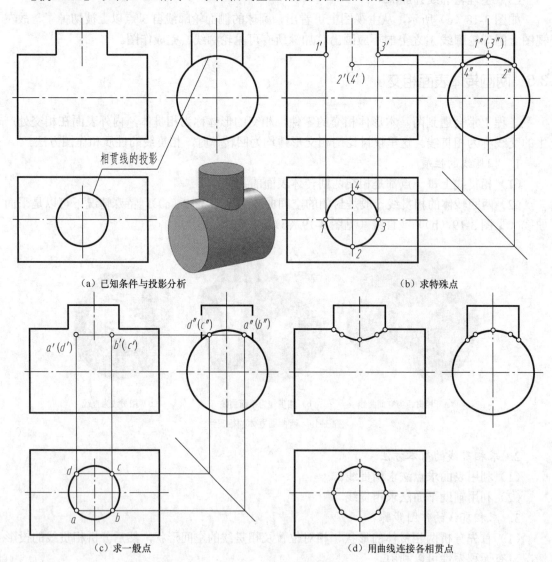

图3-20 正交两圆柱相贯

解：

（1）空间分析

如图 3-20（a）所示，大圆柱与小圆柱轴线正交，其相贯线为一条前后、左右均对称的封闭空间曲线。根据两圆柱轴线位置，大圆柱的侧面投影和小圆柱的水平投影有积聚性，因此相贯线的水平投影与小圆柱的水平投影重合，是一个圆；相贯线的侧面投影和大圆柱的侧面投影重合，是一段圆弧。大、小圆柱在它们轴线所公共平行的投影面上的投影，即正面投影没有积聚性，因此需要求的是相贯线的正面投影。

（2）作图过程

① 求特殊点：如图 3-20（b）所示，由已知相贯线的水平投影和侧面投影上，可直接定出相贯线的特殊点 1、2、3 和 4 及 $1''$、$2''$、$3''$ 和 $4''$，它们是圆柱轮廓线上的点，同时也是相贯线上的最左、最前、最右和最后点。根据长对正和高平齐确定正面投影 $1'$、$2'$、$3'$ 和 $4'$。

② 求一般点：如图 3-20（c）所示，在已知相贯线的水平投影上，直接取 a、b、c、d 四点，根据宽相等求出它们的侧面投影 $a''(b'')$、$d''(c'')$，再根据长对正和高平齐求出正面投影 $a'(d')$、$b'(c')$。

③ 判别可见性，光滑连接各点：如图 3-20（d）所示，相贯线前后对称，正面投影相重合，所以只画前半部相贯线，光滑连接 $1'$、a'、$2'$、b'、$3'$ 点即为所求。

针对圆柱相贯的不同情况，可作以下讨论：

1. **两圆柱相贯的三种形式**

由于圆柱面相贯时可以是两外表面相贯（实、实相贯），可以是两内表面相贯（虚、虚相贯），也可以是内外表面相贯（实、虚相贯）。因此，在两圆柱体相交中，可以出现如表 3-4 所示的三种形式。从表中可看出，相贯线的形状与相贯体是内表面还是外表面相贯无关，其形状和作图方法是相同的，不同的只是相贯线及轮廓线的可见性。

表 3-4　　　　　　　　　　　　　**两圆柱相贯的三种形式**

相交形式	两外平面相交	外表面与内表面相交	两内平面相交
轴测图	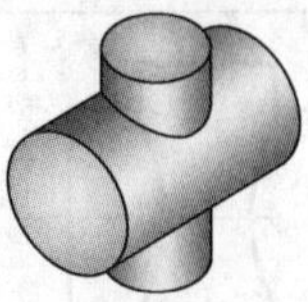	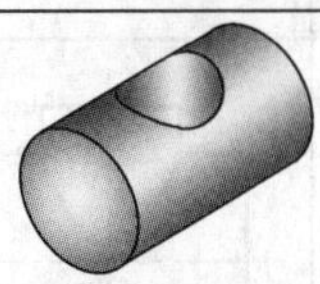	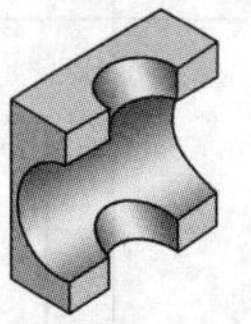
投影图	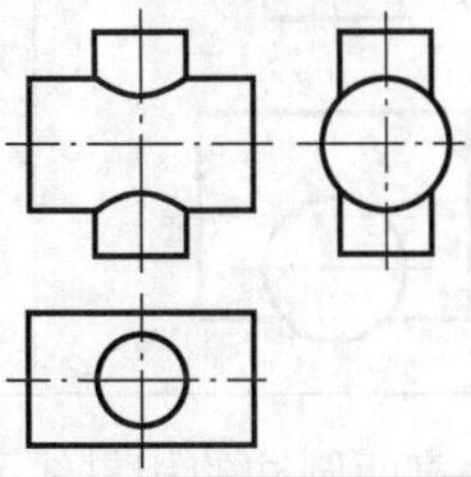	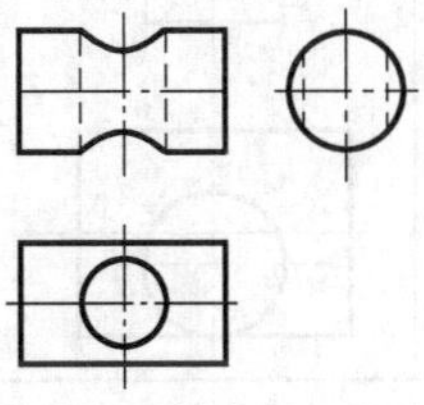	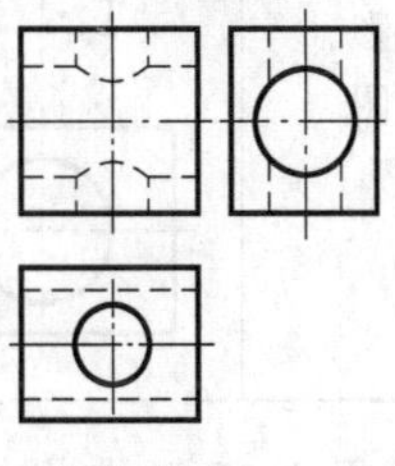

2. **两圆柱相对大小的变化对相贯线的影响**

当两圆柱轴线正交时，若相对位置不变，只改变两圆柱相对直径的大小，则相贯线也会随之改变，如表 3-5 所示。作图时，应注意相贯线的特点，每条相贯线的正面投影总是向大圆柱轴线方向弯曲。

表 3-5　　　　　　　　　　　　　　两圆柱大小变化对相贯线的影响

两圆柱直径的关系	水平圆柱直径较大	两圆柱直径相等	水平圆柱直径较小
相贯线特点	上、下两条空间曲线	两个相互垂直的椭圆	左、右两条空间曲线
轴测图	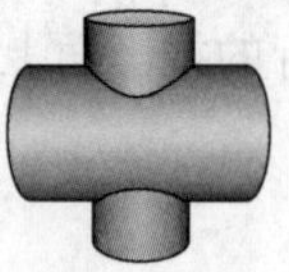	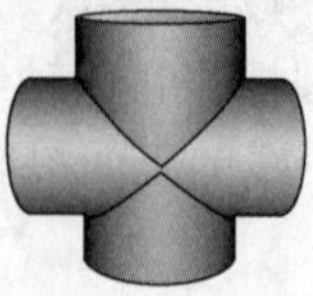	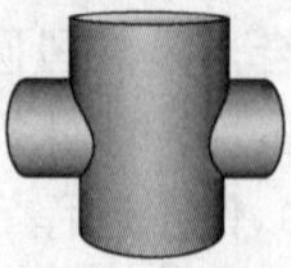
投影图	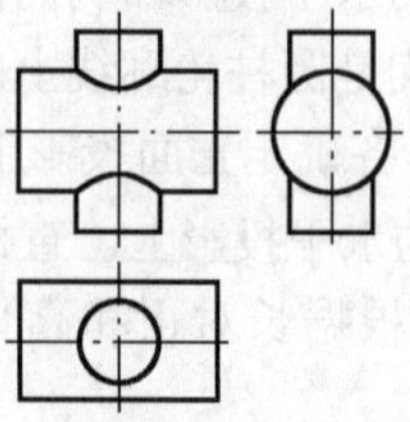	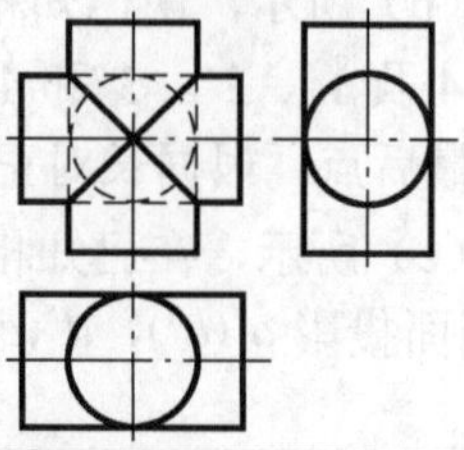	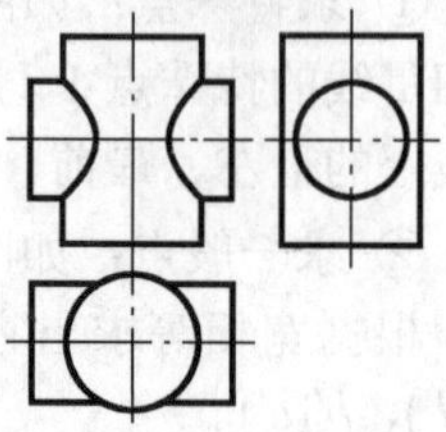

3. 两圆柱相对位置的变化对相贯线的影响

两相交圆柱直径不变，改变其轴线的相对位置，则相贯线也随之改变，如表 3-6 所示。

表 3-6　　　　　　　　　　　　　　两圆柱相对位置的变化对相贯线的影响

两圆柱相对位置	两轴线垂直相交	两轴线垂直交叉		两轴线平行
		偏贯	互贯	
轴测图	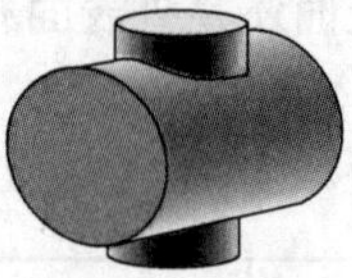	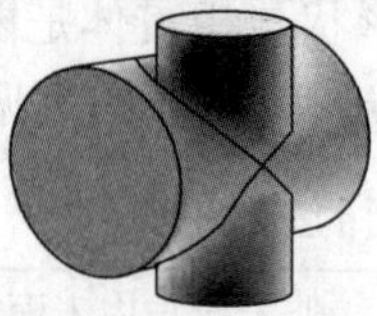	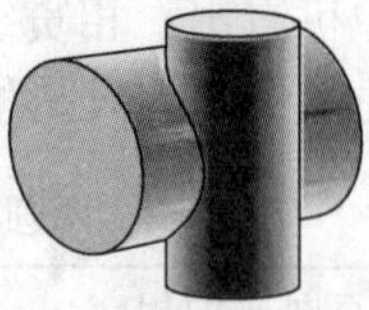	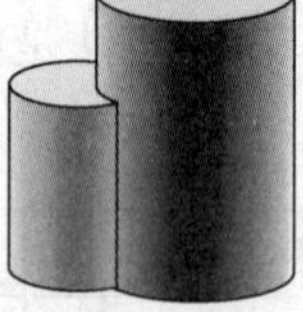
投影图	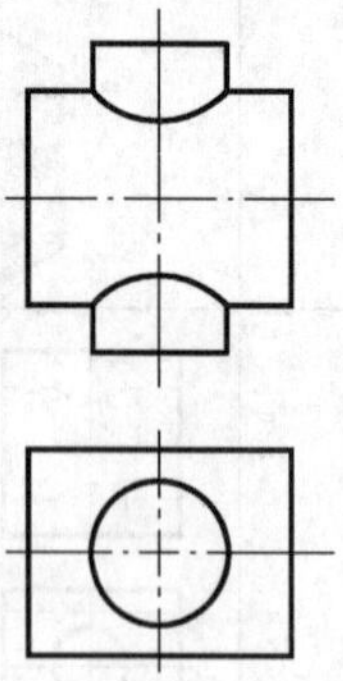	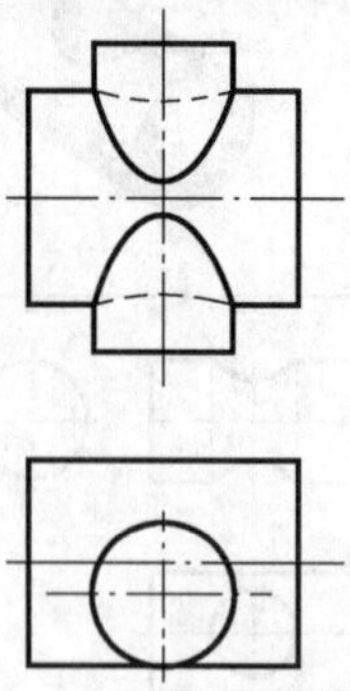	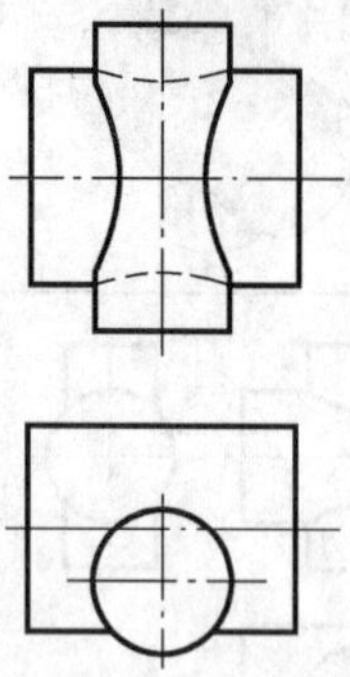	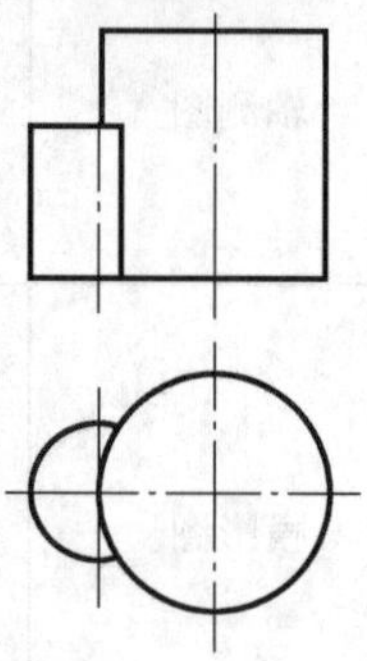

【例 3-13】 如图 3-21（a）所示，求作轴线交叉垂直两圆柱的相贯线。

解：

（1）空间分析

两圆柱轴线交叉垂直，其相贯线为一封闭的空间曲线，但前、后并不对称，而左、右对称。小圆柱的水平投影和大圆柱的侧面投影有积聚性，因此，相贯线的水平投影和侧面投影分别就是小圆柱的水平投影圆和大圆柱的侧面投影圆弧，只需求相贯线的正面投影。

（2）作图过程

① 求特殊点：如图 3-21（b）所示，正面投影最前点1′和最后点（6′），最左点 2′和最右点 3′，最高点（4′）和（5′）都可根据相应的水平投影和侧面投影对投影关系求出。这些点同时也是两圆柱轮廓线上的点。

② 求一般点：如图 3-21（c）所示，在相贯线的水平投影和侧面投影上定出 7、8 和 7″（8″），再按投影关系求出其正面投影 7′、8′（虚线）。

③ 判别可见性，光滑连接各点：如图 3-21（d）所示，根据可见性判别原则，2′、3′应是相贯线正面投影可见与不可见的分界点。将 2′、7′、1′、8′、3′连成粗实线，3′、（5′）、（6′）、（4′）、2′连成虚线。

④ 整理圆柱轮廓线：如图 3-21（d）中的局部放大图所示，大圆柱的正面投影轮廓线（虚线）应画至（4′）、（5′）；小圆柱的正面投影轮廓线应画至 2′、3′。同时，小圆柱轮廓线可见，大圆柱轮廓线被挡住部分不可见。

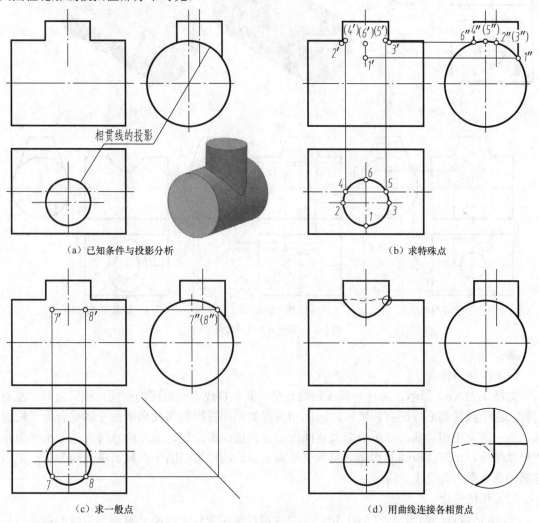

（a）已知条件与投影分析　　　　　　　　　　（b）求特殊点

（c）求一般点　　　　　　　　　　　　　　（d）用曲线连接各相贯点

图 3-21　轴线交叉垂直两圆柱相贯

3.5.2 辅助平面法求相贯线

辅助平面法就是用辅助平面同时截切相贯的两回转体，在两回转体表面得到两条截交线。这两条截交线的交点即为相贯线上的点，交点既在两形体表面上，又在辅助面上，因此辅助平面法就是利用三面共点的原理，用若干辅助平面求出相贯线上一系列共有点。

为了作图方便，所选的辅助平面与立体表面截交线的投影应最简单，如直线、圆，通常选择特殊位置平面作辅助面。

【例 3-14】 如图 3-22（a）所示，求作圆柱与圆锥正交的相贯线。

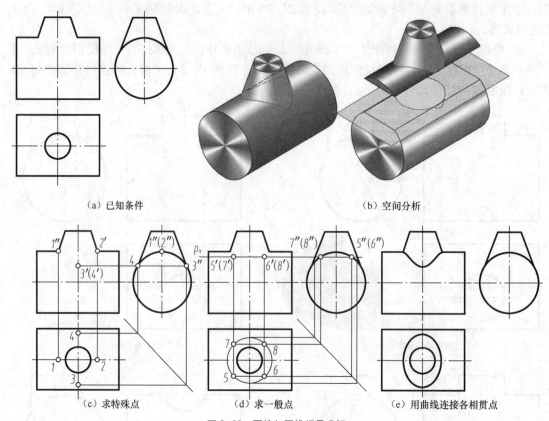

（a）已知条件　　　　　　　　　　　　（b）空间分析

（c）求特殊点　　　　　（d）求一般点　　　　　（e）用曲线连接各相贯点

图 3-22　圆柱与圆锥相贯求解

解：

（1）空间分析

如图 3-22（b）所示，圆柱与圆锥轴线正交，其相贯线为一封闭的空间曲线，前后、左右对称。由于圆柱侧面投影有积聚性，因此相贯线的侧面投影与圆柱面侧面投影重合为一段圆弧，故只需求出相贯线的水平投影及正面投影。为使作图简便，求一般点时应选择水平面作为辅助平面，使圆柱被辅助平面截得截交线为矩形，圆锥被辅助平面截得截交线为圆，矩形与圆的交点即为截交线上的点。

（2）作图过程

① 求特殊点：如图 3-22（c）所示，先在圆柱的积聚性上投影，定出相贯线的最前、最后点（也是最低点）3″、4″和最高点 1″、(2″)，求出正面投影 3′、(4′)、1′、2′。显然 1′、2′

也是最左、最右点。然后求出其水平投影 1、2、3、4。

② 求一般点：如图 3-22（d）所示，在适当位置选用水平面 P 作为辅助平面，圆锥面截交线的水平投影为圆，圆柱面截交线的水平投影为两条水平线，其交点 5、6、7、8 即相贯线上的点，再根据水平投影 5、6、7、8 求出正面投影 5'、6'、7'、8'各点。

③ 判别可见性，光滑连接各点：如图 3-22（e）所示，俯视图中相贯线同时位于两曲面的可见部位，故投影可见，主视图中相贯线前后对称，只画出可见的前半部投影。最后整理相贯体的轮廓线，完成全图。

【**例 3-15**】 如图 3-23（a）所示，求作圆锥与圆柱正交的相贯线。

解：

（1）空间分析

从图 3-23（a）可知，圆锥与圆柱轴线正交，形体前后对称，而圆柱轴线垂直于侧投影面，因而相贯线在侧面的投影与圆柱在侧面的投影重合，故只需求出相贯线的正面投影及水平投影即可。为使作图简便，求一般点时应选择水平面作为辅助平面，使圆柱被辅助平面截得截交线为矩形，圆锥被辅助平面截得截交线为圆，矩形与圆的交点即为截交线上的点。

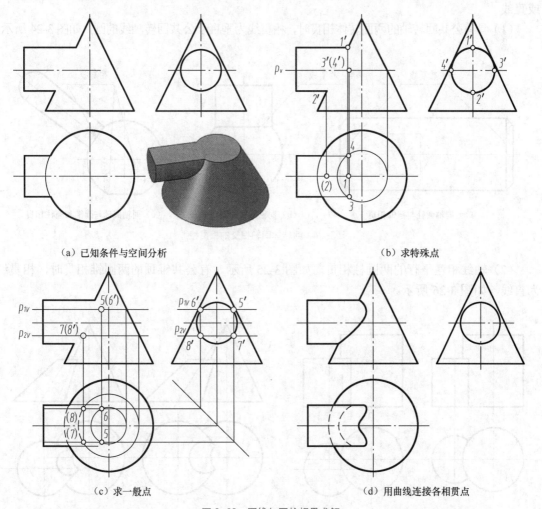

（a）已知条件与空间分析   （b）求特殊点

（c）求一般点   （d）用曲线连接各相贯点

图 3-23 圆锥与圆柱相贯求解

（2）作图过程

① 求特殊点：如图 3-23（b）所示，过锥顶作辅助正平面，截圆锥面和圆柱面的交线正是圆锥和圆柱面的正面轮廓线，由此得到的交点Ⅰ、Ⅱ即为相贯线上的最高、最低点。过圆柱轴线作辅助水平面 P，与圆柱面交于水平轮廓线，与圆锥面交于一水平位置的圆，由此得到的交点Ⅲ、Ⅳ，即为相贯线上的最前、最后点。

② 求一般点：如图 3-23（c）所示，作辅助水平面 P_1、P_2，方法同上，得交点Ⅴ、Ⅵ、Ⅶ、Ⅷ点。根据需要可求出若干个一般点。

③ 判别可见性，顺次光滑连线：如图 3-23（d）所示，主视图中相贯线前后对称，只画出可见的前半部投影。俯视图中相贯线相对圆锥面全部可见，相对圆柱面 3、5、1、6、4 点在上半圆柱面上，所以可见，4、8、2、7、3 点在下半圆柱面上，所以不可见。补充未参与相贯的轮廓线的投影，在俯视图中，圆柱最前、最后轮廓分别延长到 3、4 点。整理并完成全图。

3.5.3　相贯线的特殊情况

两回转体相交，其相贯线一般为空间曲线，但在特殊情况下也可是平面曲线（圆、椭圆）或直线。

（1）具有公共回转轴的两回转体相贯时，相贯线为垂直于公共回转轴线的圆，如图 3-24 所示。

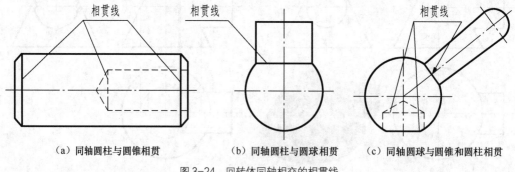

（a）同轴圆柱与圆锥相贯　　（b）同轴圆柱与圆球相贯　　（c）同轴圆球与圆锥和圆柱相贯

图 3-24　回转体同轴相交的相贯线

（2）轴线相互平行的两圆柱相贯，如图 3-25 所示。有公共锥顶的两圆锥相贯时，相贯线为直线，如图 3-26 所示。

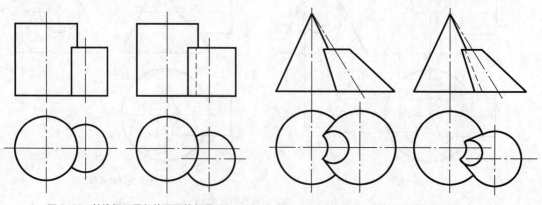

图 3-25　轴线相互平行的两圆柱相贯　　　　图 3-26　共锥顶的两圆锥相贯

（3）具有公共内切球的两回转体相贯时，相贯线为椭圆。该椭圆在两回转体轴线所公共平行的那个投影面上的投影积聚为直线，如图 3-27 所示。

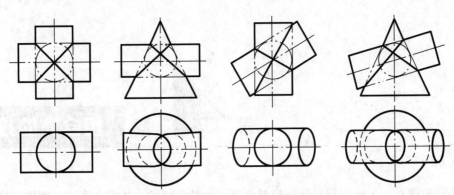

图 3-27　共切于同一个球面的圆柱、圆锥的相贯线

3.5.4　相贯线的简化画法

两圆柱轴线正交相贯且直径不相等时，在不致引起误解的情况下，允许采用简化画法。

作图方法是：以相贯两圆柱中较大圆柱的半径为半径，以圆弧代替相贯线，如图 3-28 所示。

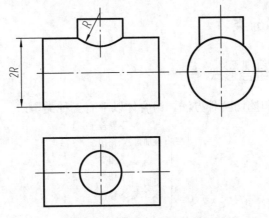

图 3-28　相贯线的近似画法

第 **4** 章　**组合体的投影**

　　从几何角度看，各种工程形体一般都可以看做是由棱柱、棱锥、圆柱、圆锥、球、环等基本形体组合而成的，在书中，常把由基本形体按一定方式组合起来的形体统称为组合体。组合体其实是由建筑物或机器零件（或其局部）抽象而成的几何模型，与建筑物或机器零件不同之处在于略去了一些局部的、细微的工程结构，如装饰、螺纹、圆角、倒角、凸台、坑槽等，只保留其主体结构。

　　本章将在学习制图的基本知识和正投影理论的基础上，着重介绍组合体画图和读图的基本方法，以及组合体尺寸标注等问题，为进一步学习专业图的绘制与阅读打下基础。

4.1　组合体的形成及分类

4.1.1　组合体的组合形式

组成组合体有叠加和挖切两种方法。组合体以下有三种类型：

$$
\left.\begin{array}{l}
\text{叠加式}\left\{\begin{array}{l}\text{叠合}\\\text{相切}\\\text{相交}\end{array}\right.\\
\left.\begin{array}{l}\text{挖切}\\\text{综合式}\end{array}\right\}\left\{\begin{array}{l}\text{切割}\\\text{穿孔}\end{array}\right.
\end{array}\right.
$$

　　叠加式如同积木的堆积，挖切式包括切割和穿孔，综合式是由叠加和挖切两种方法形成的，如图 4-1 所示。

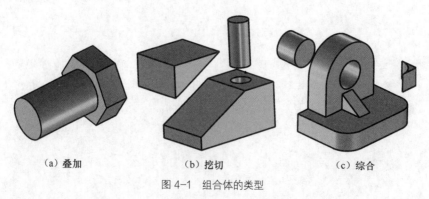

　　　　（a）叠加　　　　　　　　（b）挖切　　　　　　　　（c）综合

图 4-1　组合体的类型

在许多情况下，叠加式与挖切式并无严格的界线，同一形体既可以按叠加式进行分析，也可以按挖切式去理解，如图 4-2 所示。因此，叠加和挖切只具有相对意义，在进行具体形体的分析时，应以易于作图和理解为原则。

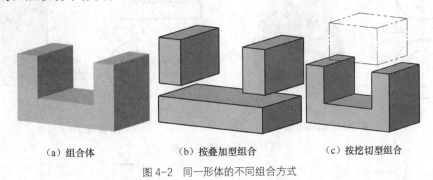

(a) 组合体   (b) 按叠加型组合   (c) 按挖切型组合

图 4-2 同一形体的不同组合方式

4.1.2 组合体的投影特征

1. 叠加型组合体

（1）叠合。叠合是指两基本体的表面互相重合。值得注意的是，如图 4-3（a）所示，当两个基本体除叠合处外，没有公共的表面（不共面）时，在视图中两个基本体之间有分界线；而如图 4-3（b）所示，当两个基本体具有互相连接的一个面（共面）时，要看做一个整体，它们之间没有分界线，在视图中也不可画出分界线。

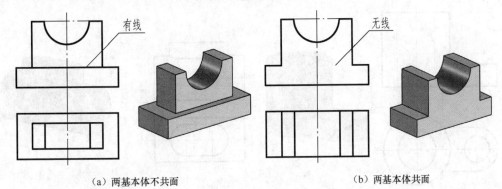

(a) 两基本体不共面   (b) 两基本体共面

图 4-3 叠合的投影特征

（2）相切。相切是指两个基本体（常见曲面与曲面相切和平面与曲面相切）光滑过渡。如图 4-4 所示，相切处不存在轮廓线，在视图上一般不画分界线。

注意：只有在平面与曲面或两个曲面之间才会出现相切的情况。画图时，当与曲面相切的平面或两曲面的公切面垂直于投影面时，在该投影面上的投影画出相切处的投影轮廓线，否则不应画出公切面的投影，如图 4-5 所示。

（3）相交。相交是指两基本体的邻接表面相交所产生的交线（截交线或相贯线），应画出交线的投影，如图 4-6 所示，求交线的方法在讲述基本立体时已讨论过。

2. 挖切型组合体

（1）切割。基本体被平面或曲面切割后，会产生不同形状的截交线或相贯线。如图 4-7（a）所示，在半球上开一个垂直于正面的通槽，在俯、左视图上画出了槽口的投影。

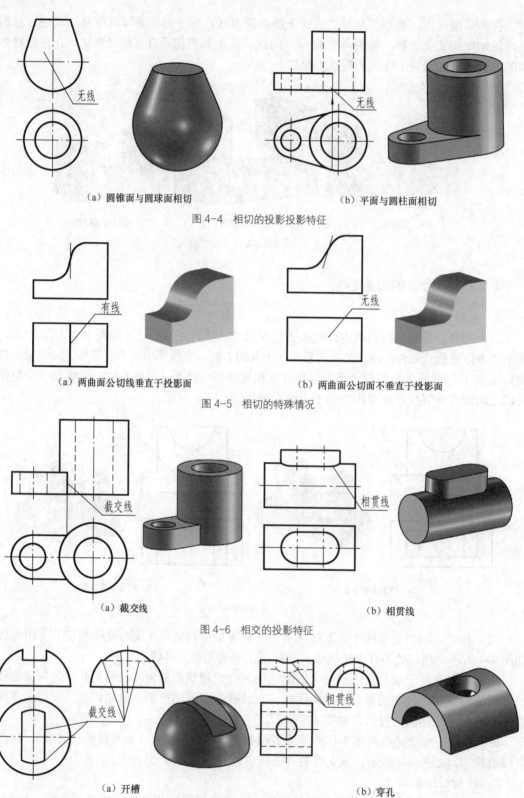

（a）圆锥面与圆球面相切　　　　　　　　　　（b）平面与圆柱面相切

图 4-4　相切的投影投影特征

（a）两曲面公切线垂直于投影面　　　　　　　（b）两曲面公切面不垂直于投影面

图 4-5　相切的特殊情况

（a）截交线　　　　　　　　　　　　　　　（b）相贯线

图 4-6　相交的投影特征

（a）开槽　　　　　　　　　　　　　　　　　（b）穿孔

图 4-7　挖切的投影特征

（2）穿孔。当基本体被穿孔后，也会产生不同形状的截交线和相贯。如图 4-7b 所示，轴线侧垂的空心半圆柱体穿了一个铅垂的圆柱孔，在空心半圆柱体的内、外壁都产生了相贯线。

3. 综合型组合体

既有叠加型又有挖切型的组合体称综合型组合体。在实际工程中的大部分形体都是综合型组合体。如图 4-8 所示的连杆，是由三个简单立体叠合而成的，而左右两边的圆柱又都被穿孔，所以可以看成一个简单的综合型组合体，左边的圆柱和板相切，右边的圆柱和板相交，画图时要同时考虑到相切、相交和穿孔的画法。

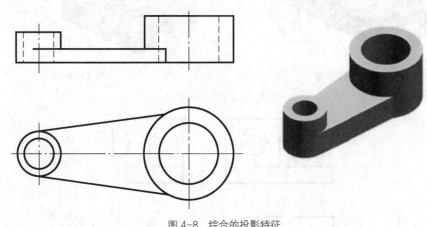

图 4-8 综合的投影特征

4.2 组合体的投影画法

4.2.1 形体分析法

假想将复杂的组合体分解为若干个简单的形体，并分析各部分的形状、组合形式、相对位置以及表面连接关系，这种方法称为形体分析法。利用形体分析的方法，可以把复杂的形体转换为简单的形体，便于深入分析和理解复杂形体的本质。这种方法将贯穿于一切工程图的绘制、阅读及尺寸标注的全过程。

由图 4-9（a）所示的支座，可分解成图 4-9（b）所示的简单的形体，这些简单形体是直立圆柱、水平圆柱、肋板和底板。各简单形体之间都是叠加组合，同时各简单形体又都经过了挖切。直立圆柱与水平圆柱是垂直相贯关系，两圆柱内、外表面都有相贯线；底板的侧面与直立圆柱外表面是相切关系；肋板与底板是叠合关系，除叠合表面外没有公共面；肋板与直立圆柱外表面有三条截交线。支座的三视图如图 4-10 所示，在主视图和左视图上，相切表面的相切处不画切线，而相交表面的相交处应画交线。

画组合体的三视图，应按一定的方法和步骤进行，下面结合两个具体实例来说明。

【例 4-1】 画出如图 4-11（a）所示轴承座的三视图。

解：图 4-11 所示轴承座的分析及画图步骤如下。

（1）形体分析

首先，根据理解形体及画图的需要，将形体按基本几何体假想分解成若干部分，以看清各组成部分的形状、结构及相互关系。图 4-11（b）所示轴承座由小圆筒、大圆筒、支撑板、

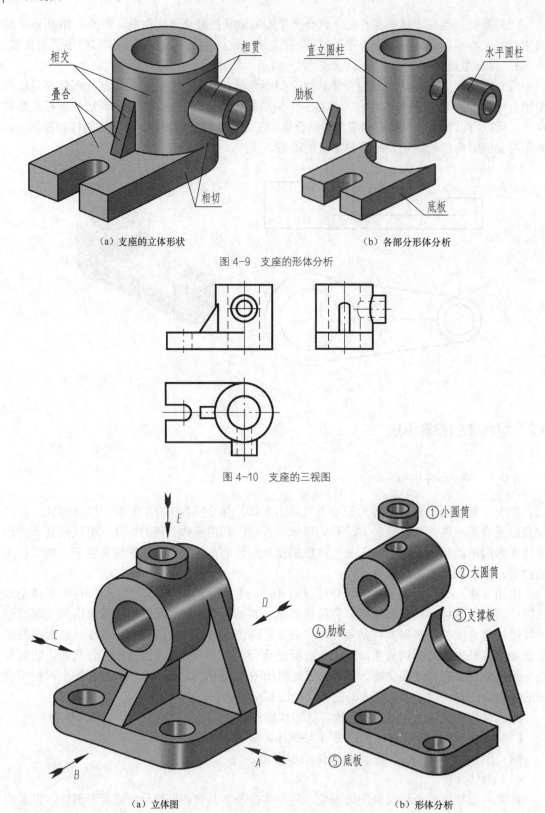

（a）支座的立体形状　　　　　　　　　　　（b）各部分形体分析

图 4-9　支座的形体分析

图 4-10　支座的三视图

（a）立体图　　　　　　　　　　　　（b）形体分析

图 4-11　轴承座

肋板和底板所组成。小圆筒和大圆筒垂直相交，在内、外表面上都有相贯线；支撑板、肋板和底板分别是不同形状的平板，支撑板的左、右侧面都与大圆筒的外圆柱面相切，前、后侧面与大圆筒的外圆柱面相交；肋板有三个面与大圆筒的外圆柱面相交；底板的顶面与支撑板、肋板的底面相叠合。

其次，在形体分析时应设想和理解形体结构的功能，从而迅速抓住形体的主要部分及特征。该形体最突出的部分是底板和大圆筒，底板上有两个孔，可以理解为安装孔；而大圆筒被支撑板及肋板连接在底板上，具有支撑轴的功能；小圆筒与大圆筒垂直相交，通过它为转动的轴添加润滑油。

（2）视图选择

在形体分析的基础上选择适当的视图，特别是选好主视图。主视图的选择一般应遵循三个原则。

① 自然位置：按自然稳定或画图简便的位置放置，一般将大平面作为底面；

② 反映特征：选择反映形状和位置特征最多的方向为投影方向；

③ 可见性好：使其他视图中出现虚线最少。

图 4-11（a）中，轴承座按自然位置安放，从 A、B、C、D 四个方向投影可得到四个视图，如图 4-12 所示。

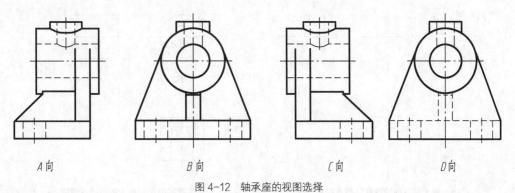

| A 向 | B 向 | C 向 | D 向 |

图 4-12　轴承座的视图选择

进行比较：若以 D 向作为主视图，虚线较多，显然没有 B 向清楚；C 向与 A 向视图虽然虚线情况相同，但如以 C 向作为主视图，则左视图上会出现较多虚线，没有 A 向好；再比较 B 向与 A 向视图，B 向更能反映轴承座各部分的轮廓特征，所以确定以 B 向作为主视图的投影方向。

主视图确定以后，俯视图和左视图的投影方向也就确定了（即图中的 E 向和 C 向）。

（3）视图数量的确定

组合体视图数量的确定，应以能够全部表达各形体间的真实形状和相对位置为原则。如图 4-11（a）中的轴承座，选定 B 向作为主视图后，为了表达支撑板的厚度、肋板的形状以及它们与大圆柱筒在前后方向的位置需左视图；为了表达底板的圆角和小圆孔的位置，需俯视图。因此该轴承座要用三个视图来表达。

（4）画图步骤

① 确定比例、定图幅和布置视图位置。

视图确定后，根据物体的大小和复杂程度确定画图比例和图幅大小，画图比例尽量采取 1:1。根据组合体的长、宽、高尺寸及所选用的比例，选择合适幅面的图纸。考虑到标注尺寸所需的位置，根据主视图长度方向尺寸和左视图宽度方向尺寸，计算出主、左视图间以及图框线间的空白间隔，使主、左视图沿长度方向均匀分布。同样，根据主视图高度方向尺寸和俯视图宽度方向尺寸计算出主、俯视图间以及图框线间的空白间隔，使主、俯视图沿高度方向均匀分布。当图纸固定到图板上以后，应先画好标题栏和图框，然后根据前面的计算结果用基准线将三个视图的位置固定在图纸上。基准线一般可选用组合体（或基本形体）的对称面、较大的平面的积聚线及回转体的轴线等作为尺寸基准。主视图的位置由长、高方向基准线确定，左视图的位置由宽、高方向基准线确定，俯视图的位置由长、宽方向基准线确定。

② 逐个画出基本立体的三视图。

基准线画好后，按照形体分析的结果，先画主要形体，后画细节，逐一画出组合体的各基本立体的三视图。对每一形体一般都从最能反映其形位特征、具有积聚性或反映实形的那个视图开始画，然后按照"长对正、高平齐和宽相等"的投影关系画出其他两个视图。通常先画圆弧，后画直线；先画实线，后画虚线。这样，既可保证投影关系正确，又可提高画图速度。轴承座三视图的画图步骤如图 4-13 所示。

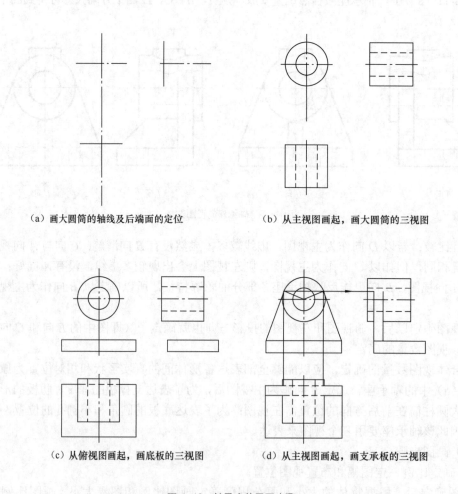

（a）画大圆筒的轴线及后端面的定位　　　（b）从主视图画起，画大圆筒的三视图

（c）从俯视图画起，画底板的三视图　　　（d）从主视图画起，画支承板的三视图

图 4-13　轴承座的画图步骤

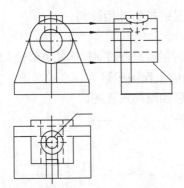
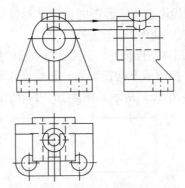

（e）画小圆筒和肋板的三视图，三个视图配合画　　（f）画底板上的圆角、圆柱孔等细小结构

图 4-13　轴承座的画图步骤（续）

③ 检查、加深。

检查视图画得是否正确，应按各个基本立体的投影来检查，并且要注意基本立体之间邻接表面的相交、相切或共面等关系，以及基本立体之间的遮挡，有无遗漏和错画的地方。经修正及擦去多余的作图线后，按图线标准加深图线，完成所画轴承座的三视图，如图 4-14 所示。

4.2.2　线面分析法

在绘制或阅读组合体的视图时，对比较复杂的组合体通常在运用形体分析法的基础上，对不易表达或读懂的局部视图，还要结合线、面进行投影分析。例如，分析形体的表面形状、形体表面交线、形体上线面与投影面的相对位置及投影特性，来帮助表达或读懂这些局部的形状，这种方法称为线面分析法。

图 4-14　轴承座的三视图

【**例 4-2**】　画出如图 4-15 所示组合体的三视图。

解：画图步骤如下。

（1）形体分析和线面分析

对于以挖切为主的组合体，必须在形体分析的基础上，结合线面分析，才能正确画出三视图。图 4-15 所示组合体是在四棱柱中，在左上角切去一个形体Ⅰ，在左下角中间挖去一个形体Ⅱ，再在右上方中间挖去一个形体Ⅲ形成的。画图时，注意分析每当切割掉一块形体后，在组合体表面所产生的交线及其投影。

（2）选择主视图

选择图 4-15 中箭头所指的方向为主视图的投影方向。

（3）画图步骤

画图步骤如图 4-16 所示。

① 选比例定图幅。

② 布置视图位置。

③ 画底稿。

如图 4-16（a）、（b）、（c）、（d）所示，先画四棱柱的三视图，再分别画出切去形体Ⅰ、

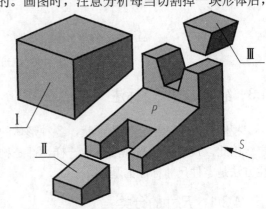

图 4-15　组合体的轴测图及形体分析

Ⅱ、Ⅲ后的投影。注意画图时，应从形体特征明显的投影开始画起。

④ 检查、描深。

除检查形体的投影外，主要检查面形的投影，特别是检查斜面投影的类似性。例如，图 4-15 中的平面 P 按图示方向投影为一正垂面，则 P 面的主视图积聚为一直线，俯、左视图为类似形，如图 4-16（e）所示。图 4-16（f）所示为最后加深的三视图。

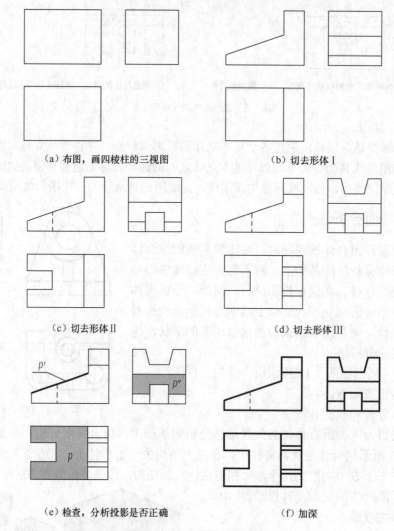

（a）布图，画四棱柱的三视图　　　　　　（b）切去形体Ⅰ

（c）切去形体Ⅱ　　　　　　　　　（d）切去形体Ⅲ

（e）检查，分析投影是否正确　　　　　　（f）加深

图 4-16　画组合体三图报步骤

4.3　组合体的尺寸标注

视图只能表达组合体的形状，各种形体的真实大小及其相对位置，要通过标注尺寸来确定。因此，尺寸标注与视图表达一样，都是构成工程图样的重要内容。研究组合体的尺寸标注方法是零件尺寸标注的基础。

4.3.1　尺寸的分类

组合体尺寸包括三类尺寸：定形尺寸、定位尺寸和总体尺寸及尺寸基准。下面以图 4-17

所示组合体的尺寸标注为例，对这三类尺寸作简要说明。

1. 定形尺寸

确定组合体各组成部分长、宽、高三个方向的尺寸称为定形尺寸。标注组合体尺寸，仍按形体分析法将组合体分解为若干基本体，注出各基本体的定形尺寸。图 4-17（a）所示的尺寸都是定形尺寸。当两个形体具有相同尺寸（如图中底板上的通孔与底板等高），或两个以上有规律分布的相同形体（如图中对称分布的 $2-\phi8$）时，只需标注一个形体的定形尺寸，对同一形体中的相同结构（如图中底板的圆角）也只需标注一次。

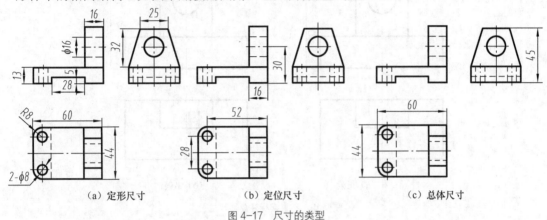

（a）定形尺寸　　　　　　（b）定位尺寸　　　　　　（c）总体尺寸

图 4-17　尺寸的类型

2. 定位尺寸

确定组合体各基本形体之间（包括孔、槽等）相对位置的尺寸称为定位尺寸。它是同一方向的组合体的尺寸基准和形体的尺寸基准之间的距离大小，如图 4-17（b）中所示的尺寸。

两个形体间应该有三个方向的定位尺寸，如图 4-18（a）所示。若两个形体间在某一方向处于叠加（或挖切）、共面、对称、同轴之一时，就可省略一个定位尺寸。如图 4-18（b）所示，由于孔板与底板左右对称，仅需标注宽度和高度方向的定位尺寸，省略长度方向的定位尺寸；如图 4-18c 所示，由于孔板与底板左右对称，背面靠齐，仅需确定孔的高度方向定位尺寸。

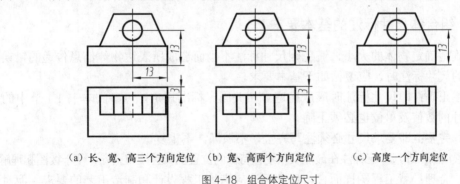

（a）长、宽、高三个方向定位　　（b）宽、高两个方向定位　　（c）高度一个方向定位

图 4-18　组合体定位尺寸

3. 总体尺寸

用来确定组合体的总长、总宽、总高的尺寸称为总体尺寸，如图 4-17（c）中的总长 60、总宽 44、总高 45。

有时，定形尺寸就反映了组合体的总体尺寸，不必另外标注，如图 4-17（c）中底板的长和宽就是该组合体的总长和总宽尺寸。必须注意，有时组合体的定形尺寸和定位尺寸已标注完整，若再加注总体尺寸，就会出现多余或重复尺寸，这就要对已标注的定形和定位尺寸作适当的调整。如图 4-17（c）中加注总高尺寸 45 后，应去掉孔板的高度尺寸 32。

当组合体的端部不是平面而是回转面时，该方向一般不直接标注总体尺寸，而是由确定回转面轴线的定位尺寸和回转面的定形尺寸（半径或直径）来间接确定，如图 4-19（a）中的总高尺寸未直接注出。

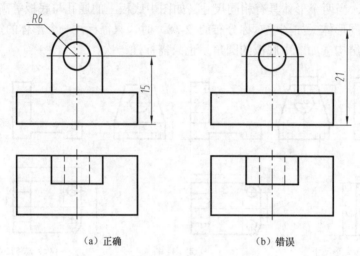

（a）正确　　　　　　　　　　　（b）错误

图 4-19　不直接标注总体尺寸

4. 尺寸基准

确定尺寸起点的点、线、面称为尺寸基准。在三维空间中，应该有长、宽、高三个方向的尺寸基准，一般可选用组合体（或基本形体）的对称面、较大的平面、回转体的轴线等作为尺寸基准。图 4-17（b）中选择组合体的底面作为高度方向的尺寸基准，前后对称面及底板的右端面分别作为宽度和长度方向的尺寸基准。在同一个方向根据需要可以有多个基准，但是只有一个为主要基准，其余为辅助基准，如图 4-17（b）中主视图以底板的右端面为宽方向的主要基准，以挖切方槽的右端面为辅助基准标准方槽长方向的定形尺寸 28。

4.3.2　组合体尺寸标注的基本要求

为了正确地确定物体的大小，避免因尺寸标注不当而造成所表达物体信息传递的错误，在进行物体的尺寸标注时，应遵循如下基本要求。

（1）标注正确：即尺寸标注时应严格遵守相关国家标准规定，可参阅本书 1.1 节中的介绍。同时尺寸的数值及单位也必须正确。

（2）尺寸完整：即要求尺寸必须注写齐全，不遗漏，不重复。

（3）布置清晰：即尺寸应标注在最能反映物体特征的位置上，且排布整齐、便于读图和理解。

（4）标注合理：就工程图样而言，尺寸标注应满足工程设计和制造工艺的要求。而对于组合体，尺寸标注的合理性主要体现在尺寸标注基准的选择及运用上。

4.3.3　清晰安排尺寸的一些原则

（1）应将多数尺寸注写在视图外面，与两视图有关的尺寸注写在两视图之间。

（2）尺寸尽量标注在形状特征明显的视图上。如图 4-20 所示，缺口的尺寸标注应标注在反映其真形的视图上。

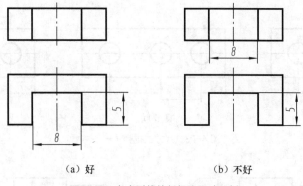

（a）好　　　　　　　（b）不好

图 4-20　考虑形状特征标注尺寸示例

（3）同一形体的定形尺寸和定位尺寸应尽量标在同一视图上，如图 4-21 所示。

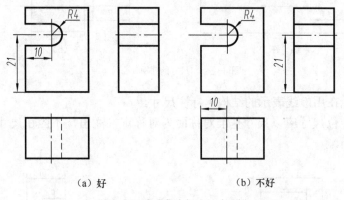

（a）好　　　　　　　（b）不好

图 4-21　考虑集中标注尺寸示例

（4）对于回转体，直径尽量标在非圆视图上，半径必须标在反映圆弧的视图上，如图 4-22 所示。

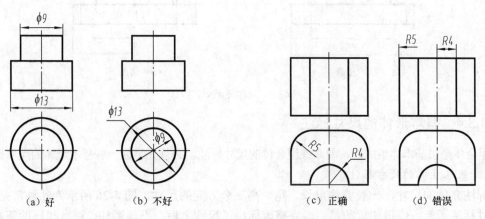

（a）好　　　　　（b）不好　　　　　　（c）正确　　　　　（d）错误

图 4-22　直径和半径的标注示例

（5）同一方向几个连续尺寸应尽量标注在同一条尺寸线上，如图 4-23 所示。

（6）尺寸线相互平行的尺寸，应使小尺寸在内，大尺寸在外，以避免尺寸线与尺寸界线干涉，如图 4-24 所示。

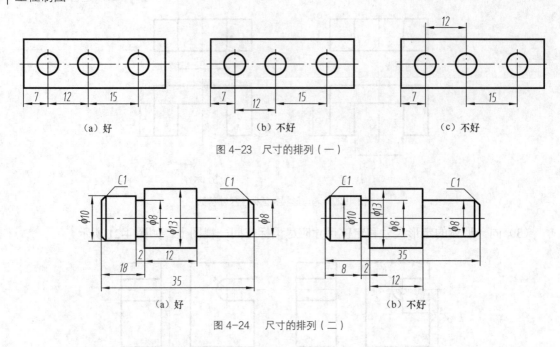

图 4-23　尺寸的排列（一）

图 4-24　尺寸的排列（二）

（7）尽量避免在用虚线表示的结构上标注尺寸。

（8）对称的定位尺寸应以尺寸基准对称面为对称直接注出，不应在尺寸基准两边分别注出，如图 4-25 所示。

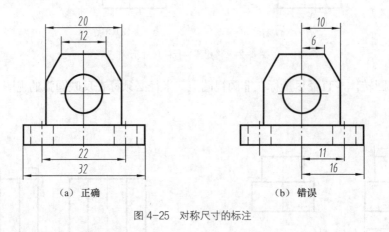

图 4-25　对称尺寸的标注

4.3.4　基本形体的尺寸标注

组合体是由基本体组成的，要掌握组合体的尺寸标注，必须先掌握一些基本形体的尺寸标注。

1. 基本立体的尺寸标注

标注立体的尺寸，一般要注出长、宽、高三个方向的尺寸。图 4-26 所示为几种常见立体的尺寸标注示例。值得注意的是，当完整地标注了尺寸之后，不画圆柱、圆台和环的俯视图，也能确定它们的形状和大小；正六棱柱的俯视图中的正六边形的对边尺寸和对角尺寸只需标注一个，如都注上，应将其中一个作为参考尺寸而在尺寸数字上加括号注出。

2. 截切立体和相贯立体的尺寸标注

对具有斜截面和切口的立体，除了注出立体的定形尺寸外，还应注出截平面的位置尺寸。

标注两个相贯立体的尺寸时，则注出两相贯立体的定形尺寸和确定两相贯立体之间相对位置的定位尺寸。

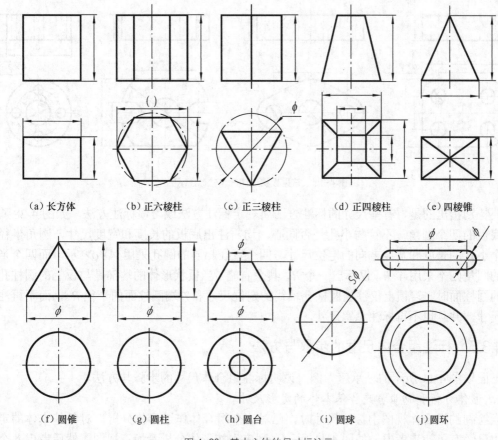

（a）长方体　　（b）正六棱柱　　（c）正三棱柱　　（d）正四棱柱　　（e）四棱锥

（f）圆锥　　（g）圆柱　　（h）圆台　　（i）圆球　　（j）圆环

图 4-26　基本立体的尺寸标注示

　　由于截切平面与立体的相对位置确定后，立体表面的截交线也就被唯一确定，因此，对截交线不应再标注尺寸。同样，当两相贯立体的大小和相互间的位置确定后，相贯线也相应地确定了，也不应该再对相贯线标注尺寸。

　　图 4-27 所示为一些常见的截切和相贯立体的尺寸标注示例。图 4-27（c）和图 4-27（d）中，注出截交线尺寸，图中打叉处是错误的尺寸，图 4-27（e）中注出的相贯线尺寸也是错误的。

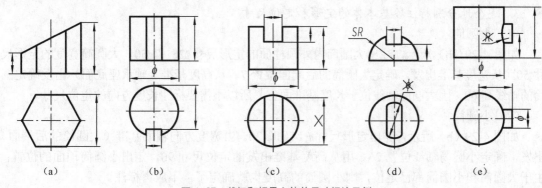

（a）　　　　　（b）　　　　　（c）　　　　　（d）　　　　　（e）

图 4-27　截切和相贯立体的尺寸标注示例

3. 常见板状形体的尺寸标注

图 4-28 所示为常见板状形体的尺寸标注示例。

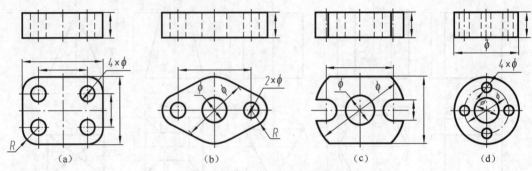

图 4-28　常见板状形体的尺寸标注示例

要特别指出的是，有些尺寸的标注方法属规定标注方法或习惯标注方法，如图 4-28（a）所示底板的四个圆角，不管与小孔是否同心，均需注出底板的长度和宽度尺寸，圆角半径以及四个小孔的长度和宽度方向的定位尺寸。四个直径相同的圆孔采用 $4\times\phi$ 表示，而四个半径相同的圆角则不采用 $4\times R$，仅标出一个 R，其余省略。当板状形体的端部是与板上的圆柱孔同轴线的圆柱面时，习惯上仅注出圆柱孔轴线的定位尺寸和外端圆柱面的半径 R，而不再注出总长尺寸，并且也不再标注总宽尺寸。

4.3.5　标注组合体尺寸的步骤与方法

下面以图 4-11 所示的轴承座为例，说明标注组合体尺寸的步骤与方法。

1. 形体分析和初步考虑各基本体的定形尺寸

当绘制的组合体视图中标注尺寸时，已对这个组合体作过形体分析，对各基本体的定形尺寸也已经有了初步考虑，如图 4-11 所示，则应先按形体分析看懂三视图，然后考虑各个基本体的定形尺寸是否完整。

2. 选定尺寸基准

形体的长、宽、高三个方向的尺寸基准，常采用形体的底面、端面、对称面、主要回转体的轴线等。对于这个轴承座所选定的尺寸基准如图 4-29（a）所示：用这个轴承座的左右对称面作为长度方向的尺寸基准；用底板和支撑板的后面作为宽度方向的尺寸基准；用底板的底面作为高度方向的尺寸基准。

3. 逐个地分别标注各基本体的定形和定位尺寸

（1）大圆筒

如图 4-29（b）所示，注出大圆筒内外圆柱面的定形尺寸 $\phi26$ 和 $\phi50$。大圆筒宽度的定形尺寸 50。从宽度基准出发，确定大圆筒的后端面位置 7。从高度基准（轴承座底面）出发确定圆筒的轴线高 60。因大圆筒轴线位于长度基准面上，所以不需要标注长度方向的定位尺寸。

（2）小圆筒

如图 4-29（b）所示，注出定形尺寸 $\phi14$ 和 $\phi26$。由宽度方向辅助基准（大圆筒的后端面）出发，确定小圆筒轴线位置 26。用从高度基准出发的定位尺寸 90，定出小圆筒顶面的位置；由于大圆筒和小圆筒都已定位，则小圆筒的高度也就确定了，不应再标注。

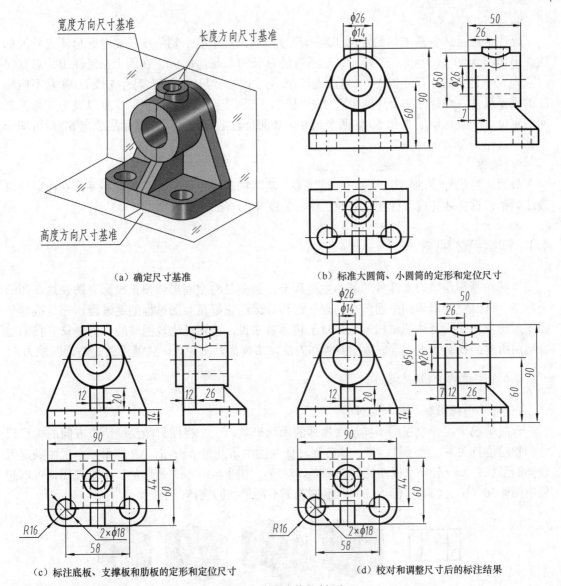

（a）确定尺寸基准　　　　　　　　（b）标准大圆筒、小圆筒的定形和定位尺寸

（c）标注底板、支撑板和肋板的定形和定位尺寸　　　　（d）校对和调整尺寸后的标注结果

图 4-29　轴承座的尺寸标注

（3）底板

如图 4-29（c）所示，注出板长的定形尺寸 90，板宽的定形尺寸 60，板厚定形尺寸 14。注出圆柱孔、圆角的定形尺寸 2×ϕ18 和 R16。从宽度基准出发标圆柱孔、圆角的定位尺寸 44。从长度基准出发标圆柱孔、圆角的定位尺寸 58。

（4）支撑板

如图 4-29（c）所示，注出板厚定形尺寸 12。因为支撑板的后面与底板后面共面，且左右对称，所以不需要标注长度和宽度定位尺寸。支撑板在底板上面，所以底板的厚度定形尺寸 14 就是支撑板的高度方向定位尺寸。

（5）肋板

如图 4-29（c）所示，分别标注定形尺寸 20、12 和 26。其余形状和位置可根据与底板、支撑板和大圆筒的相对位置确定，不需要另行标注。

4. 标注总体尺寸

标注了组合体各基本体的定位和定形尺寸以后，对于整个轴承座还要考虑总体尺寸的标注。仍如图 4-29（b）和（c）所示，轴承座的总长和总高都是 90，在图上已经注出。总宽尺寸应为 67，但是这个尺寸以不注为宜，因为如果注出总宽尺寸，那么尺寸 7 或 60 就是不应标注的重复尺寸，然而注出上述两个尺寸 60 和 7，有利于明显表示底板的宽度以及与支撑板之间的定位。如果保留了 7 和 60 这两个尺寸，还想标注总宽尺寸，则可标注总宽 67 后再加一个括号，作为参考尺寸注出。

5. 校核

最后，对已标注的尺寸，按正确、完整、清晰的要求进行检查，如有不妥，则作适当修改或调整，这样才完成了标注尺寸的工作，如图 4-29（d）所示。

4.4 读组合体视图

读图和画图是学习本课程的两个主要环节。画图是将空间形体按正投影方法表达在图纸上，是一种从空间形体到平面图形的表达过程。读图正好是画图过程的逆过程，它是根据平面图形想象出空间形体的结构形状。对于初学者来说，读图是比较困难的，但是只要我们综合运用所学的投影知识，掌握读图要领和方法，多读图，多想象，就能不断提高读图能力。

4.4.1 读图的基本要领

1. 将几个视图联系起来分析

一般情况下，一个视图不能反映物体的确切形状，一个视图只能反映两个方向的大小尺寸和相对位置关系。除了柱、锥、球等回转体在图中借助符号 ϕ、R、SR 能用一个视图确定组合体的形状外，一般一个视图能与许多立体对应，如图 4-30（a）所示的一个主视图，可以想象出图 4-30（b）、（c）、（d）、（e）所示的若干不同形状的物体。

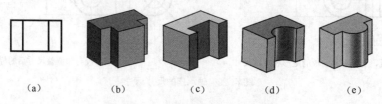

| （a） | （b） | （c） | （d） | （e） |

图 4-30　一个视图不能确定物体的形

有时，两个视图也不能反映物体的确切形状，图 4-31（a）、（b）所示的主、俯视图都一样，还必须结合左视图，联系起来看，才能确定物体的形状。因此在看图时，应将几个视图联系起来看，才能准确识别各形体的形状和形体间的相互位置，切忌看了一个视图就下结论。

2. 明确视图中图线和线框的含义，识别形体和形体表面间的相对位置

（1）视图中的图线（直线或曲线），可以表示下列几种情况。

① 具有积聚性表面的投影，如图 4-32 所示，主视图中的图线 d'，对正俯视图中的线框 d，因而 d' 是底板的平行于水平面的顶面的投影，根据高平齐和宽相等可知侧视图的图线为 d''。

② 表面与表面交线的投影，如图 4-32 所示，主视图中的图线 c'，对正俯视图中积聚成一点的 c，因而 c' 是肋板的侧面与圆柱面交线的投影。

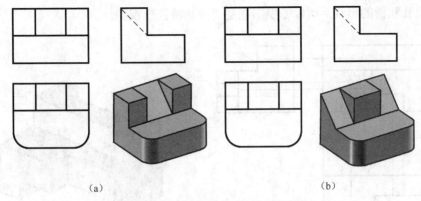

（a）　　　　　　　　　　　　　　　　（b）

图 4-31　两个视图不能确定物体的形状

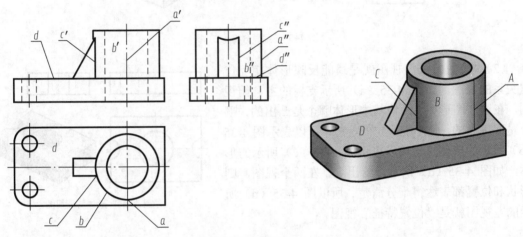

图 4-32　线面分析（一）

③ 转向轮廓线，如图 4-32 所示，左视图中的图线 *a″*，对应俯视图中大圆的最前点 *a*，因而 *a″* 是圆柱面的侧面投影的转向轮廓线的投影，根据高平齐和宽相等可知最前转向轮廓线的投影 *a′*。所以转向轮廓线素线是对某投影而言的，*A* 素线是侧面投影的轮廓线素线，相对正面投影就不是轮廓线素线了。

（2）线框是指图上由图线围成的封闭图形，视图中的线框可以表示下列几种情况。

① 平面：如图 4-33 所示，主视图中 *e′*、*f′*、*g′* 三个线框，对正俯视图中的三条线段 *e*、*f*、*g*，因而这三个线框是组合体中 *E*、*F*、*G* 三个平面的投影。

② 曲面：如图 4-32 所示，主视图中的封闭线框 *b′*，对正俯视图中的大圆框 *b*、左视图 *b″*，因而是组合体上圆柱面 *B* 的投影。

③ 视图中面的相对位置分析。当组合体某个视图出现几个线框相连，或线框内还有线框时，通过对照投影关系，区分出它们的前后、上下、左右的层次关系，有助于确定组合体各基本立体间的相对位置关系。如图 4-33 所示，*g′*、*f′*、*e′* 三个线框分别是前、后和中间三个平面的投影。

3．抓特征视图进行分析

抓特征视图就是要抓住形体的"形状特征"视图和"位置特征"视图。

（1）"形状特征"视图就是最能反映形体形状特征的视图。图 4-34 所示为底板的三视图和立体图，从主视图和左视图中除了能看出板厚外，其他形状反映不出来，而俯视图却能清楚地反映出孔和槽的形状。所以俯视图就是"形状特征"视图。

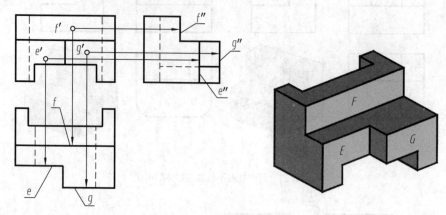

图 4-33 线面分析（二）

（2）"位置特征"视图就是最能反映形体相互位置关系的视图。如图 4-35（a）所示支板的主、俯视图，在这个图形中，两块基本形体哪个是凸出的，哪个是凹进去的，是不能确定的，它即可以表示图 4-35（b）所示的形体，也可以表示图 4-35（c）所示的形体。如图 4-35（d）所示，给出主、左两个视图，则形状和位置都表达得十分清楚。所以图 4-35（d）所示的左视图就是"位置特征"视图。

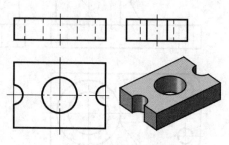

图 4-34 形体特征视图

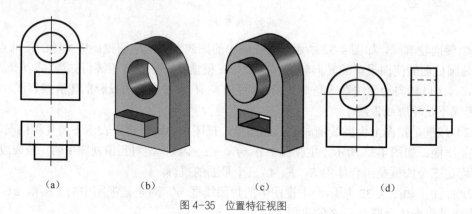

（a）　　　　　（b）　　　　　（c）　　　　　（d）

图 4-35 位置特征视图

4.4.2　用形体分析方法读组合体的投影

读图的基本方法与画图一样，主要也是形体分析法。所谓形体分析法读图，即在读图时，可根据形体视图的特点，把表达形状特征明显的视图（一般为主视图），划分为若干封闭线框，用投影的方法联系其他视图，想象出各部分形状，最后再综合起来，想象出形体的整体形状。

【例 4-3】 根据如图 4-36（a）所示底座的三视图，想象出底座的整体形状。

解： 读图的方法与步骤如下。

（1）找线框，分部分。想象出每个线框所表示的基本立体形状。找线框一般从主视图入手，但也不是一成不变的，有时也要视具体的视图灵活处理。如图 4-36（a）中，先把主视图分为三个封闭线框 1′、2′、3′，然后分别找出这些线框在俯、左视图中的相应投影 1、2、3 和 1″、2″、3″。

（2）对投影，识形体。分线框后，可根据各种基本形体的投影特点，确定各线框所表示的是什么形状的形体。如图 4-36（b）所示，从线框 1 的三面投影可判断其为长方形的底板，左右各开了一个 U 形槽；如图 4-36（c）所示，从线框 2 的三面投影可判断其为长方体，上方被挖切掉一段圆柱；如图 4-36（d）所示，从线框 3 可判断其为一拱形块，中间挖去一圆柱孔，又在圆柱孔下方挖去一四棱柱。其中，线框 1、2″、3″为各基本体的形状特征视图。

（3）按部分，定位置。分析各线框所代表的基本立体间的相对位置及组合方式。分析各基本形体的相对位置时，应该注意形体上下、左右和前后的位置关系在视图中的反映。如图 4-36（e）所示，第 2 部分在第 1 部分的上方，第 2 部分的下表面与第一部分上表面重合。第 2 部分的左侧面位于第 1 部分的左右对称面位置，且与第 1 部分前后对称。第 3 部分位于第 1 部分上方和第 2 部分右方，第 3 部分的下表面与第一部分上表面重合。第 3 部分的左侧面与第 2 部分的右侧面重合，且前后对称。

（4）综合起来想整体。如图 4-36（f）所示，确定了各线框所表示的基本形体形状和相对位置后，就可以想象出形体的整体形状。

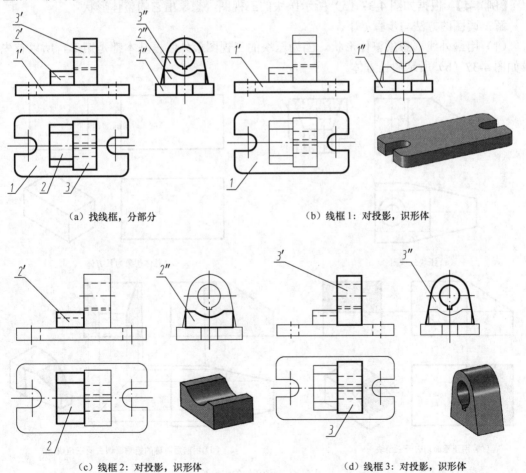

（a）找线框，分部分　　　　（b）线框 1：对投影，识形体

（c）线框 2：对投影，识形体　　　　（d）线框 3：对投影，识形体

图 4-36　底座的看图方法

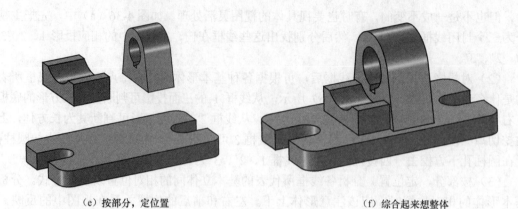

(e) 按部分,定位置　　　　　　　　　　　　　　(f) 综合起来想整体

图 4-36　底座的看图方法(续)

4.4.3　用线面分析方法读组合体的投影

在读图时,对比较复杂的组合体及不易读懂的部分,还常使用线面分析法来帮助想象和读懂这些局部的形状,下面举例说明线面分析法在读图中的运用。

【例 4-4】　根据如图 4-37(a)所示压块的三视图,想象出它的整体形状。

解:读图的方法与步骤如下。

(1)用最外线框想象整体形状。因为压块的三视图最外线框基本都是矩形,所以首先看成如图 4-37(b)所示的长方体。

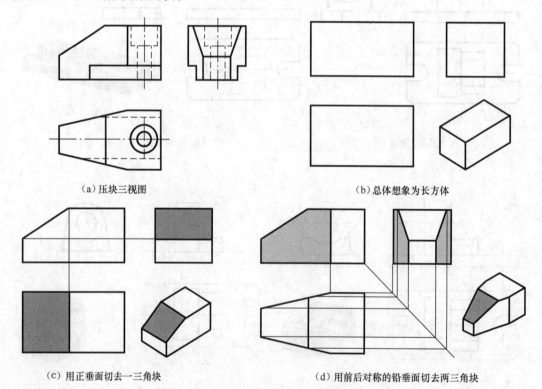

(a)压块三视图　　　　　　　　　　　　　　(b)总体想象为长方体

(c)用正垂面切去一三角块　　　　　　　　　　(d)用前后对称的铅垂面切去两三角块

图 4-37　读压块的三视图

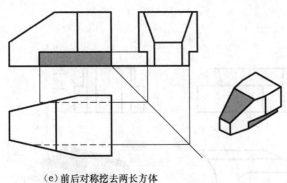

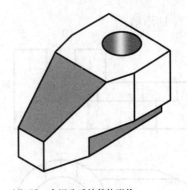

(e) 前后对称挖去两长方体   (f) 开一个沉孔后的整体形状

图 4-37   读压块的三视图（续）

（2）根据特征视图找出挖切部分，从而求出表面交线。如图 4-37（c）所示，用正垂面切去一三角块，俯视图长对正增加一条粗实线，左视图高平齐增加一条粗实线；如图 4-37（d）所示，用前后对称的两个铅垂面切去两个三角块，主视图长对正增加一条粗实线，左边五边形线框即为铅垂面的正面投影。再根据高平齐和宽相等得左视图，原正垂面的左视图由矩形变成等腰梯形，前后两铅垂面的左视图为五边形与主视图中的铅垂面五边形类似；如图 4-37（e）所示，根据左视图前后对称挖去两个长方体，根据宽相等俯视图增加前后对称的两条虚线。再根据长对正和高平齐为主视图增加一个矩形。因为铅垂面被挖去一部分，所以主视图中的垂面投影由五边形变成七边形，这样就与左视图中的铅垂面投影类似了。

（3）根据想象的体形，对照原视图检查结果是否正确。图 4-37（e 所示的形状与图 4-37（a）比较后发现少一个沉孔。加上沉孔结构，整体形状就想象出来了，如图 4-37（f）所示。

4.4.4   由组合体的两视图画第三视图

根据两视图画出第三视图是提高读图能力及培养空间想象力的重要手段。下面举例说明其方法和步骤。

【例 4-5】 已知支架的主、俯视图，如图 4-38（a）所示，画出其左视图。

解：

（1）读懂支架的两视图，想象出它的形状。

用形体分析法分析支架的两视图，可以把支架看做由左端的底板和右部的圆筒叠加而成，如图 4-38（a）所示。

底板和圆筒的上半部形状比较复杂，还需要用线面分析法才能深入细致地读懂它。

① 分析底板。由于底板前后对称，只需要分析前半部。底板的主视图有三个线框 a'、b'、c'，如图 4-38（b）所示，按投影原理，视图之间找不到类似形时，则必有积聚线段相对应，而得到它们在俯视图上的对应投影 a、b、c。根据平行面和垂直面的投影特征，可以确定平面 A 是铅垂面，平面 B、C 是正平面。同理，分析底板俯视图上线框 d，可以判断出平面 D 为水平面。

不难想象 B、C、D 平面及底板的顶面、底面围成的形体是一个凸字形的棱柱体，另外，它的左端被铅垂面 A 切去了两个角，还挖出一个 U 形槽，底板的形状如图 4-38（b）所示。

② 分析圆筒的上半部。如图 4-38（c）所示，俯视图上，方槽与 U 形槽的投影相同，但是，在它们的主视图上，方槽和 U 形槽的投影都是实线，可以判断出圆筒前壁挖有方槽，后

壁有 U 形槽。

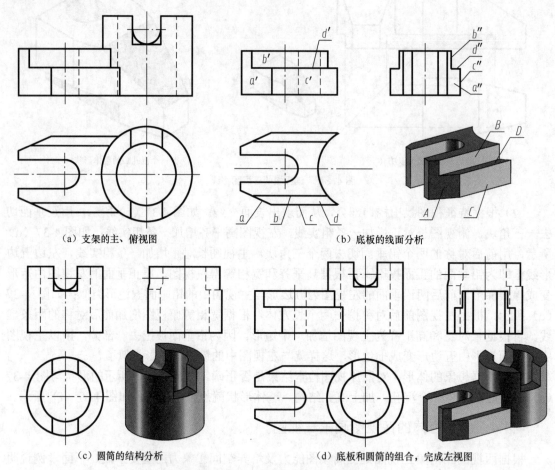

（a）支架的主、俯视图　　　　　　　　　（b）底板的线面分析

（c）圆筒的结构分析　　　　　　　　　（d）底板和圆筒的组合，完成左视图

图 4-38　由支架的主、俯视图补画左视图

（2）由已知两视图画出第三视图。

通过以上分析，想象出支架的整体形状如图 4-38（d）所示。读懂主、俯视图后，即可依次、逐个地画出各形体的左视图，最后按照各形体的组合方式、表面连接关系，整理、校核并加深图线，完成第三视图的绘制。

第 5 章　轴测图

前面几章介绍的是在多投影面体系中形成的视图，可以确定空间几何形体的形状与大小，在工程上得到广泛应用。但由于其直观性不强，缺乏立体感，没有读图基础的人不容易看懂。

轴测图是一种能同时在长、宽、高三个方向上反映物体形状的图形，富有立体感，直观性较强。其缺点是不能同时反映机件在上述三个方向上的实形，对形状复杂的机件不易表达清楚，而且作图比较麻烦。因此，在工程上一般是作为辅助图样使用。

5.1　轴测图的基本概念

5.1.1　轴测图的形成和分类

1. 轴测图的形成

将物体连同确定该物体的空间直角坐标系一起，用平行投影法沿不平行于任意坐标平面的方向投射在投影面 P（称为轴测投影面）上，所得到的图形称为轴测投影图，简称轴测。用正投影方法形成的轴测图称为正轴测图（见图 5-1），用斜投影法形成的轴测图称为斜轴测图（见图 5-2）。

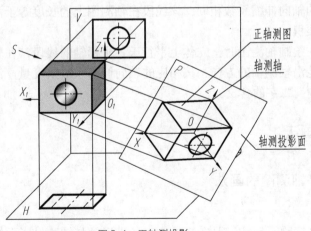

图 5-1　正轴测投影

2. 轴测图的轴间角和轴向伸缩系数

如图 5-1 所示，物体上空间直角坐标系的坐标轴在轴测投影面 P 上的投影 OX、OY、OZ

称为轴测轴,简称 X 轴、Y 轴和 Z 轴。它们之间的夹角 $\angle XOY$、$\angle XOZ$ 和 $\angle YOZ$ 称为轴间角。轴向伸缩系数定义为轴测轴上的线段与空间坐标轴上对应线段的长度之比。X 轴、Y 轴、Z 轴的轴向伸缩系数分别用 p_1、q_1、r_1 表示。

3. 轴测图的分类

如前所述,按投影方向相对于轴测投影面位置的不同,可将轴测图分为正轴测图和斜轴测图为两大类。

根据三个轴向伸缩系数是否相等,正轴测图和斜轴测图各自又可分为三种:

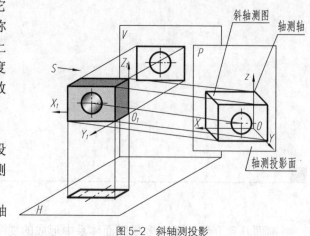

图 5-2 斜轴测投影

$$
\text{正轴测图}
\begin{cases}
\text{正等轴测图:} & p_1 = q_1 = r_1 \\
\text{正二等轴测图:} & p_1 = q_1 \neq r_1, \quad p_1 = r_1 \neq q_1, \quad p_1 \neq q_1 = r_1 \\
\text{正三等轴测图:} & p_1 \neq q_1 \neq r_1
\end{cases}
$$

$$
\text{斜轴测图}
\begin{cases}
\text{斜等轴测图:} & p_1 = q_1 = r_1 \\
\text{斜二等轴测图:} & p_1 = q_1 \neq r_1, \quad p_1 = r_1 \neq q_1, \quad p_1 \neq q_1 = r_1 \\
\text{斜三等轴测图:} & p_1 \neq q_1 \neq r_1
\end{cases}
$$

其中,正等轴测图和斜二等轴测图具有作图相对简单,立体感较强等优点,工程上得到广泛应用。本章将分别介绍这两种轴测图的画法。

5.1.2 轴测图的投影规律

轴测图是用平行投影法得到的,因此其具有平行投影的基本规律,即平行性和定比性。

(1)平行性。立体上相互平行的线段,在轴测图上仍互相平行。

(2)定比性。立体上平行于坐标轴的线段,在轴测图中也平行于坐标轴,且其轴向伸缩系数与该坐标轴的轴向伸缩系数相同;该线段在轴测图上的长度等于沿该轴的轴向伸缩系数与该线段长度的乘积。

由此可见,在绘制轴测图时,立体上平行于各坐标轴的线段,在轴测图上也平行于相应的轴测轴,且只能沿轴测轴的方向、按相应的轴向伸缩系数来度量,沿轴测轴方向可直接测量作图就是"轴测"二字的含义。

5.2 轴测图的画法

5.2.1 正等轴测图的画法

1. 形成

正等轴测图(简称正等测)是在物体的三条坐标轴与轴测投影面倾斜角度相同时,进行投影得到的轴测图。

2. 轴间角和轴向伸缩系数

一般将 Z 轴画成垂直方向。正等轴测图的轴间角 $\angle XOY = \angle YOZ = \angle XOZ = 120°$,轴向伸缩系

数 $p_1=q_1=r_1=0.82$。为简便起见，常采用轴向伸缩系数等于 1 作图（即 $p=q=r=1$）。这样，物体上平行于坐标轴的线段，在轴测图上均按真实长度绘制。此时，画出的正等轴测图比实际物体放大了约 $1/0.82≈1.22$ 倍，但形状保持不变。

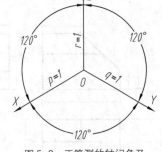

图 5-3　正等测的轴间角及简化轴向伸缩系数

3. 立体正等轴测图的画法

（1）平面立体正等轴测图的画法

绘制平面立体正等轴测图的基本方法是按照"轴测"原理，根据立体表面上各顶点的坐标确定其轴测投影，连接各顶点即完成平面立体轴测图的绘制。对立体表面上平行于坐标轴的轮廓线，可在该线上直接量取尺寸。实际绘制时还可根据物体的形状、特征采用切割或组合的方法，并且这些方法也适用于其他种类的轴测图。

下面举例题说明平面立体正等轴测图的画法。

【例 5-1】 作出图 5-4（a）所示正六棱柱的正等轴测图。

分析：在绘制轴测图时，确定恰当的坐标原点和坐标轴是很重要的，原则是作图简便，可以减少不必要的作图线。针对图 5-4（a）所示的正六棱柱，将坐标原点选在顶面的中心比较方便。具体绘制步骤如下。

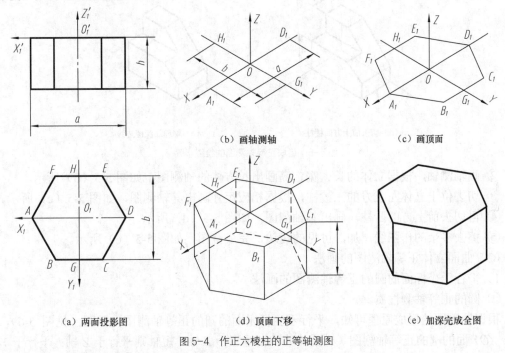

（a）两面投影图　　（b）画轴测轴　　（c）画顶面
（d）顶面下移　　（e）加深完成全图

图 5-4　作正六棱柱的正等轴测图

① 在已知视图上选取坐标原点和坐标轴，如图 5-4（a）所示。

② 画轴测轴，并根据俯视图定出 A_1、D_1、G_1 和 H_1 点，如图 5-4（b）所示。

③ 过 G_1、H_1 两点作 OX 轴的平行线，按 X 坐标求得 B_1、C_1、E_1、F_1 点，并依次连接 A_1、B_1、C_1、D_1、E_1、F_1 各点，即得顶面的正等轴测图，如图 5-4（c）所示。

④ 将顶面各点向下平移距离 h，得底面轴测投影，依次连接各点，如图 5-4（d）所示。

⑤ 擦去多余的作图线，加深轮廓，即完成正六棱柱正等轴测图的绘制，如图 5-4（e）所示。

【例 5-2】 作出图 5-5（a）所示垫块的正等轴测图

分析：垫块是比较简单的平面组合体，可将其看成是从长方体上先切去一个三棱柱，再从前上方切去一个四棱柱后形成的。具体绘制步骤如下。

① 在已知视图上选取坐标原点和坐标轴，如图 5-5（a）所示。

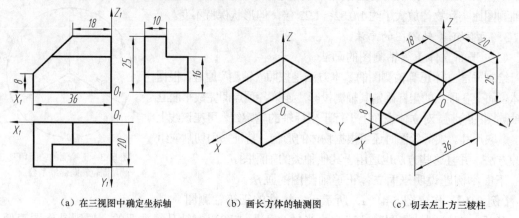

（a）在三视图中确定坐标轴　　　　（b）画长方体的轴测图　　　　（c）切去左上方三棱柱

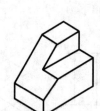

（d）切去前上方四棱柱　　　　　　（e）整理加深棱边线

图 5-5　垫块正等轴测图的绘图步骤

② 画轴测轴，根据立体的长、宽、高画出长方体的轴测图，如图 5-5（b）所示。

③ 切去位于立体左上方的三棱柱，根据相应尺寸画出其轴测图，如图 5-5（c）所示。

④ 再切去前上方的四柱，画出其轴测图，如图 5-5（d）所示。

⑤ 擦去多余的作图线，加深可见的棱边，完成全图，如图 5-5（e）所示。

（2）曲面立体正等轴测图的画法

1）平行于坐标面的圆的正等轴测图的画法

① 圆的正等轴测性质。

根据轴测图的形成原理可知，平行于坐标平面的圆的正等轴测图为椭圆（见图 5-6），平行于 XOY 面的圆的正等轴测图（椭圆）的长轴垂直于 Z 轴，短轴则平行于 Z 轴；平行于 YOZ 面的圆的正等轴测图的长轴和短轴分别垂直和平行于 X 轴；而平行于 XOZ 面的圆的正等轴测图的长轴垂直于 Y 轴，短轴则平行于 Y 轴。这三个椭圆的形状和大小完全相同，但方向不同。

② 圆的正等轴测大小。

圆的正等轴测中，椭圆的长轴为圆的直径 d，短轴为 $0.58d$。当按简化的轴向伸缩系数作图时，椭圆的长、短轴均被放大了 1.22 倍，即长轴的长度为 $1.22d$，短轴的长度 0 为 $0.7d$，如图 5-6 所示。

2）平行于 XOY 面的圆的正等轴测图的近似画法

为简便作图，平行于 XOY 面的圆的正等轴测图（椭圆）常采用近似画法，即菱形法。现以图 5-7（a）所示的平行于 $X_1O_1Y_1$ 面的圆的正等轴测投影为例，来说明这种近似画法。

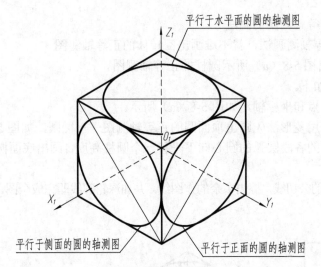

图 5-6 圆的正等轴测图

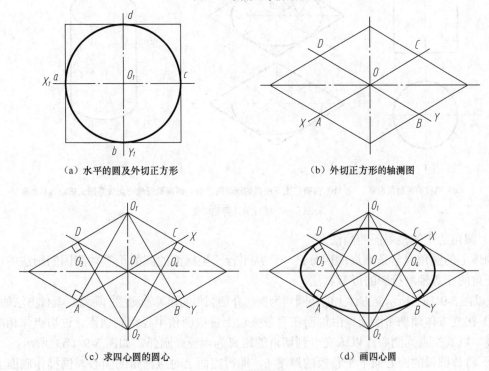

（a）水平的圆及外切正方形　　　　　　　　（b）外切正方形的轴测图

（c）求四心圆的圆心　　　　　　　　（d）画四心圆

图 5-7 正等轴测圆的近似画法

具体的作图过程如下：

① 作圆的外切正方形，如图 5-7（a）所示。

② 作轴测轴和切点 A、B、C、D，通过这些点作外切正方形的轴测菱形，并作对角线，如图 5-7（b）所示。

③ 过切点 A、B、C、D 作各相应边的垂线，相交得 O_1、O_2、O_3、O_4 点。O_1、O_2 即是短轴对角线的顶点，O_3、O_4 在长轴对角线上，如图 5-7（c）所示。

④ 以 O_1、O_2 为圆心，O_1A 为半径作圆弧 $\overset{\frown}{AB}$、$\overset{\frown}{CD}$；以 O_3、O_4 为圆心，O_3D 为半径作圆弧 $\overset{\frown}{AD}$、$\overset{\frown}{BC}$，即完成圆的正等轴测图，如图 5-7（d）所示。

3）回转体的正等轴测图的画法

掌握了圆的正等轴测画法，就不难画出回转体的正等轴测图。

【**例 5-3**】 作出图 5-8（a）所示圆柱的正等轴测图。

具体绘制步骤如下。

① 选定坐标原点和坐标轴，如图 5-8（a）所示。

② 画轴测轴，用菱形法先画出顶面圆的正等轴测图——椭圆，如图 5-8（b）所示。

③ 将顶面椭圆的各段圆弧的圆心向下平移一个圆柱高度，画出底面椭圆的可见部分，如图 5-8（b）所示。

④ 作上下椭圆的公切线，擦去多余的作图线，并加深轮廓线即完成全图，如图 5-8（c）所示。

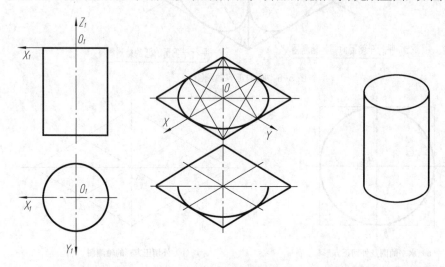

（a）圆柱的两面投影　　　（b）画圆柱上下底圆的轴测图　　（c）画两椭圆的公切线并擦去辅助线后加深

图 5-8　圆柱的正等轴测图

4）圆角的正等轴测图的画法

物体上的圆角通常是圆周的四分之一。从平行于坐标面的圆的正等轴测图的画法中可以得出圆角的正等轴测投影的近似画法。

现以图 5-9（a）所示立方体上的两圆角为例，介绍圆角的正等轴测图的画法。具体方法如下：

① 在立方体顶部平面上，由角顶在两条夹边上量取圆角半径得到切点，过切点作相应边的垂线，以其交点为圆心，以该交点到切点的距离为半径画圆弧，如图 5-9（b）所示；

② 将该圆弧的圆心向下平移板的厚度 h，即得底面上对应圆角的圆心，同样作底面上对应的圆弧即得该圆角的轴测投影，如图 5-9（c）所示；

③ 以同样方法作立方体上另一圆角的轴测投影，如图 5-9（d）所示；

④ 作同一平面内两圆弧的公切线，加深轮廓的可见部分，擦去多余的作图线，即完成图 5-9（a）所示带圆角立方体的正等轴测图，如图 5-9（e）所示。

（3）组合体正等轴测图的画法举例

画组合体的正等轴测图时，先用形体分析法将组合体分解，再按分解的形体依次绘制。

【**例 5-4**】 作图 5-10 所示支架的正等轴测图。

形体分析：由图 5-10（a）可知，该支架由底板、立板及两侧两个三角筋板组成。底板上有两个圆角和两个小孔。立板上为半圆头带孔板，结构左右对称。

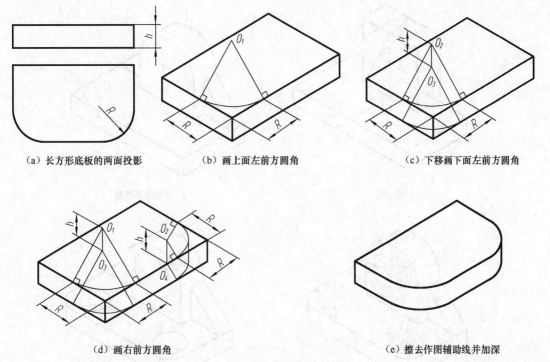

(a) 长方形底板的两面投影　　(b) 画上面左前方圆角　　(c) 下移画下面左前方圆角

(d) 画右前方圆角　　　　　　　　　(e) 擦去作图辅助线并加深

图 5-9　圆角的正等轴测图的画法

作图步骤具体如下：

① 据形体分析，可取底板上平面的后边的中点为原点，确定轴测轴，如图 5-10（b）所示；

② 作底板及立板的正等轴测图，并在立板上绘制半圆柱体的轴测图，如图 5-10（c）所示；

③ 作底板上两圆角及筋板的正等轴测图，如图 5-10（d）所示；

④ 绘制底板及立板上圆孔的正等轴测图，如图 5-10（e）所示；

⑤ 加深轮廓线可见部分，擦去多余作图线，即完成全图，如图 5-10（f）所示。

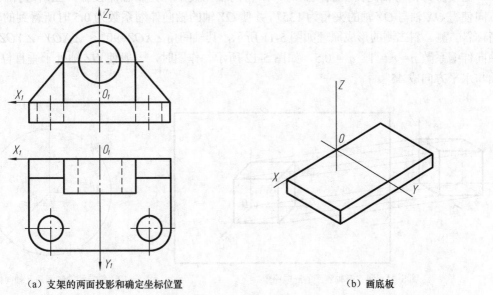

(a) 支架的两面投影和确定坐标位置　　　　　　　(b) 画底板

图 5-10　支架的正等轴测图的作图步骤

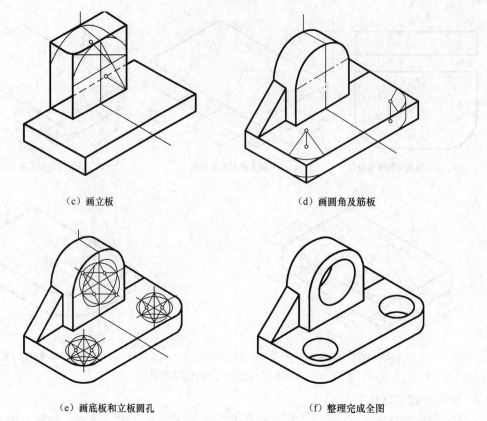

（c）画立板　　　　　　　　　　　（d）画圆角及筋板

（e）画底板和立板圆孔　　　　　　　（f）整理完成全图

图 5-10　支架的正等轴测图的作图步骤（续）

5.2.2　斜二等轴测图的画法

1. 轴间角和轴向伸缩系数

当投影方向与轴测投影面倾斜时，所得的轴测投影称为斜轴测投影。当所选择的斜投射方向使得 OX 轴与 OY 轴的夹角为 135°，并使 OY 轴的轴向伸缩系数为 0.5 时所得到的轴测图，简称斜二测。斜二测的形成原理如图 5-11 所示，其轴间角 $\angle XOZ = 90°$，$\angle XOY = \angle YOZ = 135°$，轴向伸缩系数 $p = r = 1$，$q = 0.5$，如图 5-12 所示。作图时，一般使 OZ 轴处于垂直位置，OY 轴与水平方向成 45°。

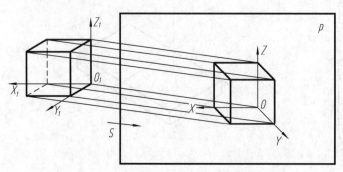

图 5-11　斜二等轴测图的形成原理

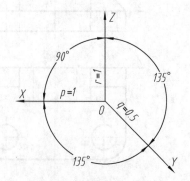

图 5-12　斜二测的轴间角及轴向伸缩系数

由于斜二测的 XOZ 坐标面平行于轴测投影面，因此在这个方向上能反映物体的实形，绘图方便。由于这个原因，当物体三个坐标面上都有圆时，应避免采用斜二测，而当物体只有一个坐标面上有圆（如圆、圆弧）时，采用斜二测最有利。

2. 斜二测的画法举例

斜二等轴测图的基本画法仍为坐标法。与正等测图一样，对比较复杂形体的斜二测，也可采用切割或组合的方法。

【例 5-5】 作出图 5-13（a）所示形体的斜二测图。

作图步骤如下。

① 选定坐标原点和坐标轴，如图 5-13（a）所示。在轴测图的 *XOZ* 面上反映前面的实形。

② 先画轴测轴，再画出前面的形状，其实与主视图完全一样，如图 5-13（b）所示。

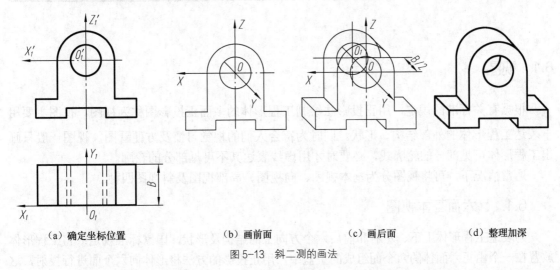

（a）确定坐标位置　　　　　（b）画前面　　　　　（c）画后面　　　　　（d）整理加深

图 5-13　斜二测的画法

③ 向 *Y* 轴负方向量取 $OO_1=B/2$，画出后面的形状（同前面一样），如图 5-13（c）所示。半圆柱面轴测投影的轮廓线按两圆弧的公切线画出。

④ 擦去多余的作图线，加深后即完成全图，如图 5-13（d）所示。

第 6 章　工程形体的表达方法

6.1　视图

根据有关标准的规定，用正投影法绘制工程形体的多面正投影图称为视图。视图主要用于表达工程形体的外部结构、形状。同时为符合人们的视觉习惯及方便看图，视图一般只画出工程形体可见部分的轮廓线，必要时才用虚线表达其不可见部分的轮廓。

通常情况下，可将视图分为基本视图、向视图、局部视图及斜视图四种。

6.1.1　六面基本视图

为表达工程形体上下、左右和前后六个方向上的结构及形状，国家标准规定：将工程形体放置在一个由正六面体的六个面组成的空盒中，用正投影的方法将形体向六个面进行投射，这六个面即为基本投影面，工程形体向基本投影面投射所得的图样称为基本视图，如图 6-1 所示。

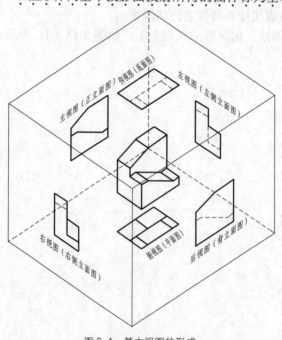

图 6-1　基本视图的形成

在机械图样中，将六面基本视图分别称为主视图（由前向后投射）、后视图（由后向前投射）、左视图（由左向右投射）、右视图（由右向左投射）、俯视图（由上向下投射）及仰视图（由下向上投射）。在土木工程图中，将六面基本视图分别称为正立面图（由前向后投射）、背立面图（由后向前投射）、左立面图（由左向右投射）、右立面图（由右向左投射）、平面图（由上向下投射）及底面图（由下向上投射）。

基本投影面展开的方法是：保持正立投影面（主视投影面，即 V 面）不动，其余五个投影面按图 6-2 中箭头所示的方向旋转至与正立投影面共面。视图经展开后，各基本视图的配置如图 6-3 所示。

在同一张图样上，按图 6-3 配置各视图时，视图的名称可不标注。

六个基本视图之间仍符合"长对正，高平齐，宽相等"的三等投影规律，即：

主、俯、仰视图长对正（后视图与主、俯、仰视图长相等，且左右相反）；

主、左、右、后视图高平齐；

俯、仰、左、右视图宽相等。

虽然有六个基本视图，但在选择工程形体的表达方案时，不是任何工程形体都需要画出六个基本视图。应根据其具体的结构特点，选用视图数量最少、又能清楚表达工程形体结构特征的方案。一般情况下应优先选用主视图、俯视图及左视图。

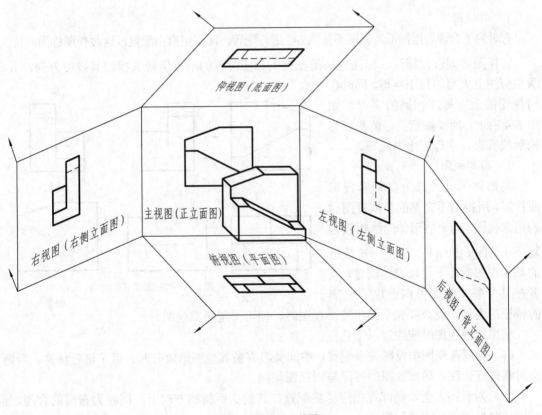

图 6-2 基本视图的展开

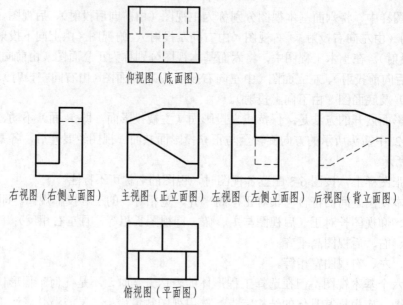

图 6-3　基本视图的配置

6.1.2　其他辅助视图

1. 向视图

有时为了合理利用图纸，视图不按图 6-3 进行配置，而采用自由配置，这种视图称为向视图。

向视图必须进行标注。标注方法是在视图相应位置的附近用箭头指明其投射方向，并在箭头旁注上大写的拉丁字母，同时在向视图的上方标注相同的字母，如图 6-4 所示。所要注意的是箭头应与轮廓线垂直，字母应水平注写。

2. 局部视图

将形体的某一部分向基本投影面投影，所得的不完整的基本视图称为局部视图。当一些形体的结构较为复杂（见图 6-5（a）），采用一定数量的基本视图后还不足以表达清楚，或者在某个基本视图方向上仅有局部的特征需表达，没必要完全画出整个视图时，便可采用局部视图。

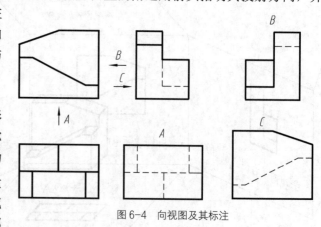

图 6-4　向视图及其标注

采用局部视图时应注意以下几点。

（1）当局部视图按投影关系配置，中间又没有被其他图形隔开时，可不进行标注。否则，应对其进行标注，局部视图的标注与向视图相同。

（2）为看图方便，局部视图应尽量配置在其箭头所指的方向上，同时为布局的合理，也可以按向视图的形式进行配置。

（3）局部视图中，形体的断裂边界处要用细波浪线或双折线画出，如图 6-5（b）中的 B 向视图。当局部结构外轮廓线呈完整的封闭图形时，波浪线可省略不画，如图 6-5（b）中的 A 向视图。

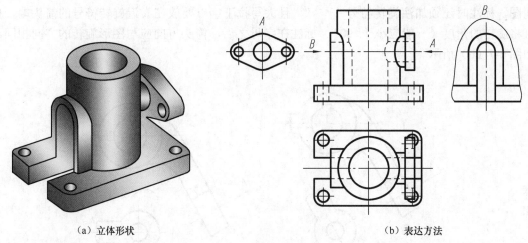

（a）立体形状　　　　　　　　　　　（b）表达方法

图 6-5　局部视图举例

3. 斜视图

将物体向不平行于基本投影面的平面投射所得的视图，称为斜视图。

当物体上有倾斜结构需要表达时，可采用斜视图来表达该倾斜结构的实形。

如图 6-6（a）所示的压紧杆三视图，不能表达倾斜部分圆柱面的真实形状。而且给画图带来很大麻烦。为表达其上倾斜结构的真实形状，更便于画图，可增加一个平行于该倾斜结构且垂直于某一基本投影面的新投影面 P，将倾斜结构向该新投影面 P 投影，再按投影方向将新投影面 P 旋转到基本投影面 V 上，可以得到斜视图，如图 6-6（b）所示。

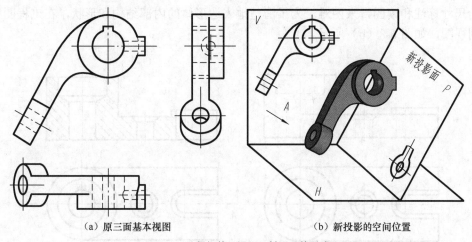

（a）原三面基本视图　　　　　　　　　　（b）新投影的空间位置

图 6-6　压紧杆的三视图及斜视图的形成

画斜视图时应注意以下几点。

（1）斜视图一般只用于表达形体上倾斜部分的实形，故其余部分可不画出，用细波浪线或双折线断开，如图 6-7（a）所示。当局部结构的外轮廓线呈完整封闭的图形时，波浪线可省略不画。

（2）斜视图一般按投影关系配置，必要时可配置在其他适当的位置。为作图和读图方便，在不致引起误解情况下可将斜视图旋转放正，但要注意标注。

（3）斜视图必须进行标注。斜视图一般按向视图的配置形式配置和标注。旋转放正的斜视图，标注时还须加注旋转符号"⌒"，且大写拉丁字母要放在靠近旋转符号的箭头端，也可将旋转的角度（一般应小于 90°）标注在字母之后，箭头方向应与图形旋转的方向相同，如图 6-7（b）所示。

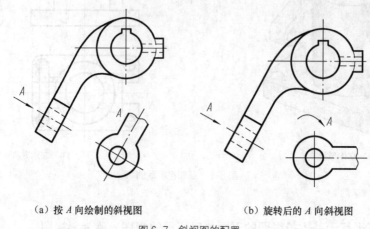

（a）按 A 向绘制的斜视图　　　　　（b）旋转后的 A 向斜视图

图 6-7　斜视图的配置

6.2　剖视图

在视图中，一般用虚线来表达形体内部不可见的结构（如孔、槽等），如图 6-8（a）所示。但如果形体内部结构较为复杂，视图中的虚线会很多。这样就会造成图面线条繁杂，层次不清，给尺寸标注和读图带来困难。为了清楚地表达形体的内部结构和形状，在工程图样中常采用剖视图，如图 6-8（b）所示。

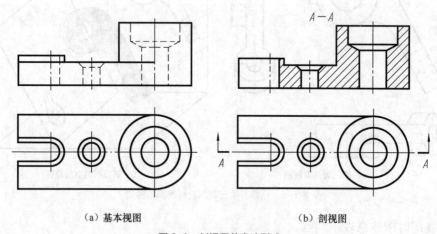

（a）基本视图　　　　　　　　　（b）剖视图

图 6-8　剖视图的表达形式

6.2.1　剖视图的基本概念

1. 剖视图的形成

假想用一剖切平面剖开形体，移去观察者与剖切平面之间的部分，并将其余部分向投影面投射，所得的视图称为剖视图。图 6-9 表示了剖切过程。

2．剖视图的画图步骤

（1）形体分析

分析形体的内部和外部结构，确定有哪些内部结构需用剖视图来表达，哪些外部形状需要保留。

（2）确定剖切平面的位置

用于剖切形体的假想平面称为剖切平面。剖切平面一般应与基本投影面平行，其位置一般应通过形体的对称平面或回转轴线，以便使剖切后结构的投影反映实形。

（3）画剖视图

形体被剖切后，在相应视图上应擦去被剖切部分外形的轮廓线，同时剖切平面处原来不可见的内部结构变为可见，相应的虚线也应改为实线（见图 6-8（b））。

（4）画剖面符号

为清楚地表示形体的内部结构及构成形体材料的类别，形体被剖切后，其实体部分与剖切平面接触的部位应画上剖面符号（简称为"剖面线"）。各种材料的剖面符号如表 6-1 所示。常用金属材料的剖面符号是等间距、方向相同、与水平线成 45°、向左或向右倾斜的细实线。对同一形体，在各剖视图中剖面线的方向和间隔应一致（见图 6-8（b））。若形体的主要轮廓线与水平方向成 45°或接近 45°，剖面线应画成与水平线成 30°或 60°的斜线，如图 6-10 所示。

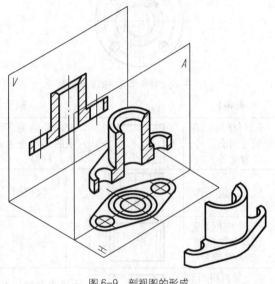

图 6-9　剖视图的形成

（5）剖视图的标注

剖视图一般应进行标注，即将剖切位置、投影方向和剖视图的名称标注在相应的视图上。

剖视图的标注内容包括以下几项。

① 剖切符号：一般用线宽 $1\sim1.5b$，长约 $5\sim10mm$ 的粗短实线表示剖切平面的起、止和转折位置。

② 箭头：在剖切符号的外侧用与剖切符号垂直的两个箭头表示剖视图的投影方向。当剖视图按投影关系配置，中间又没有被其他图形隔开时，箭头可省略。

③ 字母：在剖切平面的起、止和转折处应水平标注大写的同一拉丁字母，并在相应的剖视图上方也用相同字母水平标注其名称"×—×"（见图 6-10）。如果同图上需要几个剖视图，则其名字应按英文字母顺序排列，不得重复或间断。

当单一剖切平面通过形体的对称平面或基本对称的平面，且剖视图按基本投影关系配置，中间又没有被其他图形隔开时，可省略标注，如图 6-11 所示。

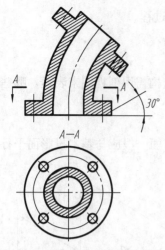

图 6-10 特殊情况下剖面线的画法

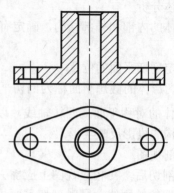

图 6-11 剖视图的省略标注

表 6-1 剖面符号

金属材料（已有规定剖面符号者除外）	▨	玻璃及供观察用的其他透明材料	▨	混凝土	▨
线圈绕组元件	▨	木材	纵剖面 ▨	钢筋混凝土	▨
转子、电枢、变压器和电抗器等的叠钢片	▨	木材	横剖面 ▨	砖	▨
非金属材料（已有规定剖面符号者除外）	▨	木质胶合板（不分层数）	▨	格网（筛网、过滤网等）	▨
型砂、填砂、粉末冶金、砂轮、陶瓷刀片、硬质合金刀片等	▨	基础周围的泥土	▨	液体	▨

注：本表是机械图样中的规定画法，土木工程图中只要将砖与金属材料的剖面符号对调即可。

3. 画剖视图的注意事项

（1）由于剖视图是假想将形体剖开后投影得到的，实际上并没有剖开。因此，当形体的一个视图画成剖视图后，其他视图仍然要按完整的形体绘制。

（2）画剖视图的目的在于清楚地表达内部结构的实形，因此，剖切平面应尽量通过较多的内部结构的轴线或对称平面，并平行于某一投影面。

（3）为了不影响图形表达的清晰，剖切符号应尽量避免与图形轮廓线相交。

（4）画剖视图时，应画出剖切平面后所有可见的轮廓线，不能遗漏，如图 6-12 所示。

（5）剖视图中已表达清楚的内部结构，其他视图中的虚线可省略不画，即在一般情况下剖视图中不画虚线。当省略虚线后，物体不能定形，或画出少量虚线后能节省一个视图时，则应画出对应的虚线。

（6）根据需要可同时将几个视图画成剖视图，它们之间相互独立，互不影响。但不管有几个剖视图，剖面符号的方向和间隔均一致。

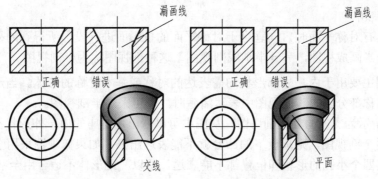

（a）漏画圆台与圆柱相交线的投影　　（b）漏画台阶面的投影

图 6-12　剖视图中漏线的示例

6.2.2　剖视图的种类

根据国家标准的规定，按照剖切面剖开形体的程度，剖视图可分为全剖视图、半剖视图和局部剖视图。

1. 全剖视图

用剖切平面将形体完全地剖开所得的剖视图称为全剖视图。

全剖视图主要用于表达内形复杂、外形相对简单的形体。

图 6-13 所示为一形体的立体图，此形体外形较为简单，内形比较复杂，前后对称，上下和左右都不对称。

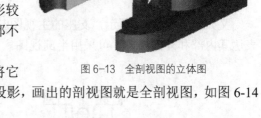

图 6-13　全剖视图的立体图

假想用一个剖切平面沿形体的前后对称面将它完全剖开，移去前半部分，形体向正立投影面作投影，画出的剖视图就是全剖视图，如图 6-14（b）所示。

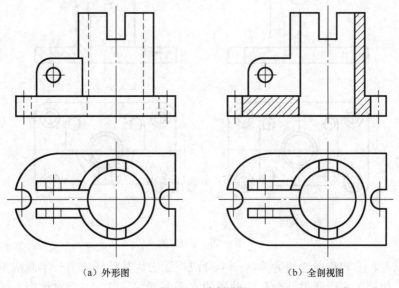

（a）外形图　　　　　　　　　（b）全剖视图

图 6-14　全剖视图

2. 半剖视图

当形体具有对称平面时，向垂直于对称平面的投影面进行投影所得到的视图，以对称中心线为界，一半画成视图，另一半画成剖视图，这种剖视图称为半剖视图。

半剖视图主要用于内、外部形状均需表达的对称或基本对称的形体。当形体的形状基本对称，且不对称部分已在其他视图中表达清楚时，也可采用半剖视图。

图 6-15 所示为支座的立体剖切图，从图中可以看出，支座的内、外形状都比较复杂，如果主视图采用全剖视图，则顶板下的凸台就不能表达出来；如果俯视图采用全剖视图，则长方形顶板及其四个小孔的形状和位置都不能表达，所以，此形体不适合用全剖视图表达。

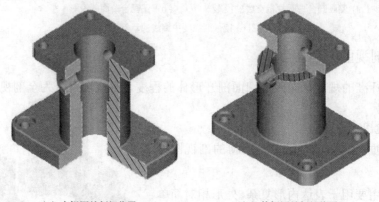

（a）主视图的剖切位置　　　　　　（b）俯视图的剖切位置

图 6-15　半剖视图的剖切位置立体图

又如图 6-16（a）所示，支座的主视图左右对称，俯视图前后、左右都对称。为了清楚地表达其内部和外部结构，可采用半剖视图。

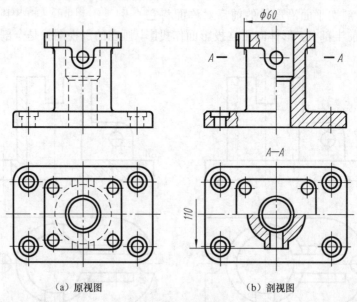

（a）原视图　　　　　　　　　　（b）剖视图

图 6-16　半剖视图

主视图以左、右对称中心线为界，一半画成视图表达其外形，另一半画成剖视图表达其内部阶梯孔。俯视图采用通过凸台孔的轴线的水平面剖切。以前、后对称中心线为界，后一半画成视图表达顶板和其上四个小孔的形状和位置，前一半画成 *A—A* 剖视图表达凸台及其中的小孔，如图 6-16（b）所示。

画半剖视图时应注意以下几点。

（1）半剖视图中，剖视图与另一半视图的分界线是对称中心线，应画成点画线，不要画成细实线，更不能画成粗实线。

（2）半剖视图中，形体的内部形状已在半个剖视图中表达清楚时，另一半视图中不需再画出相应的虚线。

（3）半剖视图的标注方法与全剖视图基本相同。在标注形体对称结构的尺寸时，在半剖视图一边，尺寸线应画出箭头，而另一边不画箭头及尺寸界线，且尺寸线应略超过中心线一些，如图 6-16（b）所示。

3. 局部剖视图

用剖切平面局部地将形体剖开，所得的剖视图称为局部剖视图。

局部剖视图一般用于以下几种情况。

（1）形体的内、外部结构均需表达，但又不宜采用全剖视图或半剖视图。

（2）形体上有孔、槽等局部结构时，可采用局部剖视图加以表达。

（3）图形的对称中心线处有形体轮廓线时，不宜采用半剖视图，可采用局部剖视图，如图 6-17 所示。

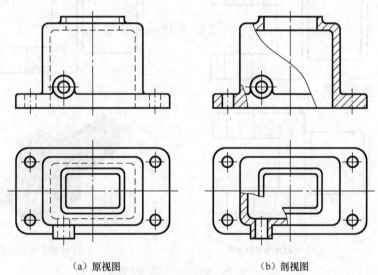

（a）原视图　　　　　　（b）剖视图

图 6-17　局部剖视图

如图 6-17（a）所示的箱体，其顶部有一矩形孔，底部是有四个安装孔的底板，左下方有一轴承孔，箱体前后、左右、上下都不对称。为了兼顾箱体内外结构的表达，将主视图画成两个不同剖切位置剖切的局部剖视图；在俯视图上，为了保留顶部的外形，也采用局部剖视图，如图 6-17（b）所示。

画局部剖视图时必须注意以下几点。

（1）当单一剖切平面的剖切位置较为明显时，局部剖视图可省略标注（见图 6-18），否则应进行标注。

（2）同一视图中，不宜采用过多的局部剖视，以免影响视图的简明清晰。

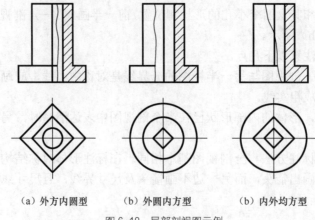

（a）外方内圆型　　　（b）外圆内方型　　　（b）内外均方型

图 6-18　局部剖视图示例

（3）局部剖视图中视图部分和剖视图部分用波浪线分界。波浪线不应与图形上其他图线重合，也不要画在其他图线的延长线上。波浪线可看做实体表面的断裂痕，画波浪线不应超出表示断裂实体的轮廓线，应画在实体上，不可画在实体的中空处，如图 6-19 所示。

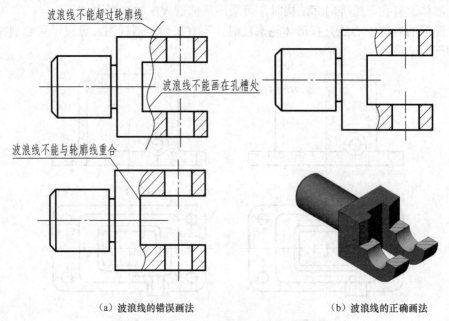

（a）波浪线的错误画法　　　　　　　　　　（b）波浪线的正确画法

图 6-19　局部剖视图中波浪线的画法

（4）当剖切结构为回转体时，允许将该结构的中心线作为局部剖视与视图的分界线。

6.2.3　剖切面的种类

剖切面是假想的用于剖开形体的平面或曲面。画剖视图时可根据形体的结构特点，选用单一剖切面、几个平行的剖切平面或几个相交的剖切面（交线垂直于某一投影面）来剖切形体。无论采用哪一种，均可画成全剖视图、半剖视图或局部剖视图。下面分别加以介绍。

1. 用单一剖切面

（1）用平行于某一基本投影面的平面剖切

前面介绍的全剖视图、半剖视图以及局部剖视图的例子都是采用平行于基本投影面、单一剖切面剖切得到的，这种方法最为常用。

（2）用不平行于任何基本投影面的剖切平面剖切

这种剖切方法称为斜剖，斜剖主要用在形体上有倾斜结构需要表达的场合，与斜视图一样，采用斜剖时，可以先选择一个与该倾斜结构平行的辅助投影面，然后用一个平行于该辅助投影面的平面剖切形体，并将形体在剖切平面与辅助投影面之间的部分向辅助投影面投影，这样得到的视图称为斜剖视图。

如图 6-20 所示，因该形体有倾斜部分的内部结构需要表达，如采用平行于投影面的剖切面剖切，就不能反映倾斜部分内部结构的实形，故常用图 6-20 中"*A—A*"所示的全剖视图，以表达弯管及顶部的凸缘、凸台和通孔的实形。

为方便看图，斜剖视图应尽量按投影关系配置（见图 6-20 中 I）。在不致引起理解误会的前提下，允许移到图面其他合适的位置（见图 6-20 中 II），必要时也可将斜剖视图进行旋转放正（见图 6-20 中 III，加旋转符号）。

斜剖视图应进行标注。标注时应注意剖切符号（粗实线）应与形体倾斜部分的轮廓线垂直，图中所标字母一律水平注写。

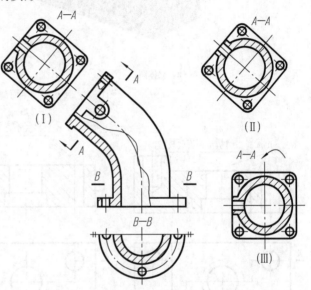

图 6-20 用斜剖得到的全剖视图

2. 用几个平行的剖切面

当形体的内部结构较多，且又不在同一个平面内，可用几个都平行于某一基本投影面的剖切平面剖切形体。这种剖切方法称为阶梯剖。

如图 6-21（a）所示，用两个平行平面以阶梯剖的方法剖开底板，将处在观察者与剖切平面之间的部分移去，再向正立投影面投射，就能清楚地表达出底板上的所有槽和孔的结构，可画出如图 6-21（b）所示的"*A—A*"全剖视图。

采用阶梯剖时应注意以下几点。

（1）各剖切平面剖切形体后得到的剖视图是一个图形，不应在剖视图中画出各剖切平面的界线，如图 6-22（a）所示。

（2）剖视图上不应出现不完整的要素，如图 6-22（b）所示。只有当两个要素在图形上具有公共对称中心线或轴线时，才允许各画一半，此时应以公共对称中心线或轴线为界，如图 6-22（c）所示；

（3）阶梯剖必须标注。标注时，应在剖切平面的起始、转折和终止处画上剖切符号，并水平注写同一大写字母，在起、止处用箭头指明投射方向，同时在剖视图的上方标注其名称"×—×"。当剖视图按投影关系配置，中间又没有其他图形时，箭头可省略。另外，剖切平面在转折处一般不能与视图的轮廓线重合或相交（见图 6-21）。

3. 两个相交的剖切平面（交线垂直于某一投影面）

当形体整体上具有回转轴时，可使用两个相交，且其交线垂直于某一投影面的剖切平面剖切。这样得到的剖视图称为旋转剖。

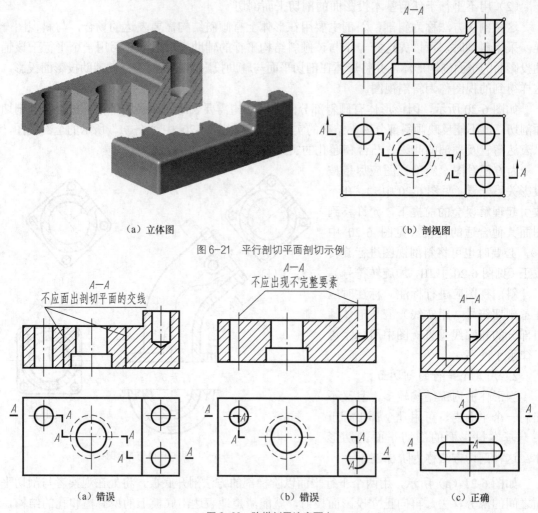

（a）立体图　　　　　　　　　　　　　　　（b）剖视图

图 6-21　平行剖切平面剖切示例

（a）错误　　　　　　　　　　　　（b）错误　　　　　　　　　　　　（c）正确

图 6-22　阶梯剖需注意要点

　　旋转剖的适用范围：当形体的内部结构形状用一个剖切平面剖切不能表达完全，且此实体在整体上又具有回转轴时，可采用旋转剖。

　　图 6-23 所示的摇杆 "A—A" 剖视图，就是用旋转剖的剖切方法画出的全剖视图。图中是将被倾斜剖切面剖开的结构及有关部分旋转到与选定的水平投影面平行后，再进行投影面而得到 "A—A" 剖视图的。

　　采用旋转剖时应注意以下几点。

　　（1）两剖切面的交线通常与形体上主要孔的轴线重合。

　　（2）采用旋转剖时，首先假想按剖切位置剖开形体，然后将剖面区域及有关结构绕着两剖切平面的交线旋转至与选定的基本投影面平行，再进行投影，以使剖视图既反映实形又便于绘图。剖切平面后的结构一般仍按原来的位置进行投影，如图 6-23 中的小孔。

　　（3）旋转剖必须按规定进行标注，即在剖切平面的起、止及转折处画出剖切符号，并标注上同一大写字母，同时在起、止处剖切符号的外端画上与剖切符号垂直的箭头以表明投射方向，并在旋转剖视图的上方用相同的大写字母注出其名称 "×—×"。在剖切平面的转折处，当位置有限又不致引起误解时，字母可省略。当剖视图按投影关系配置，中间又没有被其他图形隔开时，可省略箭头。

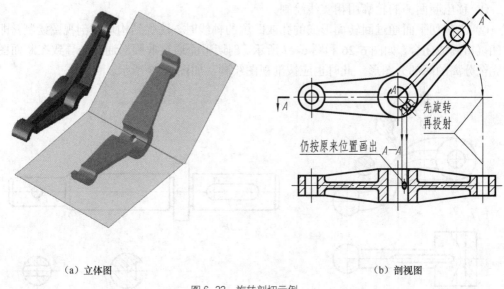

（a）立体图 （b）剖视图

图 6-23 旋转剖切示例

6.3 断面图

1. 断面图的基本概念

假想用剖切平面将形体某处切断，仅画出断面的形状，这种图形称为断面图，简称断面。

断面图常用来表达形体上某些结构（如轴上的键槽、孔及筋板、轮辐等）的断面形状。断面图所表示的是形体局部结构断面的形状，因此，剖切平面应垂直于该结构的主要轮廓线或轴线。

断面图与剖视图的区别是：断面图只画出断面的形状（见图 6-24（b）），而剖视图不仅要画出断面的形状，剖切面后可见轮廓的投影也要画出来（见图 6-24（c））。

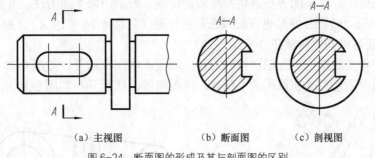

（a）主视图 （b）断面图 （c）剖视图

图 6-24 断面图的形成及其与剖面图的区别

2. 断面图的分类

根据断面图在绘制时配置位置的不同，可将其分为移出断面图和重合断面图两种。

（1）移出断面图

绘制在被剖切结构投影轮廓外的断面图称为移出断面图，如图 6-25 所示。

画移出断面时应注意以下几点。

① 移出断面图的轮廓用粗实线绘制。

② 当剖切平面通过回转面形成的孔或凹坑的轴线时，这些结构均按剖视图绘制，即孔口或凹坑口画成闭合，如图 6-26 和图 6-27 所示。剖切平面通过非圆形通孔会导致在断面图上出现完全分离的两部分图形，此时也应按剖视图绘制，如图 6-28 所示。

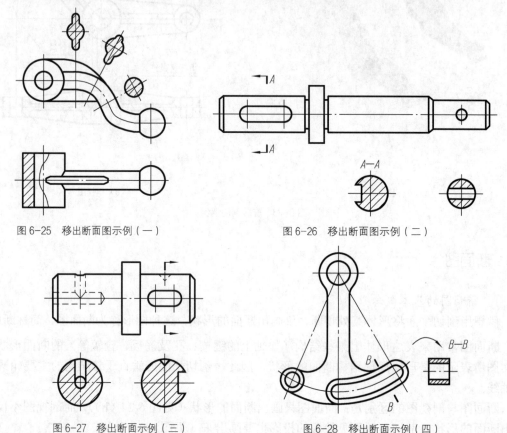

图 6-25　移出断面图示例（一）　　　　　图 6-26　移出断面图示例（二）

图 6-27　移出断面示例（三）　　　　　图 6-28　移出断面示例（四）

③ 移出断面图应尽量配置在剖切符号或剖切线（表示剖切平面的线，用点画线绘制）的延长线上（见图 6-25），必要时也可配置在其他位置（见图 6-26 中的 $A—A$ 断面），在不引起误解的情况下还可将其旋转放正（见图 6-28）。

④ 用两个相交的剖切平面剖切得到的移出断面，中间应断开，如图 6-29 所示。

⑤ 移出断面图也可画在原图的中断处，原图用波浪线断开，如图 6-30 所示。

图 6-29　移出断面示例（五）

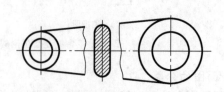

图 6-30　移出断面示例（六）

移出断面的标注方法如下。

① 一般在断面图上方标出其名称"×—×"，在视图的相应部位标注剖切符号及箭头以表明剖切的位置和投射方向，并标注相同的大写字母（见图 6-26）。

② 断面图形对称或按投影关系配置时，箭头可省略。

③ 配置在剖切符号延长线上的不对称移出断面，可省略字母（见图 6-27 右边的断面图）。

④ 断面图形对称且配置在剖切线延长线上的移出断面图（见图 6-25、图 6-29），以及配置在视图中断处的断面图可不作任何标注（见图 6-31）。

（2）重合断面图

画在被剖切结构投影轮廓线内部的断面图称为重合断面图。

重合断面图的轮廓线用细实线绘制。当视图中的轮廓线与重合断面的轮廓线重叠时，视图的轮廓线仍应连续画出，不可间断，如图 6-32 所示。移出断面图的其他规定同样适用于重合断面图。重合断面图形对称时可不加任何标注（见图 6-33），不对称时可省略标注（见图 6-32）。

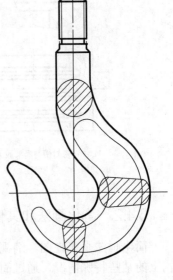

图 6-31　重合断面示例（一）

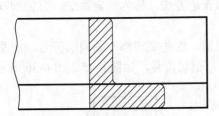

图 6-32　重合断面示例（二）

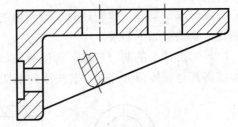

图 6-33　重合断面示例（三）

6.4　局部放大图、简化画法和其他表达方法

6.4.1　局部放大图

将形体上较小的结构，用大于原图形的比例放大绘制，这样得到的图形称为局部放大图。局部放大图可以画成视图、剖视图或断面图，它与被放大部分的表达方法无关。局部放大图主要用于形体上某些细小的结构在原图形中表达得不清楚，或不便于标注尺寸的场合。

局部放大图应尽量配置在被放大部位的附近，用细波浪线画出被放大部分的范围，同时用细实线圆圈出被放大的部位。当同一形体上不同部位的图形相同或对称时，只需画出一个局部放大图即可。

标注时，当形体上仅有一处被放大的结构时，只需在局部放大图的上方注明所采用的放大比例即可，如图 6-34（a）所示。如果有多处，则必须用罗马数字依次标明被放大的部位，并在局部放大图的上方标出相应的罗马数字和所采用的比例，如图 6-34（b）所示。

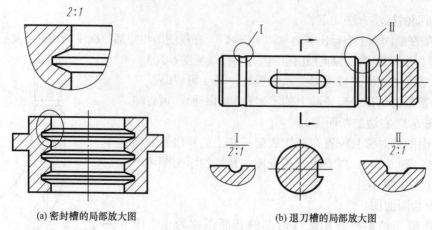

(a) 密封槽的局部放大图　　　　　　(b) 退刀槽的局部放大图

图 6-34　局部放大图示例

6.4.2　简化画法和其他表达方法

　　简化画法是在视图、剖视图、断面图等图样画法的基础上，对形体上某些特殊结构和结构上的某些特殊情况，通过简化图形（包括省略、简化投影等）和省略视图等方法来表示，以达到作图简便、视图清晰的目的。

　　1. 规定画法

　　国家标准对某些特定表达对象所采用的某些特殊表达方法，称为规定画法。有关剖视图中的规定画法有如下要求。

　　（1）对形体上的肋、轮辐、薄壁等，如按纵向剖切，这些结构都不画剖面符号，而是用粗实线将其与邻接部分分开；若按横向剖切，则需画出剖切符号，如图 6-35、图 6-36 所示。

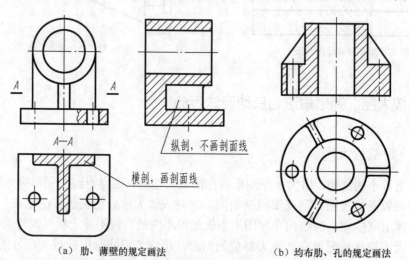

（a）肋、薄壁的规定画法　　　　　　（b）均布肋、孔的规定画法

图 6-35　肋、薄壁、孔的规定画法

　　（2）当回转体零件上均匀分布的肋、轮辐、孔等结构不在剖切平面上时，可将这些结构旋转到剖切平面上画出（见图 6-35 中的肋、图 6-36 中的轮辐）。对均布孔，只需详细画出一个，另一个只画出其轴线即可（见图 6-35 中的小孔）。

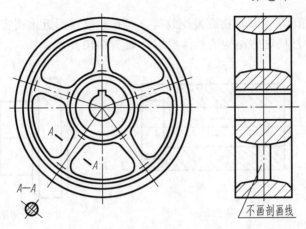

图 6-36　剖视图中均布轮辐的规定画法

2. 简化画法和其他表达方法

为简化作图，国家标准还规定了若干简化画法和其他的一些表达方法，常用的有以下几种。

（1）对形体上若干相同且按一定规律分布的结构（如槽、齿等），只需画出几个完整的结构，其余的用细实线连接，同时在图中应注明该相同结构总的个数，如图 6-37（a）所示。

（2）若干个直径相同且按一定规律分布的孔（如圆孔、螺孔、沉孔等），只需画出一个或几个，其余的用点画线表示其中心位置，并注明孔的总数，如图 6-37（b）所示。

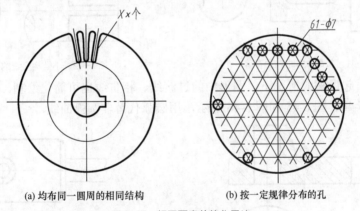

(a) 均布同一圆周的相同结构　　　　　　(b) 按一定规律分布的孔

图 6-37　相同要素的简化画法

（3）当形体中较小的平面在视图中不能充分表达时，可采用平面符号（相交的两条细实线）表示，如图 6-38 所示。

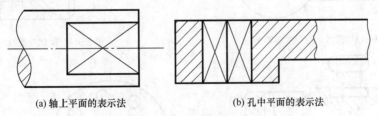

(a) 轴上平面的表示法　　　　　　　　(b) 孔中平面的表示法

图 6-38　较小平面的简化画法

（4）为简化作图，在需要表达位于剖切平面前面的简单结构时，可以按其假想投影的轮廓线（双点画线）绘制在剖视图上，如图 6-39 所示。

（5）对形体上的滚花、网状物或编织物等，可在轮廓线附近用粗实线示意画出，并在零件图的技术要求栏中注明这些结构的具体要求，如图 6-40 所示。

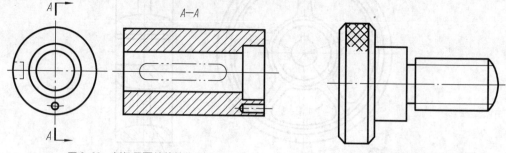

图 6-39　剖切平面前的结构画法　　　　　　图 6-40　滚花网格的简化画法

（6）在不引起误解的情况下，视图中的移出断面可以省略剖面符号，但剖切位置和断面图必须按原规定进行标注，如图 6-41 所示。

（7）对较小的结构，在一个视图中已表达清楚时，其在其他视图中的投影可简化或省略。例如，图 6-42 所示主视图中方头的投影和图 6-43 所示主视图中扁孔的投影都省略了截交线，图 6-43 俯视图的右端省略了圆锥体的大底圆。

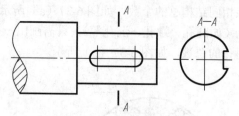

图 6-41　断面中省略剖面符号

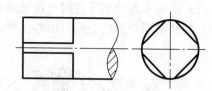

图 6-42　小结构交线的省略画法

（8）在不引起误解的情况下，图形中的过渡线、相贯线也可简化绘制。例如，用直线代替曲线，如图 6-44、图 6-45 和图 6-46 所示，用圆弧代替非圆弧曲线。

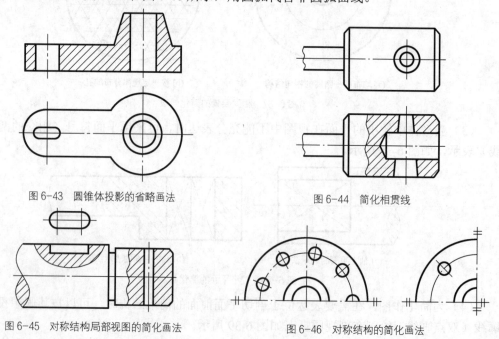

图 6-43　圆锥体投影的省略画法　　　　　　图 6-44　简化相贯线

图 6-45　对称结构局部视图的简化画法　　　　图 6-46　对称结构的简化画法

（9）表示圆柱形法兰或类似零件上均匀分布的孔的数量和位置时，可按图 6-47 绘制。

（10）与投影面倾斜角度小于或等于 30° 的圆或圆弧，可用圆或圆弧代替其投影的椭圆，如图 6-48 所示。

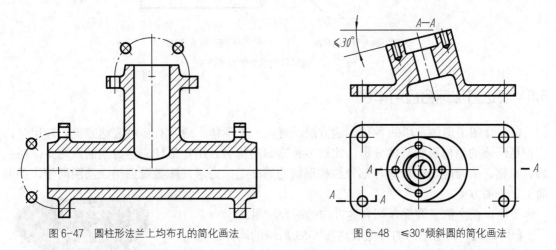

图 6-47　圆柱形法兰上均布孔的简化画法　　　　图 6-48　≤30°倾斜圆的简化画法

（11）形体上斜度不大的结构，如在一个视图中已表达清楚，其他视图中可只按其小端画出，如图 6-49 所示。

（12）在不引起误解的情况下，小圆角、锐边的小倒圆或 45° 小倒角在视图中可以省略不画，但必须注明尺寸或在技术要求中加以说明，如图 6-50 所示。

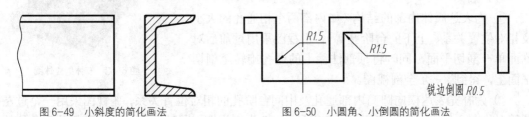

图 6-49　小斜度的简化画法　　　　　图 6-50　小圆角、小倒圆的简化画法

（13）对长度方向上形状一致或按一定规律变化的较长的形体（如轴、杆、型材、连杆等），可将其断开后缩短绘制，断裂处一般用波浪线表示，但长度尺寸应标注实长，如图 6-51（a）所示。实心或空心回转体的断裂处一般采用图 6-51（b）所示的特殊画法。

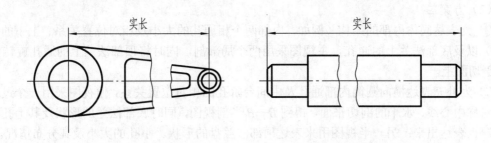

（a）连杆的假想断开画法　　　　　（b）细长轴的假想断开画法

图 6-51　较长形体断开后的简化画法

（14）回转体的断裂处的特殊画法如图 6-52 所示。

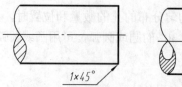 

（a）实心轴断裂处的画法　　　　（b）圆管断裂处的画法

图 6-52　回转体断裂处的特殊画法

6.5　表达方法综合应用举例

前面介绍了形体常用的各种表达方法。对同一个形体，通常有多种表达方案。应用时，应根据形体的结构形状具体分析，比较多种方案的优劣。确定最佳表达方案的原则是：在正确、完整、清晰地表达形体各部分结构形状的基础上，力求视图数量适当、绘图简便、图面简洁、看图方便。

下面以两个例子简要介绍表达方法的综合应用。

【例 6-1】　试用适当的方案表达图 6-53 所示的阀体。

结构分析：由立体图可以看出，该阀体是由直立的有台阶的圆筒和左侧的水平圆筒组成，有三个各不相同的法兰，整体结构只是前后对称。

由以上结构分析，可选取以下几种方案。

图 6-53　阀体的立体图

（1）方案一

① 为表达阀体内部的结构（如内部两个相通孔的大小及相对位置关系、上下的台阶孔等），主视图采用过前后对称面单一剖切平面，同时将顶部法兰上的通孔旋转至剖切平面上，得到 A—A 全剖视图。

② 为补充表达横向圆筒内部通孔及中间台阶孔的相对位置关系，俯视图采用一个过左侧圆筒对称中心线、水平的剖切平面，得到 B—B 半剖视图，同时底部法兰的形状及其上孔的分布情况也表达出来；另一半视图用来表达顶部法兰盘的形状、小孔的大小及其分布情况。

③ 左视图采用的也是半剖视图。另一半视图是用来表达左边法兰盘的形状及连接孔，同时为表达底部法兰上的通孔，在视图中采用一局部剖视图。最后完成的表达方案如图 6-54 所示。

（2）方案二

① 为表达阀体内部的结构（例如，内部两个相通孔的大小及相对位置关系、上下的台阶孔等）以及底部法兰上的通孔，主视图采用两个局部剖，同时将顶部法兰上的通孔旋转至 A—A 剖切面上。

② 为补充表达横向圆筒内部通孔及中间台阶孔的相对位置关系，俯视图采用一个过左侧圆筒对称中心线、水平的剖切平面，得到 B—B 半剖视图，同时底部法兰的形状及其上孔的分布情况也表达出来；另一半视图用来表达顶部法兰盘的形状、小孔的大小及其分布情况。

③ 针对左侧的异形法兰，则采用一局部视图 C 来表达其形状及连接孔。最后完成的表达方案如图 6-55 所示。

（3）方案三

① 将阀体侧面的法兰与正投影面平行，且正对前方放置，主视图采用过直立圆筒中心线

的 *A—A* 半剖视图来表达阀体内部的结构，同时用一个局部剖视图表达底部法兰上的通孔。

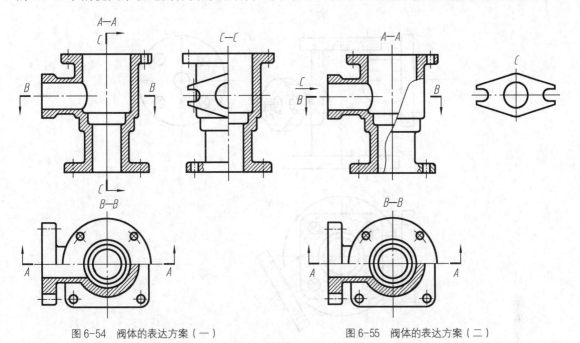

图 6-54　阀体的表达方案（一）　　　　　　　图 6-55　阀体的表达方案（二）

② 为补充表达横向圆筒内部通孔及中间台阶孔的相对位置关系，俯视图采用一个过侧
面法兰中心线的 *B—B* 半剖视图，同时底部法兰的形状及其上孔
的分布情况也表达出来；另一半视图用来表达顶部法兰盘的形
状、小孔的大小及其分布情况。最后完成的表达方案如图 6-56
所示。

由以上可以看出，对图 6-53 所示的阀体，可以采取多种表达
方案。方案一和方案二类似，都需要三个视图。相比之下，方案
一的绘图工作量较大，且图面线条较多。方案二和方案三相比，
虽然方案三只需两个视图，但从整体上讲，不如方案二直观性好。

【例 6-2】　用适当的表达方法重新绘制图 6-57 所示的四通管。

结构分析：由三视图可以看出该四通管由直立圆筒、左侧水
平圆筒和右侧倾斜圆筒组成，有四个各不相同的法兰，且整体结
构上下、左右、前后均不对称。

由以上结构分析，可选取以下方案。

（1）为表达四通管的内部结构（如三个相通孔的大小及相对
位置关系、上下的台阶孔等），主视图可采用两相交的剖切平面，
得到 *A—A* 全剖视图。

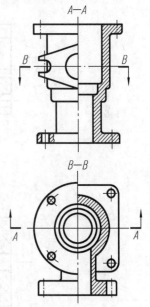

图 6-56　阀体的表达方案（三）

（2）为补充表达内部三个通孔（特别是左、右两圆筒内部的通孔）的相对位置关系，俯
视图采用两个过左、右圆筒对称中心线的、相互平行的剖切平面，得到 *B—B* 全剖视图；同时，
底部法兰盘的形状、小孔的大小及其均布情况也表达出来了。

（3）为表达顶部和左侧法兰的形状及连接孔的分布情况，可采用两个局部视图 *C*、*D*。对
右边倾斜的法兰则采用斜视图 *E* 来表达。同时为画图方便，将斜视图 *E* 旋转，水平放置。最

后完成的表达方案如图 6-58 所示。

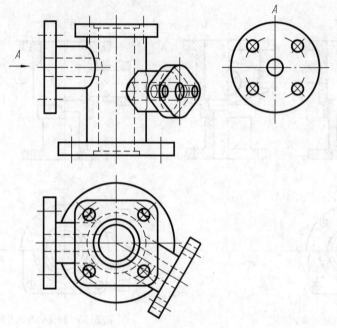

图 6-57　四通管的三视图

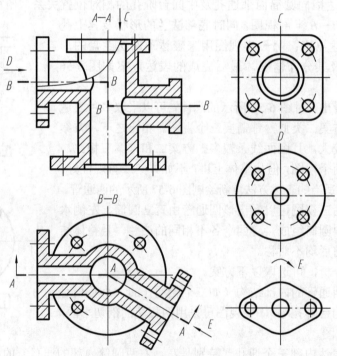

图 6-58　四通管的表达方案

第 7 章 机械图样的特殊表达方法

7.1 螺纹

在各种机器、设备中，常用到螺栓、螺母、垫圈、键、销、滚动轴承、弹簧等零件，因为这些零件用量特别大，而且形状又很复杂，单独加工这些零件成本特别高。为了提高产品质量，降低生产成本，这些零件一般由专门工厂大批量生产。国家对这类零件的结构、尺寸、技术要求等实行了标准化，故称这类零件为标准件。对另一类常用到的零件（如齿轮），国家只对它们的部分结构和尺寸实行了标准化，加工这些零件的刀具已经标准化，由专门的刀具厂制造的。习惯上称这类零件为常用件。为了提高绘图效率，对标准件和常用件的结构与形状，可不必按其真实投影画出，只要根据相应的国家标准所规定的画法、代号和标记，进行绘图和标注即可。

7.1.1 螺纹的形成及结构要素

1. 螺纹的形成

在圆柱或圆锥表面上沿螺旋线所形成的具有相同轴向剖面的连续凸起和沟槽的螺旋体称作螺纹。螺纹也可以看做是由平面图形（三角形、梯形、矩形、锯齿形等）绕着与它共平面的轴线作螺旋运动的轨迹。图 7-1 所示为在车床上加工螺纹的方法。在圆柱或圆锥外表面加工的螺纹称为外螺纹，在圆柱或圆锥的内表面加工的螺纹称为内螺纹。内、外螺纹一般总是成对使用。

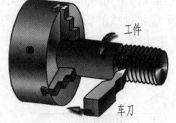

图 7-1 螺纹的加工方法

2. 螺纹的结构要素

螺纹各部分的结构如图 7-2 所示。其基本结构要素名称如下。

（1）牙型。在通过螺纹轴线的剖面上，螺纹的轮廓形状称为螺纹的牙型。常见螺纹牙型有三角形、梯形、锯齿形等。

（2）螺纹的直径。螺纹的直径有大径、小径和中径三种。

① 大径：螺纹的最大直径，也称为公称直径，代表螺纹尺寸的直径。对于外螺纹为牙顶所在圆柱面的直径，用 d 表示，对于内螺纹为牙底所在圆柱面的直径，用 D 表示。

② 小径：螺纹的最小直径，对于外螺纹为牙底所在圆柱面的直径，用 d_1 表示，对于内螺纹为牙顶所在圆柱面的直径，用 D_1 表示。

③ 中径：假想一个圆柱的直径，该圆柱的母线通过牙型上沟槽和凸起宽度相等的地方，此假想圆柱称为中径圆柱，其直径为中径，对于外螺纹用 d_2 表示，对于内螺纹用 D_2 表示。

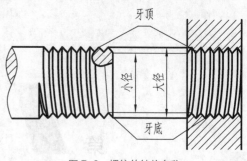

图 7-2　螺纹的结构名称

（3）线数。螺纹有单线和多线之分。沿一条螺旋线形成的螺纹为单线螺纹；沿两条或两条以上在轴向等距分布的螺旋线形成的螺纹称为多线螺纹，螺纹线数用 n 表示。

（4）螺距与导程。相邻两牙在螺纹中径线上对应两点间的轴向距离称为螺距，用 P 表示。同一条螺旋线上相邻两牙在螺纹中径线上对应两点间的距离称为导程，用 P_h 表示。导程与螺距的关系式为

$$P_h = nP$$

（5）旋向。螺纹有右旋和左旋两种。当内外螺纹旋合时，顺时针方向旋入的螺纹是右旋螺纹，逆时针方向旋入的为左旋螺纹，如图 7-3 所示。

为了便于设计和制造，国家标准对螺纹的牙型、大径和螺距都作了统一规定。凡是牙型、大径和螺距均符合国标规定的螺纹称为标准螺纹；牙型符合国标规定，公称直经不符合规定的螺纹称为特殊螺纹；牙型不符合国标规定的螺纹，称为非标准螺纹。

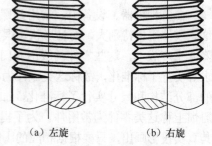

（a）左旋　　　　（b）右旋

图 7-3　螺纹的旋向

7.1.2　螺纹的规定画法

螺纹的真实投影比较复杂，为了便于绘图，螺纹不需按原形画出，国家标准《机械制图》（GB/T4459.1—1995）规定了螺纹的画法，现简述如下。

1. 外螺纹的画法

在平行于螺纹轴线的投影面上的视图中，螺纹的大径用粗实线表示，小径用细实线表示（当画出倒角或倒圆时，细实线画入倒角或倒圆部分）；螺纹的终止线用粗实线表示。在垂直于螺纹轴线的投影面上的视图中，螺纹的大径圆用粗实线表示，小径用细实线画约 3/4 圆表示（空出约 1/4 圆的位置不作规定），螺杆上倒角投影不画，如图 7-4 所示。

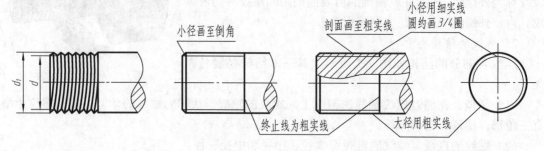

图 7-4　外螺纹的画法

2. 内螺纹画法

在平行于内螺纹轴线的投影面上的视图中，内螺纹通常画成剖视图，螺纹的大径画为细实线，小径画为粗实线且不画入倒角区，螺纹的终止线画为粗实线，用视图表示时，则所有

图线均用虚线表示；在垂直于内螺纹轴线的投影面上的视图中，螺纹的大径圆用细实线画约
3/4 圆表示（空出约 1/4 圆的位置不作规定），小径圆用粗实线表示，螺孔上倒角投影不画。
绘制不穿通的螺孔时，一般应将钻孔深度与螺纹部分深度分别画出，并在钻孔底部画出顶角
为 120°的锥坑。当螺纹不可见时，所有的图线均用虚线表示，如图 7-5 所示。

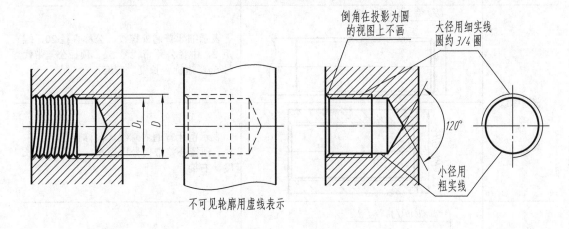

图 7-5　内螺纹的画法

3. 内、外螺纹旋合连接的画法

　　一般采用全剖视图来绘制内、外螺纹的旋合，此时旋合部分按外螺纹画，其余部分按各
自的规定画法绘制，如图 7-6 所示。画图时要注意，内、外螺纹的小径和大径的粗、细实线
应分别对齐，并将剖面线画到粗实线。螺杆为实心杆件，通过其轴线全剖视时，标准规定该
部分按不剖绘制。

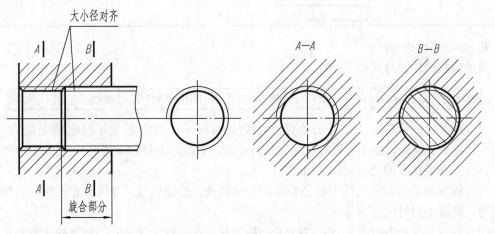

图 7-6　内、外螺纹连接的画法

7.1.3　常用螺纹种类及标注

　　螺纹按用途分为连接螺纹和传动螺纹两类，前者起连接作用，后者用来传递动力和运动。
连接螺纹常见的有三种标准螺纹，即粗牙普通螺纹、细牙普通螺纹和管螺纹；传动螺纹常见
的有梯形螺纹和锯齿形螺纹。

　　螺纹按国标的规定画法画出后，图上并未表明公称直径、螺距、线数、旋向等要素，因此，需要用标注代号或标记的方式来说明。表 7-1 所示为标准螺纹的标注示例。

表 7-1 常用标准螺纹的标注示例

螺纹种类	标 注 示 例	说　　明
普通螺纹	*M20×2-5g6g-s*	表示细牙普通外螺纹，公称直径 20，螺距 2，中径公差带代号 5g、顶径公差带代号 6g，短旋合长度，右旋
	M10-6H	表示粗牙普通内螺纹，公称直径 10，中径、顶径公差带代号均为 6H，中等旋合长度，右旋
梯形螺纹	*Tr40×14(P7)-8e-L-LH*	表示梯形螺纹，公称直径 40、导程 14、螺距 7、双线，中径、顶径公差带代号均为 8e，长旋合长度，左旋
非螺纹密封的管螺纹	*G1*	表示非螺纹密封的管螺纹，尺寸代号为 1 英寸，右旋

1. 普通螺纹的标注

普通螺纹的标注格式如下：

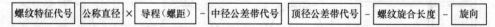

| 螺纹特征代号 | 公称直径 | × | 导程（螺距） | － | 中径公差带代号 | 顶径公差带代号 | － | 螺纹旋合长度 | － | 旋向 |

　　（1）螺纹特征代号为"M"；公称直径为螺纹大径；同一大径的粗牙普通螺纹的螺距只有一种，所以不标螺距，细牙普通螺纹必须标注螺距，多线时为导程（螺距）；右旋螺纹的旋向省略标注，左旋螺纹的旋向标注"LH"。

　　（2）螺纹公差带代号包括中径公差带代号和顶径公差带代号，当两者相同时，只标注一个代号，两者不同时应分别标注。

　　（3）旋合长度分为短—S、中—N、长—L 三种，在一般情况下，不标注螺纹旋合长度，此时旋合长度按中等旋合长度考虑。

2. 梯形螺纹和锯齿形螺纹

梯形螺纹和锯齿形螺纹的标注格式如下：

| 螺纹特征代号 | 公称直径 | × | 导程（螺距） | － | 中径公差带代号 | － | 螺纹旋合长度 | － | 旋向 |

　　梯形螺纹特征代号为"Tr"，锯齿形螺纹特征代号"B"；公称直径均为大径；如果是多线

螺纹,则螺距处标注"导程(螺距)";只标中径公差带代号;右旋螺纹的旋向省略标注,左旋螺纹的旋向标注"LH"。

3. 管螺纹

非螺纹密封的管螺纹标注格式如下:

螺纹特征代号	尺寸代号	公差等级代号	旋向

非螺纹密封的管螺纹的特征代号为"G";公称直径为管子尺寸代号,单位为英寸,略等于管子孔径;右旋螺纹的旋向省略标注,左旋螺纹的旋向标注"LH"。

7.2 螺纹连接件

7.2.1 螺纹连接件的种类

螺纹连接件用于两零件间的连接和紧固。常用的螺纹连接件有螺栓、双头螺柱、螺钉、螺母、垫圈等,如图 7-7 所示。它们均为标准件,根据其规定标记就能在相应标准中查出它们的结构和相关尺寸。

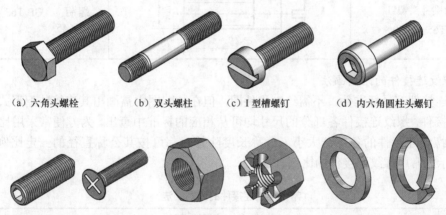

(a) 六角头螺栓　　(b) 双头螺柱　　(c) I 型槽螺钉　　(d) 内六角圆柱头螺钉

(e) 紧定螺钉　(f) 十字槽沉头螺钉 (g) 普通六角螺母 (h) 开槽六角螺母 (i) 普通平垫圈　(j) 弹簧垫圈

图 7-7　螺纹连接件

7.2.2 螺纹连接件的规定标记和画法

1. 螺纹连接件的规定标记

螺纹连接件的结构型式和尺寸均已标准化,并由专门工厂生产。使用时只需按其规定标记购买即可。国标规定螺纹连接件的标记内容如下:

名称	标准编号	螺纹规格 ×	公称长度	产品型号	性能等级或材料及热处理	表面处理

例如,螺纹规格为 M12、公称长度 $l = 80$、性能等级 10.9 级,产品等级为 A,表面氧化处理的六角头螺栓的完整标记为:

螺栓 GB/T5782—2000　M12×80—10.9—A—O

也可简化标记为:螺栓 GB/T5782　M12×80。表 7-2 所示为几种螺纹连接件的标记示例。

表 7-2　　　　　　　　　　　　螺纹连接件的标记示例

名　称	图　例	标 记 示 例
六角头螺栓—A 级和 B 级 （GB/T 5782—2000）	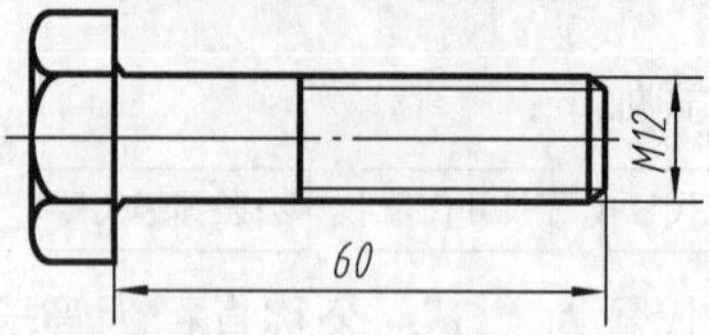 M12　60	螺栓　GB/T 5782—2000 M12×60
双头螺柱 （GB/T 899—1988）	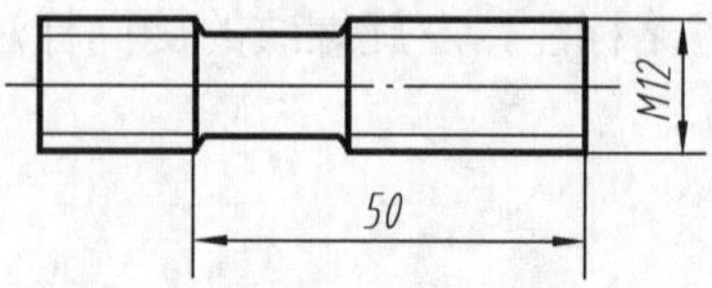 M12　50	螺柱　GB/T 899—1988 M12×50
I 型六角螺母—A 级和 B 级 （GB/T 6170—2000）	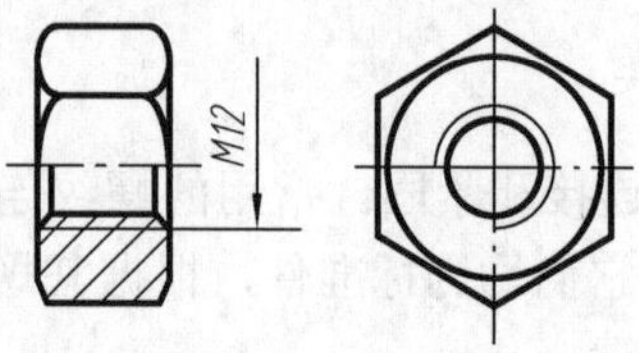 M12	螺母　GB/T 6170—2000 M12
开槽圆柱头螺钉 （GB/T65—2000）	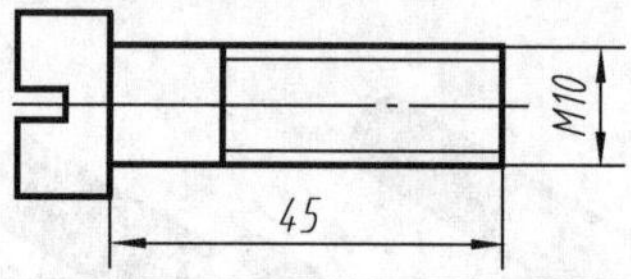 M10　45	螺钉　GB/T65—2000 M10×45

2．螺纹连接件的比例画法

螺纹连接件都是标准件，不需绘制零件图，但在装配图中需画出其连接装配形式，就要画螺纹连接件。螺纹连接件各部分的尺寸均可从相应的标准中查出，为方便常采用比例画法绘制，即螺纹连接件的各部分大小（公称长度除外）都可按其公称直径的一定比例画出。表 7-3 所示为常用螺纹连接件的比例画法。

表 7-3　　　　　　　　　　　　常用螺纹连接件的比例画法

名　称	比例画法图例
螺栓螺母	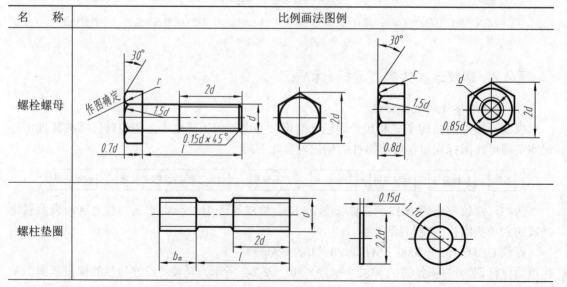
螺柱垫圈	

续表

名　　称	比例画法图例
开槽圆柱 头螺钉	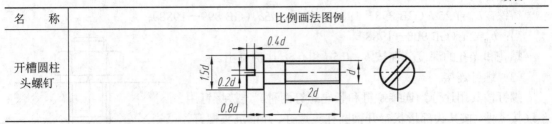

7.2.3　螺纹连接件的连接画法

1. 规定画法

（1）两零件的接触表面画一条线，不接触面画两条线。

（2）在剖视图中，相邻两零件剖面线的方向应相反，或方向相同但间距不同，但同一零件在各剖视图中，剖面线的方向、间距应一致。

（3）剖切平面通过实心零件或螺纹连接件（螺栓、双头螺柱、螺钉、螺母、垫圈等）的轴线时，这些零件均按不剖绘制，只画外形。

2. 螺纹连接件连接装配画法示例

（1）螺栓连接

螺栓用于连接两个不太厚的零件和需要经常拆卸的场合，并且被连接零件允许钻通孔。连接时，螺栓穿入两零件的光孔，套上垫圈再拧紧螺母，垫圈可以增加受力面积，并且避免损伤被连接件表面。图 7-8 所示为螺栓连接的比例画法。

螺栓连接时要先确定螺栓的公称长度 l，其计算公式如下，然后查表选取。

$$l \geqslant \delta_1 + \delta_2 + h + m + a$$

其中：δ_1、δ_2——被连接件的厚度；

　　h —— 垫圈厚度，平垫圈 $h=0.15d$；

　　m——螺母厚度，$m=0.8d$；

　　a——螺栓伸出螺母的长度，$a\approx 0.3d$。

被连接零件上光孔直径按 $1.1d$ 绘制。

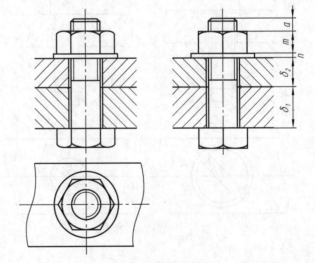

图 7-8　螺栓连接的画法

（2）双头螺柱连接

当被连接的两个零件中有一个较厚，不易钻成通孔时，可制成螺孔，用螺柱连接。双头螺柱用于被连接零件之一较厚，或不允许钻成通孔的情况。双头螺柱的两端都加工有螺纹，一端螺纹用于旋入被连接零件的螺孔内，称为旋入端；另一端称为紧固端，用于穿过另一零件上的通孔，套上垫圈后拧紧螺母。图 7-9 所示为双头螺柱连接的比例画法。由图中可见，双头螺柱连接的上半部与螺栓连接的画法相似，其中，双头螺柱的紧固端长度按 $2d$ 计算。下半部为内、外螺纹旋合连接的画法，旋入端长度 b_m，根据有螺孔的零件材料选定，国标规定有四种规格：

钢或青铜：$b_m=d$（GB 897—1988）

铸铁：$b_m=1.25d$（GB 898—1988）或 $b_m=1.5d$（GB 899—1988）；

铝：$b_m=2d$（GB 900—1988）。

螺孔和光孔的深度分别按 $b_m+0.5d$ 和 $0.5d$ 比例画出。

（3）螺钉连接

螺钉按其用途分为连接螺钉和紧定螺钉两种。连接螺钉用于连接零件，按其头部形状有开槽圆柱头螺钉、开槽沉头螺钉、内六角圆柱头螺钉等多种类型。螺钉一般用在不经常拆卸且受力不大的地方。通常在较厚的零件上制出螺孔，另一零件上加工出通孔（孔径约为 $1.1d$）。连接时，将螺钉穿过通孔旋入螺孔拧紧即可。螺钉旋入深度与双头螺栓旋入金属端的螺纹长度 b_m 相同，它与被旋入零件的材料有关，但螺钉旋入后，螺孔应留一定的旋入余量。螺钉的螺纹终止线应在螺孔顶面以上；螺钉头部的一字槽在端视图中应画成 45°方向。对于不穿通的螺孔，可以不画出钻孔深度，仅按螺纹深度画出。图 7-10 所示为螺钉连接的画法。

紧定螺钉则主要用于两零件之间的固定，使它们之间不产生相对运动。图 7-11 所示为紧定螺钉连接的例子。

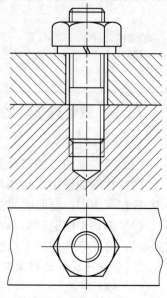

图 7-9　双头螺柱连接的画法

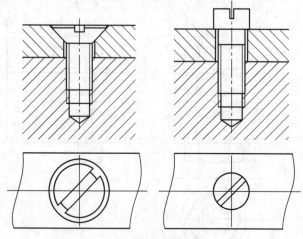

图 7-10　螺钉连接的画法

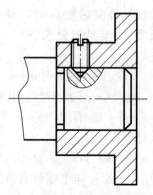

图 7-11　紧定螺钉连接的画法

7.3　键和销

7.3.1　键连接

键是标准件用于连接轴和轴上的传动零件如齿轮、皮带轮等，实现轴上零件的轴向固定，传递扭矩作用。使用时，常在轮孔和轴的接触面处挖一条键槽，将键嵌入，使轴和轮一起转动，如图 7-12 所示。

(a) 皮带轮的普通平键连接　　　(b) 齿轮的半圆键连接

图 7-12　键连接

　　键有普通平键、半圆键、钩头楔键等几种类型，如图 7-13（a）、（b）、（c）所示。键是标准件，其尺寸以及轴和轮毂上的键槽剖面尺寸，可根据被连接件的轴径 d 查阅有关标准。

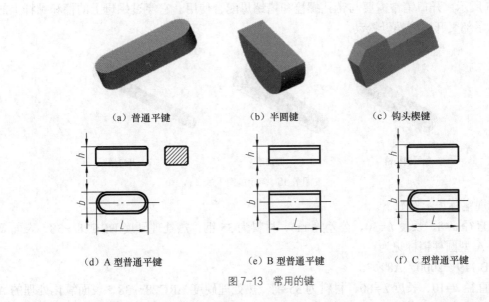

(a) 普通平键　　　　　　(b) 半圆键　　　　　　(c) 钩头楔键

(d) A 型普通平键　　　(e) B 型普通平键　　　(f) C 型普通平键

图 7-13　常用的键

　　普通平键的形式有 A 型（两端圆头）、B 型（两端平头）、C 型（单端圆头）三种，如图 7-13（d）、（e）、（f）所示。在标记时，A 型普通平键省略 A 字；B 型和 C 型则应加注 B 或 C 字。例如，键宽 $b=12$、键高 $h=8$、公称长度 $L=50$ 的 A 型普通平键的标记为

　　键 12×50　GB 1096—1979

而相同规格尺寸的 C 型普通平键则应标记为

　　键 C12×50　GB 1096—1979

　　图 7-14（a）、（b）所示为普通平键连接轴和轮上键槽的画法及尺寸标注。其中键槽宽度 b、深 t 和 t_1 的尺寸，可根据轴径 d 由附录中查得。图 7-14（c）所示为轴和轮用键连接的装配画法。剖切平面通过轴和键的轴线或对称面时，轴和键应按不剖形式绘制，为表示连接情况，常采用局部剖视。普通平键连接时，键的两个侧面是工作面，上下两底面是非工作面。工作面即平键的两个侧面与轴和轮毂的键槽面相接触，在装配图中画一条线，上顶面与轮毂键槽的底面间有间隙，应画两条线。

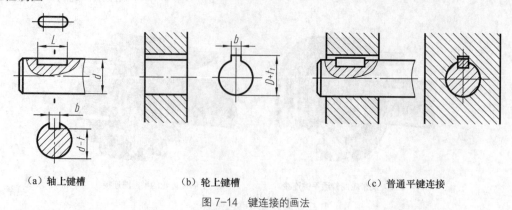

（a）轴上键槽　　　　　　（b）轮上键槽　　　　　　（c）普通平键连接

图 7-14　键连接的画法

7.3.2　销连接

销也是标准件，销通常用于零件间的连接或定位。常用的有圆柱销、圆锥销、开口销等，如图 7-15 所示。开口销常需要与带孔螺栓和槽螺母配合使用。它穿过螺母上的槽和螺杆上的孔，并在尾部叉开以防螺母松动。

（a）圆柱销　　　　　　（b）圆锥销　　　　　　（c）开口销

图 7-15　常用的销

销的规定标记示例如下。

公称直径 d=8、长度 L=30、公差为 m6、材料为 35 钢、热处理硬度 HRC28～38、表面氧化处理的 A 型圆柱销标记为

销 GB 119—2000　A8×30

公称直径 d=10、长度 L=60、材料为 35 钢、热处理硬度 HRC28～38、表面氧化处理的 A 型圆锥销标记为

销 GB 117—2000　A10×60

公称直径 d=5、长度 L=50、材料为低碳钢不经表面处理的开口销标记为

销 GB 91—2000　5×50

应当注意：圆锥销的公称直径是指小端直径，开口销的公称直径则为轴（螺杆）上销孔的直径。

图 7-16 所示为销连接的画法，当剖切平面通过销的轴线时，销作不剖处理。

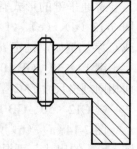

图 7-16　销连接的画法

7.4　滚动轴承

滚动轴承是一种支撑旋转轴的部件，一般由外圈、内圈、滚动体和保持架四部分组成。

由于它具有结构紧凑、摩擦阻力小等优点，故在机器中广泛应用。图 7-17 所示为常用的几种滚动轴承。

（a）向心轴承　　（b）圆柱滚子轴承　　（c）圆锥滚子轴承　　（d）单列推力球轴承

图 7-17　滚动轴承

滚动轴承是标准部件，使用时应根据设计要求选用标准型号。在画图时不需绘制零件图，只在装配图中根据外径、内径、宽度等主要尺寸，按国标（GB/T 4459.7—1998）规定的画法绘制出它与相关零件的装配情况。表 7-4 所示为两种常用轴承的规定画法和特征画法。

表 7-4　　　　　　　　　　　　　　常用滚动轴承的画法

名　称	规 定 画 法	特 征 画 法
深沟球轴承	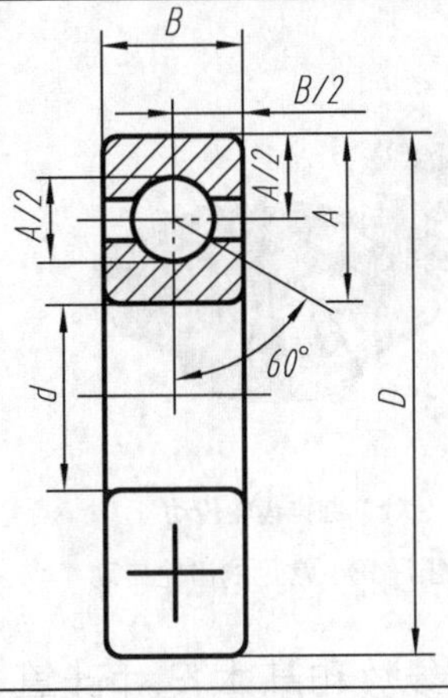	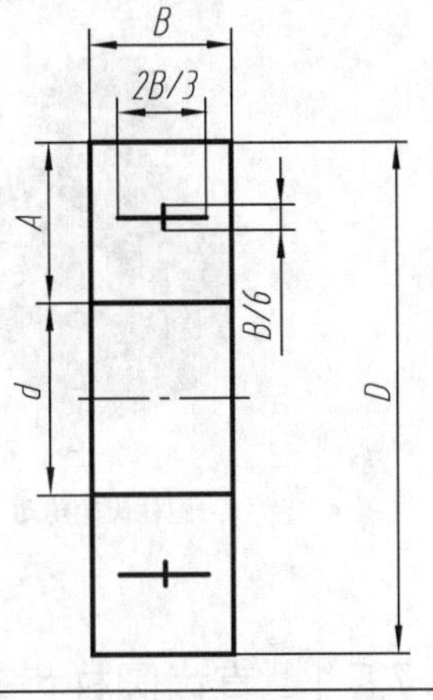
圆锥滚子轴承	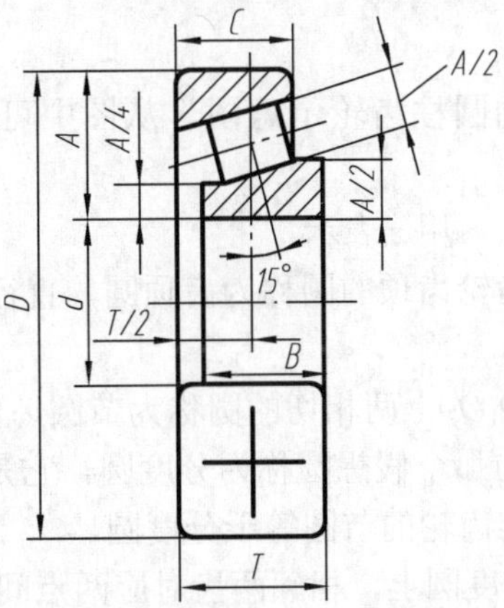	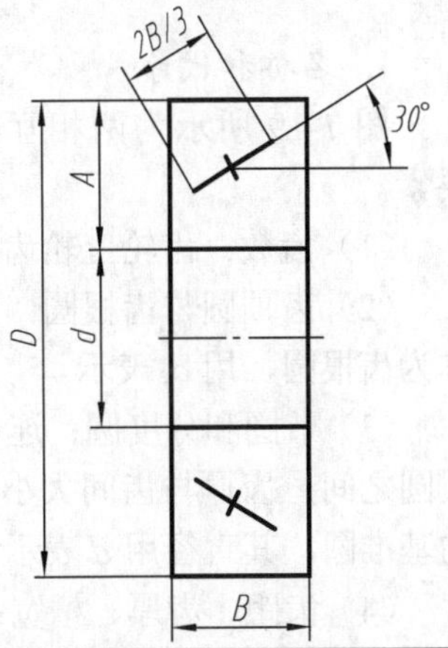

滚动轴承的种类很多，为了使用方便，用轴承代号表示其结构、类型、尺寸和公差等级。

GB/T 272—93 规定了轴承代号的表示方法。轴承代号主要由前置代号、基本代号和后置代号组成，用字母、数字等表示。

基本代号一般由 7 位数字表示。在标注时，最左边的"0"规定不写。最常见的为 4 位数字。从右起第 1、2 位数字表示轴承内孔直径。当代号数字分别是 00、01、02、03 时，其对应轴承内径=10mm、12mm、15mm、17mm；当代号数字是 04～99 时，轴承内径=代号数字×5mm。第 3 位数字表示轴承直径系列，即在内径相同时，可有各种不同的外径和宽（厚）度。第 4 位数字表示轴承的类型。有关含义可查阅相关标准。

例如，滚动轴承 208 GB/T 276—93 表示一深沟球轴承、轻窄系列、内圈直径 40 mm；滚动轴承 8107 GB/T 301—95 则表示一平底推力球轴承、特轻系列、内径 35 mm。

7.5 齿轮

齿轮是广泛用于机器中的传动零件。齿轮的参数中只有模数和压力角已经标准化，故它属于常用件。齿轮传动可以改变速度、改变力矩大小与方向等动作。齿轮传动有圆柱齿轮传动、锥齿轮传动和蜗轮与蜗杆传动三种形式，如图 7-18 所示。圆柱齿轮传动通常用于平行两轴之间的传动；锥齿轮传动用于相交两轴之间的传动；蜗轮与蜗杆传动则用于交叉两轴之间的传动。本节以直齿圆柱齿轮为例介绍有关齿轮的基本知识和规定画法。

（a）圆柱齿轮传动　　　　（b）圆锥齿轮传动　　　　（c）蜗轮与蜗杆传动

图 7-18　常见的齿轮传动

7.5.1 直齿圆柱齿轮的基本参数和基本尺寸计算

1. 名称和代号

图 7-19 所示为两相互啮合的圆柱齿轮示意图，从图中可看出圆柱齿轮各部分的几何要素。

（1）齿数：齿轮上轮齿的个数，用 z 表示。

（2）齿顶圆与齿根圆：通过齿轮齿顶的圆称为齿顶圆，直径代号 d_a；通过齿轮齿根的圆称为齿根圆，用 d_f 表示。

（3）节圆和分度圆：连心线 O_1O_2 上两相切的圆称为节圆，直径用 d' 表示；在齿顶圆和齿根圆之间，齿厚与齿间大小相等的那个假想圆称为分度圆，它是齿轮设计和加工时计算尺寸的基准圆，其直径用 d 表示。标准齿轮的节圆等于分度圆。

（4）齿距、齿厚、槽宽：在分度圆上，相邻两齿对应两点间的弧长称为齿距，用 p 表示；一个齿轮齿廓间的弧长称为齿厚，用 s 表示；一个齿槽间的弧长称为槽宽，用 e 表示。

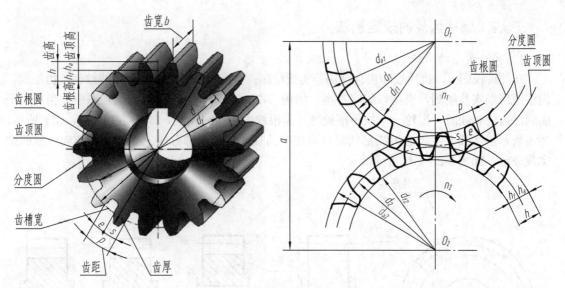

图 7-19 直齿轮各部分名称及其代号

（5）压力角 α：在节点 P 处，两齿廓曲线的公法线（齿廓的受力方向）与两节圆内公切线（节点 C 处瞬时运动方向）所夹的锐角，称为压力角。我国采用的压力角一般为 20°。

（6）模数 m：若以 z 表示齿轮的齿数，则分度圆周长=zp=πd，即 d=$(p/\pi)\cdot z$。令 m=(p/π)，则 d=mz。m 就是齿轮的模数。模数是设计、制造齿轮的重要参数，它代表了轮齿的大小。齿轮传动中只有模数相等的一对齿轮才能互相啮合。不同模数的齿轮，要用不同模数的刀具加工制造。为便于设计和加工，国家标准规定了模数的系列数值，如表 7-5 所示。

表 7-5　　　　　　　圆柱齿轮模数系列（GB/T 1357—1987）

第一系列	1	1.25	2	2.5	3	4	5	6	8	10	12	16	20	25	32	40	50
第二系列	1.75	2.25	2.75	(3.25)	3.5	(3.75)	4.5	5.5	(6.5)	7	9	(11)	14	18	22		

注：选用时优先选用第一系列，括号内的模数尽可能不用。

（7）齿高、齿顶高、齿根高：齿顶圆与齿根圆之间的径向距离称为齿高，用 h 表示；齿顶圆与分度圆之间的径向距离称为齿顶高，用 h_a 表示；分度圆与齿根圆之间的径向距离称为齿根高，用 h_f 表示。对于标准齿轮，规定 h_a=m，h_f=$1.25\,m$，则 h=$2.25m$。

（8）传动比：主动齿轮的转速 n_1 与从动齿轮的转速 n_2 之比，称为传动比，用 i 表示。在齿轮传动中，两齿轮单位时间内所转过的齿数相同，故 n_1z_1=n_2z_2，所以 i=z_2/z_1。

（9）中心距：两啮合齿轮轴线之间的距离称为中心距，用 a 表示。

2. 基本要素的尺寸计算

标准直齿圆柱齿轮各基本尺寸的计算公式，如表 7-6 所示。

表 7-6　　　　　　　标准直齿圆柱齿轮参数的计算公式

名　称	代　号	计　算　公　式
分度圆直径	d	d=mz
齿顶圆直径	d_α	d_a=$m\,(z+2)$
齿根圆直径	d_f	d_f=$m\,(z-2.5)$
中心距	a	α=$m(z_1+z_2)/2$

7.5.2 圆柱齿轮的规定画法

1. 单一齿轮的画法

在外形视图上，齿顶线和齿顶圆用粗实线绘制；分度线、分度圆用点画线绘制；齿根线、齿根圆用细实线绘制，也可以省略不画，如图 7-20（a）、（b）所示。在剖视图中，当剖切平面通过齿轮轴线时，齿轮一律按不剖处理。齿根线用粗实线绘制，如图 7-20（c）、（d）所示。当需表示斜齿或人字齿的齿线形状时，可在非圆视图的外形部分用三条与齿线方向一致的细实线表示，如图 7-20（d）所示。

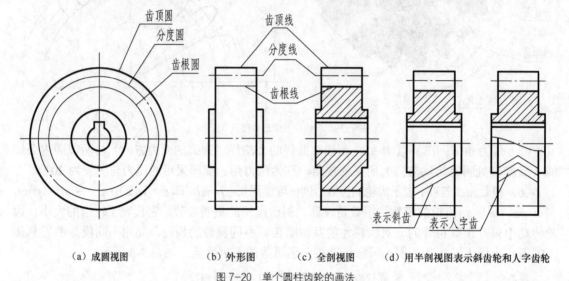

（a）成圆视图 　　　　（b）外形图 　　　（c）全剖视图 　　（d）用半剖视图表示斜齿轮和人字齿轮

图 7-20　单个圆柱齿轮的画法

2. 圆柱齿轮的啮合画法

（1）在与齿轮轴线垂直的投影面的视图（投影为圆的视图）中，齿顶圆均用粗实线绘制，如图 7-21（a）所示。也可将啮合区内的齿顶圆省略不画，如图 7-21（b）所示。相切的两分度圆用点画线绘制；两齿根圆用细实线绘制，或省略不画。

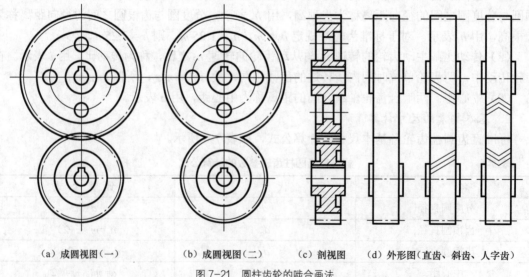

（a）成圆视图（一）　　（b）成圆视图（二）　　（c）剖视图　　（d）外形图（直齿、斜齿、人字齿）

图 7-21　圆柱齿轮的啮合画法

（2）在与齿轮轴线平行的投影面的视图（非圆视图）中，若用剖视图表示，则注意啮合区的画法，如图 7-21（c）所示：两条重合的分度线用点画线绘制，两齿轮的齿根线均用粗实线绘制，一个齿轮的齿顶线用粗实线绘制（一般为主动轮），另一个齿轮的轮齿被遮挡的部分即齿顶线则画成虚线或省略不画。如果用外形图表示，在啮合区内齿顶线、齿根线省略不画，节线用粗实线绘制，如图 7-21（d）所示。

图 7-22 所示为圆柱齿轮的零件图。齿轮的零件图不仅包括一般零件图所包括的内容，如齿轮的视图、尺寸和技术要求，其中，齿顶圆直径、分度圆直径以及有关齿轮的基本尺寸必须直接标注，齿根圆直径规定不标注，并且在零件图右上角多一个参数表，用以说明齿轮的相关参数以便制造和检测。

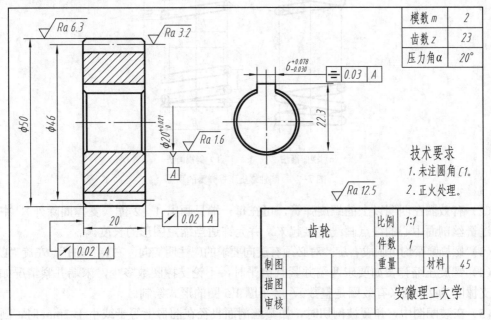

模数 m	2
齿数 z	23
压力角 α	20°

图 7-22 圆柱齿轮的零件图

7.6 弹簧

弹簧属于常用件，主要起到减震、夹紧、复位、储能、测力等作用。其特点是受力后能产生较大的弹性变形，外力去除后能恢复原状。弹簧的种类很多，图 7-23 所示为几种常用弹

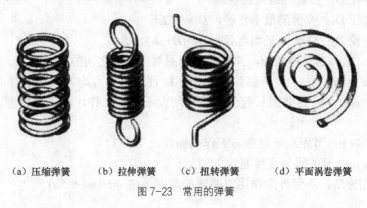

（a）压缩弹簧　　　（b）拉伸弹簧　　　（c）扭转弹簧　　　（d）平面涡卷弹簧

图 7-23 常用的弹簧

簧。本节只介绍圆柱螺旋压缩弹簧的画法及尺寸计算。

7.6.1 圆柱螺旋压缩弹簧的规定画法

弹簧的真实投影很复杂，因此，对螺旋弹簧的画法，国家标准作出具体规定，现摘要如下。

（1）在平行于螺旋弹簧轴线的投影面的视图中，弹簧既可画成视图（见图 7-24（a）），也可画成剖视图（见图 7-24（b））。各圈的投影转向轮廓线画成直线。

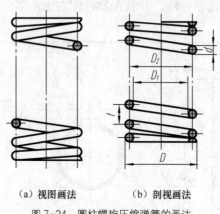

（a）视图画法　　　（b）剖视画法

图 7-24　圆柱螺旋压缩弹簧的画法

（2）有效圈在四圈以上的螺旋弹簧，可在每一端只画出 1～2 圈（支撑圈除外），中间只需通过簧丝剖面中心的细点画线连接起来，并允许适当缩短图形的长度。

（3）螺旋弹簧均可画成右旋，对必须有旋向要求的应注明旋向，右旋"RH"，左旋"LH"。

（4）螺旋压缩弹簧如要求两端并紧且磨平时，不论支撑圈数多少，末端并紧情况如何，均按支撑圈为 2.5 圈（有效圈是整数）、磨平圈 1.5 圈的形式绘制。

（5）在装配图中，弹簧被剖切时，如簧丝剖面直径在图形上等于或小于 2mm 时，剖面可涂黑，也可用示意画法画出。

7.6.2 圆柱螺旋压缩弹簧的参数

1. 弹簧的名词术语及有关尺寸计算

（1）簧丝直径 d：制造弹簧钢丝的直径。

（2）弹簧外径 D：弹簧的最大直径。

（3）弹簧内径 D_1：弹簧的最小直径，$D_1=D-2d$。

（4）弹簧中径 D_2：弹簧的平均直径，$D_2=(D+D_1)/2$。

（5）节距 t：除两端支撑圈外，弹簧相邻两圈对应两点之间的轴向距离。

（6）支撑圈数 n_2：为了使压缩弹簧工作平稳且端面受力均匀，制造时需将弹簧每一端 0.75～1.25 圈并紧磨平，这些圈只起到支撑作用而不参与工作，称为支撑圈，规定 n_2=1.5、2、2.5 三种。

（7）有效圈数 n：节距相等且参与工作的圈数。

（8）总圈数 n_1：有效圈与支撑圈数之和。

（9）自由高度 H_0：不受外力作用时弹簧的高度，$H_0=nt+(n_2-0.5d)$。

（10）展开长度 L：坯料的长度，$L \approx n_1 \sqrt{(\pi D_2)^2 + t^2}$。

2. 压缩弹簧的画图步骤

图 7-25 所示为圆柱螺旋压缩弹簧的画图步骤。

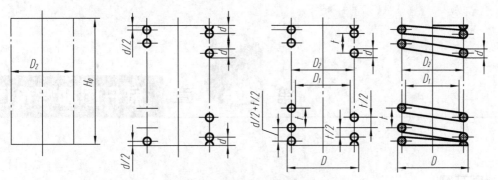

图 7-25　圆柱螺旋压缩弹簧的画图步骤

图 7-26 为圆柱螺旋压缩弹簧的零件图。

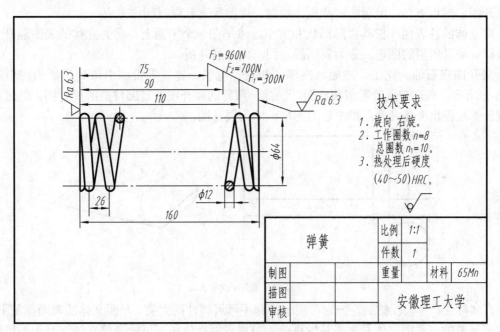

图 7-26　弹簧的零件图

第 **8** 章 展开图和焊接图

8.1 展开图

在工业生产中，常常有一些零部件或设备是由板材加工制成的。在制造时需先画出有关的展开图，然后下料，用卷扎、冲压、咬缝、焊接等工艺成型制作完成。

将立体的各表面，按其实际形状和大小，摊平在一个平面上，称为立体的表面展开，也称放样。展开所得的图形，称为表面展开图，简称展开图。

展开图在石油、化工、造船、汽车、航空、电子、建筑等机械中得到广泛的应用。如图 8-1 所示，我们把圆管看成圆柱面，因此，圆管的展开图就是圆柱面的展开图。通过图解法或计算法画出立体各表面摊平后的图形，即为展开图。

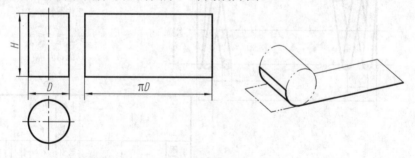

图 8-1 展开图的概念

在实际生产中，板材制件分为可展制件和不可展制件两大类。平面立体的表面都是平面，一定是可展的。曲面立体表面按其性质分为可展表面立体和不可展表面立体。对于不可展立体表面一般采用分块近似方法进行展开。

8.1.1 平面立体表面的展开

因为平面立体表面都是平面图形，所以求平面立体的表面展开图，就是把这些平面图形的真实形状求出，再依次连续地画在一起即可。

1. 棱柱管的展开

图 8-2（a）所示为斜口四棱柱管的两面投影，图 8-2（b）所示为该展开图的作图过程。

（1）按水平投影所反映的各底边的实长，展成一条水平线，标出 A、B、C、D、A 各点。

（2）由这些点作铅垂线，再在铅垂线上截取各棱线的相应长度，即得各端点 E、F、G、

H、E 各点。

（3）按顺序连接各端点，即得四棱柱管的展开图。

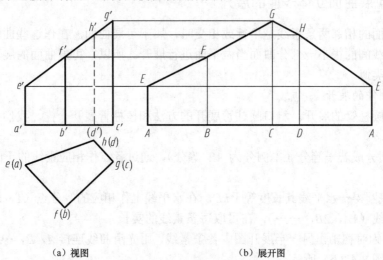

| （a）视图 | （b）展开图 |

图 8-2 四棱柱管的展开图

2. 棱锥管的展开

图 8-3（a）所示为斜口四棱锥的两面投影。四条棱线延长相交于一点 s，形成一个完整的四棱锥。四条棱线长度相等，但投影中不反映实际长度。可用直角三角形法（见第 2 章 2.3 节）求出实长。图 8-3（b）所示为求各棱线实长的作图过程。然后，按已知边作三角形的方法，顺次作出各三角形棱面的实形，拼得四棱锥的展开图。截去假想延长的上段棱锥的各棱面，就是棱锥管的展开图。图 8-3（c）所示为作展开图的作图过程。

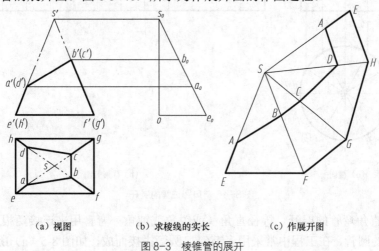

| （a）视图 | （b）求棱线的实长 | （c）作展开图 |

图 8-3 棱锥管的展开

（1）求棱线的实长。如图 8-3（b）所示，以水平投影 se 长度作水平线 oe_0。从 o 点作铅垂线，使之等于假想完整四棱锥总高 H，得点 s_0 点。连接 s_0、e_0 两点的斜线即为棱线 SE 的实长。分别过 a'、b' 两点作水平线交于 s_0e_0 线上 a_0、b_0 两点。s_0a_0、s_0b 即为假想延长的棱线实长。

（2）作展开图。如图 8-3（c）所示，以棱线的实长和棱锥底边的实长，依次作三角形 $\triangle SEF$、$\triangle SFG$、$\triangle SGH$、$\triangle SKE$，即得四棱锥的展开图。

（3）在各棱线上截取假想延长的实长，得 A、B、C、D 各点。顺次连接各点，即得棱锥管的展开图。

8.1.2 可展曲面立体表面的展开

当直纹曲面的相邻两条素线是平行或相交时，属于可展曲面。在作这些曲面展开时，可以把相邻两素线间的很小一部分曲面当做平面进行展开。所以，可展曲面的展开与棱柱、棱锥的展开方法类似。

1. 圆管制件的展开

（1）斜口圆柱管的展开。斜口圆柱管展开的方法和棱柱管展开一样，我们把圆柱看成正棱柱的极限状态。

① 将底圆分成若干等分（本例分为 12 等分），通过各点作相应素线的正面投影（1'a，2'b，……）。

② 展开底圆得一水平线其长度等于πD。在水平线上作相应的等分点（1，2，……），由等分点作铅垂线（1A，2B，……），在量取每条素线的实长。

③ 以 7G 为对称轴作另一半展开图中各条素线，用光滑曲线连接 A，B，……各点，即得其展开图，如图 8-4（b）所示。

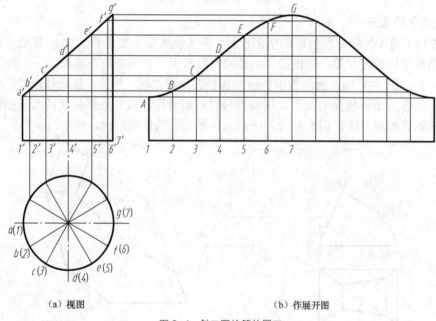

（a）视图　　　　　　　　　　　　　　　　（b）作展开图

图 8-4　斜口圆柱管的展开

（2）等径直角弯管的展开。等径直角（或锐角或钝角）弯管用来连接两根直角（或锐角或钝角）相交的圆管，在工程中常采用多节斜口圆管拼接而成，如图 8-5（a）所示，5 节直角弯管正面投影，中间 3 节是两端 2 节的 2 倍。这样保证两端轴线与之相连接管轴线在一条直线上。已知 5 节弯管的管径为 D，弯曲半径为 R，作弯管的正面投影步骤如下。

① 过任意一点作水平线和垂线，以 O 为圆心，以 R 为半径，作 1/4 圆弧。

② 分别以 $R-D/2$ 和 $R+D/2$ 为半径，作 1/4 圆弧。

③ 因为整个弯管由 3 全节和 2 半节所组成，因此半节的中心角 $\alpha = 90°/8 = 11°15'$将直角分成 8 等分，画出弯管各节的分界线。

④ 作出外切各圆弧的切线，即完成弯管的正面投影。

如图 8-5（b）所示分别将 *BC*、*DE* 两节绕其轴线旋转 180°，各节就可以拼成一个完整的圆柱管。因此，可将现成的圆柱截成所需的节数，再焊接成所需的弯管。如图 8-5（c）所示，如需要作展开图，只要按照前面介绍斜口圆柱管的展开方法画出半节弯管的展开图，把半节弯管展开图作为样板，在一块钢板上画线下料即可，这样最大限度地利用了材料。

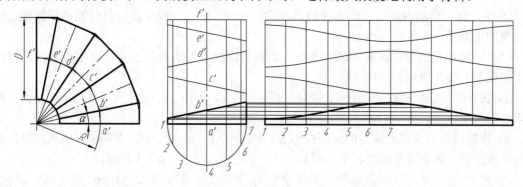

　（a）5 节直角弯管的正面投影　　（b）5 节弯管拼接成一圆管　　　　　　　（c）作展开图

图 8-5　等径直角弯管的展开

（3）异径正交三通管的展开。如图 8-6（a）所示，异径正交三通管的大、小两管的轴线是垂直相交的。小圆管展开图做法与斜口圆管展开相同，如图 8-6（b）所示。大圆管展开图的作图过程，如图 8-6（c）所示。

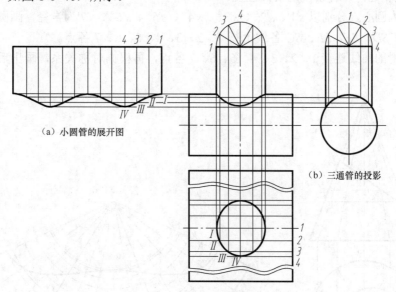

（a）小圆管的展开图

（b）三通管的投影

（c）大圆管的展开图

图 8-6　异径正交三通管的展开

① 先画出大圆管的展开图（为了节省幅面，图 8-6（c）采用了折断画法），并画出一条对称线（用细点画线表示）。

② 根据侧面投影 1、2、3、4 点所对应的大圆弧的弧长，在图 8-6（c）中截取 1、2、3、4 各点。过 2、3、4 点作对称线的平行线，即为大圆柱面上各条素线的展开位置。

③ 过 1'、2'、3'、4'各点向下作垂线，对应相交于 1、2、3、4 素线上，得 I、II、III、IV 各点。

④ 用光滑曲线连接Ⅰ、Ⅱ、Ⅲ、Ⅳ各点，即为1/4切口展开线，根据前后左右的对称关系，完成整个切口的展开图。

在实际生产中，也常常只作小圆管的展开放样。弯成圆管后，根据大小管的相对位置，对准大圆管上画线开口，最后将两管焊在一起。

2. 斜口锥管制件的展开

图8-7（a）所示为斜口正圆锥管的两面投影。展开时，一般把斜口斜口圆锥管假想延伸成完整的正圆锥，即延伸至顶点s。

（1）求斜口正圆锥管各条素线的实长。求斜口圆锥管各条素线的实长可用旋转法，作图过程如图8-7（a）所示。

① 在水平投影中将底圆进行12等分，得a、b、c、d、e、f、g各点，并与s点相连，得各素线的水平投影。

② 根据投影关系求出各点的正面投影a'、b'、c'、d'、e'、f'、g'，并与s'点相连，得各素线的正面投影。各素线正面投影交于斜口上1'、2'、3'、4'、5'、6'、7'各点。

③ 过2'、3'、4'、5'、6'各点作水平线交于s'g'上得2°、3°、4°、5°、6°点，1'a'、2°g'、3°g'、4°g'、5°g'、6°g'、7'g'分别是1A、2B、3C、4D、5E、6F、7G的实长。

（2）求斜口正圆锥管的展开图。作图过程如图8-7（b）所示。

① 任选一点S为圆心，以s'g'为半径画圆弧。

② 以圆锥底圆1/12弦长为半径，在圆弧上截取12等分，得A、B、C、D、E、F、G各点，并与S点相连，即各素线的展开位置。

③ 以S为圆心，分别以s'1'、s'2°、s'3°、s'4°、s'5°、s'6°、s'7'为半径，画圆弧分别交于SA、SB、SC、SD、SE、SF、SG各线上得1、2、3、4、5、6、7各点。

④ 用光滑的曲线连接1、2、3、4、5、6、7各点，再根据对称关系，画出后半圆锥面和展开图。

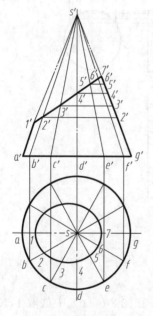

（a）斜截圆锥管的投影

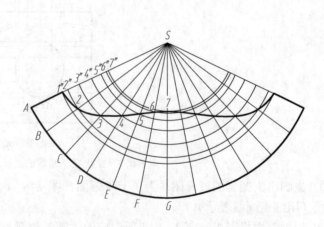

（b）作展开图

图8-7 斜截圆锥管的展开

3．天圆地方变形接头的展开

图 8-8（a）所示为天圆地方变形接头的两面投影。此变形接头是前后对称的，由 4 个斜圆锥面和 4 个三角形平面所组成。其上下底边的水平投影已反映实形。对于斜圆锥面可划分为若干个小块，近似看成三角形平面来展开。这些三角形的上边用圆口的弦长来代替弧长，其水平投影反映实长。另外，两边为一般位置直线，需求实长，一般用直角三角形法。

（1）用直角三角形法求出各线段的实长。作图过程如图 8-8（b）所示。

① 作铅垂线 OP，使 OP 长度等于天圆地方的高 H，过 O 点作 OP 的垂直线。

② 在 OP 的左侧量取 $O1° = a1$、$O2° = a2$、$O3° = a3$、$O4° = a4$，连接 $P1°$、$P2°$、$P3°$、$P4°$，即为 $A1$、$A2$、$A3$、$A4$ 的实长。

③ 在 OP 的右侧量取 $O4° = b4$、$O5° = b5$、$O6° = b6$、$O7° = b7$，连接 $P4°$、$P5°$、$P6°$、$P7°$，即为 $B1$、$B2$、$B3$、$B4$ 的实长。

（2）作天圆地方变形接头的展开图。作图过程如图 8-8（c）所示。

① 根据制造工艺的要求，从最短处展开，以减少焊缝长度。所以从 AD 中点 K 处沿 $K1$ 线展开。任作一条直线 $K1$（$K1 = a'1'$），再作 $K1$ 的垂线 KA（$KA = ka$）。

② 连接 A、1 得 $\triangle AK1$，以 1 点为圆心，依 1/12 圆周为半径画圆弧，再以 A 点为圆心，以 $P2°$ 为半径画圆弧，两圆弧相交于 2 点。依此类推，求出 3、4 点。

③ 分别以 A、4 为圆心，以 ab、$P4°$（OP 右侧）为半径，画圆弧交于 B 点。

④ 分别以 B、4 为圆心，以 $P5°$、1/12 圆周为半径，画圆弧交于 5 点，依此类推，求出 6、7 点。

⑤ 同理，求出 C 点，用光滑曲线连接 1、2、3、4、5、6、7 点。以 BC 的中点 R 与 7 的连线为对称轴，求出另一半的展开图。

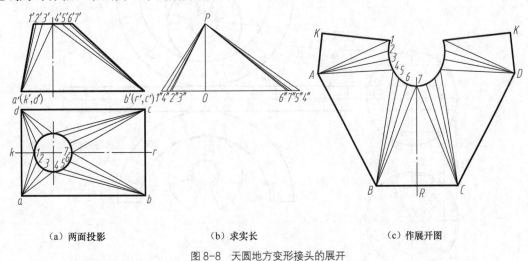

（a）两面投影　　　　　　　（b）求实长　　　　　　　（c）作展开图

图 8-8　天圆地方变形接头的展开

8.1.3　不可展曲面立体表面的近似展开

曲线面和不可展的直线面，从理论上说是不可展的。在工程中作不可展曲面的展开时，常常把它划分成若干与它逼近的小块来代替，如柱面、锥面或平面。

1．圆球面的近似展开

圆球面是不可展曲面，但在石油、化工领域又是常用设备，如大型储罐一般都是圆球形的。尤其是储气罐，圆球面受力最好。圆球面的展开常用近似圆柱面和圆锥面来代替圆球面的作图方法。

（1）圆球分瓣的近似展开。如图 8-9 所示，将圆球表面分成 12 等分，把每一等分近似看成圆柱面，用圆柱面展开的方法近似展开。具体作图过程如下：

① 将水平投影圆进行 12 等分；

② 将下面投影圆也进行 12 等分；

③ 在水平投影中作 12 等分之一的角平分线 1g；

④ 在 1g 上截取 ag = ⌒a'g'，并进行 6 等分，得 b、c、d、e、f 各点；

⑤ 过 b、c、d、e、f 各点作 ag 的垂直线；

⑥ 分别对称截取 2°2° = ⌒22、3°3° = ⌒33、4°4° = ⌒44（本例用弦长代替弧长）；

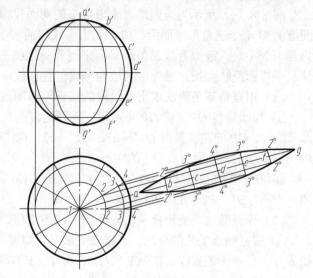

图 8-9　圆球分瓣的近似展开

⑦ 用光滑曲线连接 a、2°、3°、4°、3°、2°、g 各点，即得 1/12 圆球面的展开图。以该展开图为样板下 12 块料即可。

（2）圆球分带的近似展开。如图 8-10（a）所示，将圆球表面用水平面分割成若干带状，在中间部分按圆柱面近似展开，其余部分按圆锥面近似展开，图 8-10（b）所示，具体作图过程如下。

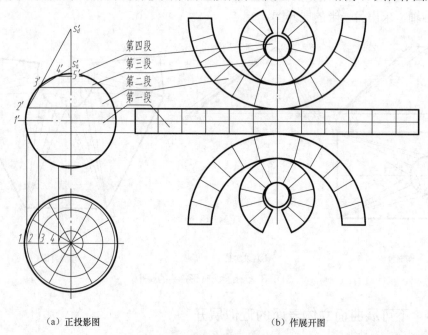

（a）正投影图　　　　　　　　　　　　　（b）作展开图

图 8-10　圆球分带的近似展开

① 将正面投影圆进行 12 等分，赤道处带状用圆柱展开的方法近似展开。展开长度等于水平投影 1 点所在圆的圆周长，高度等于相应的弧长（本例高为弦长代替）。

② 第二段用圆锥展开的方法近似展开。在正面投影中连接 2'、3'两点并延长交于轴线上

s_a'点。以某一点为圆心，分别以 $s_a'2'$ 和 $s_a'3'$ 为半径画同心圆。在水平投影中截取 2 点所在圆的 1/12 弧长（本例用弦长代替），再以 $s_a'2'$ 为半径的圆上截取 12 等分，各等分点与圆心相连，即完成第二带状的展开。

③ 第三段的展开方法与第二段相同。在正面投影中连接 3'、4' 两点并延长交于轴线上 s_b' 点。以某一点为圆心，分别以 $s_b'3'$ 和 $s_b'4'$ 为半径画同心圆。在水平投影中截取 3 点所在圆的 1/12 弧长（本例用弦长代替），再以 $s_b'3'$ 为半径的圆上截取 12 等分，各等分点与圆心相连，即完成第三的展开。

④ 第四段近似看成平面展开，以某一点为圆心，以 4'5' 为半径画圆即可。

⑤ 根据上下对称关系，画出另外三段的展开图。也可以不画，用第二、三、四段样板下两块料即可。

（3）圆球分区域的近似展开。如果圆球体很大，球壁又很厚，如果采用前面两种方法展开，很难加工成型，所以采用分区域的方法展开。将圆球既进行瓣状分割又进行带状分割，将圆球分成若干个近似梯形或近似三角形的小块，如图 81-11（a）所示，然后对每小块进行近似展开。在每小块中又分成若干更小的部分，如

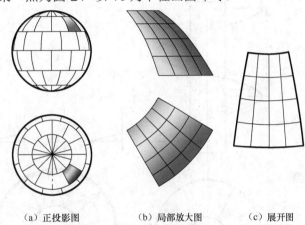

(a) 正投影图　　(b) 局部放大图　　(c) 展开图

图 8-11　圆球分区域的近似展开

图 8-11（b）所示，用近似于圆锥面的展开方法进行展开。具体作图步骤（见图 8-11（c））与上例相同，不再叙述。这里特别注意的是，每一小块之间上下要错开，不能出现四条焊缝对接的情况，这样不利于组装，不好控制焊接变形。

2. 正圆柱螺旋面的近似展开

如图 8-12（a）所示，正圆柱螺旋面一般在输送器中用得很多。其展开方法如下。

（1）用平面近似展开正圆柱螺旋面，作图过程如图 8-12（b）所示。

① 将一个导程的螺旋面分为 12 等分，画出各条素线，作相邻两素线的对角线，将曲面近似看成两个三角形平面。例如 a12b 部分看成由 △a12 和 △a2b 组成。

② 用直角三角形法求出三角形各边长，然后作出三角形的实形。例如，△a°1°2° 和 △a°2°b° 拼接起来即为一导程的 1/12 正圆柱螺旋面展开图形。

③ 同理，可画出其余 11 等分，然后将相应的点用光滑的曲线连接起来，即得一个导程的正圆柱螺旋面的展开图。

（2）用计算法近似展开圆柱螺旋面，作图过程如图 8-12（c）所示。

正圆柱螺旋面一个导程的展开图近似一环形平面，可以用环形平面近似代替正圆柱螺旋面的展开图。已知导程为 S、内径为 d、外径为 D，则

内圆柱螺旋线的展开长度　　$l=\sqrt{S^2+(\pi d)^2}$

外圆柱螺旋线的展开长度　　$L=\sqrt{S^2+(\pi D)^2}$

环形面的宽度　　$b=\dfrac{D-d}{2}$

因为 $\dfrac{R}{r} = \dfrac{L}{l}$，且 $R = r + b$

所以 $r = \dfrac{bl}{L-l}$

展开图中开口所对的圆心角为 $\alpha = \dfrac{2\pi R - L}{\pi R} \times 180°$

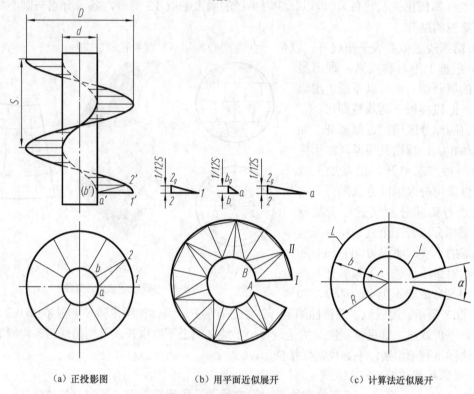

（a）正投影图　　　　（b）用平面近似展开　　　　（c）计算法近似展开

图 8-12　正圆柱螺旋面的近似展开

8.2　焊接图

8.2.1　焊缝的图示法

焊接是将需要连接的金属零件在连接处通过局部加热或加压使其连接起来。焊接是一种不可拆卸的连接，具有施工简单、连接可靠等优点。焊接是设备制造和安装工艺中最常见的连接方法，焊缝是工业生产中常见的工艺结构。

用焊接的方法将两个或两个以上的金属零件连接为一个整体称为构件。该构件就称为金属焊接件。用来表达金属焊接件的工程图样称为金属焊接构件图（简称为焊接图）。

国家标准《GB/T 324–2008 焊缝符号表示法》和《GB/T 12212–1990 技术制图焊缝符号的尺寸、比例及简化画法》规定，在工程图样中表示焊缝有两种方法，即图示法和标注法。

1. 焊缝的规定画法

① 用视图表示焊缝时，当焊缝面（或带坡口的一面）处于可见时，焊缝用栅线（一系列的细实线）表示。此时表示两个焊接件相接的轮廓线应保留，如表 8-1 所示。

表 8-1　　　　　　　　　　　　　　　　　　焊缝的规定画法

序号	连接方式	焊接前的视图画法	焊接后的视图画法	说　明
1	对接			1．焊缝的可见面用栅线表示；
2	角接			2．焊缝的不可见面不画栅线； 3．剖视图或断面图中焊缝涂黑表示；
3	搭接	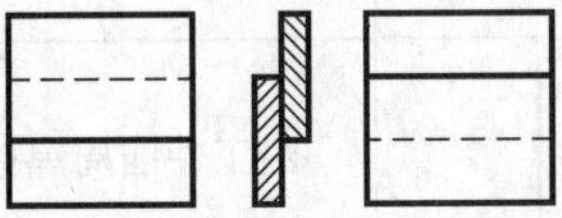	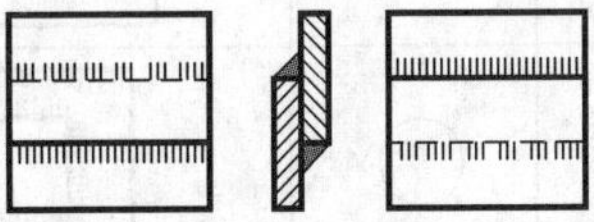	4．可见不连续焊缝和不可见不连续焊缝用断续栅线表示；
4	T 型连接			5．不可见不连续焊缝用大间距栅线表示。

② 当焊缝面（或带坡口的一面）处于不可见时，表示焊缝的栅线可省略不画。

③ 在垂直于焊缝的断面图或剖视图中，当比例较大时，应按规定焊缝的横截面形状画出焊缝的断面并涂黑。

④ 用视图、剖视图或断面图表示焊缝接头或坡口的形状时，用粗实线表示熔焊区的焊缝轮廓，用细实线画出焊接前的接头或坡口的形状（见表 8-2 和表 8-3 中的图例）。

表 8-2　　　　　　　　　　　　常见焊缝的基本符号（摘自 GB/T 324－2008）

名　　称	图形符号	断　面　图	名　　称	图形符号	断　面　图
I 型焊缝	‖		带钝边单边 V 型焊缝	Ⱶ	
V 型焊缝	∨		带钝边 U 型焊缝	ᵞ	
单边 V 型焊缝	∨		带钝边 J 型焊缝	ᵖ	
带钝边 V 型焊缝	Y		角焊缝	△	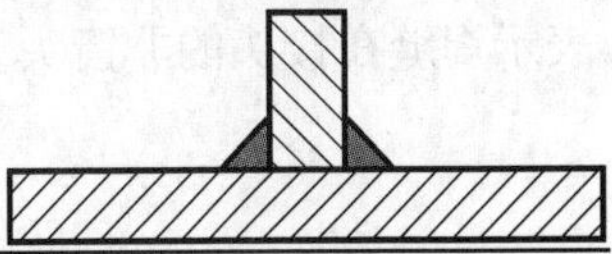

表 8-3　　　　　　　　　　　　　　　　　焊缝的辅助符号和补充符号

类　别	名　称	符　号	示　意　图	说　明
辅助符号	平面符号	——		焊缝表面平齐，一般要通过机械加工
	凹面符号	⌣	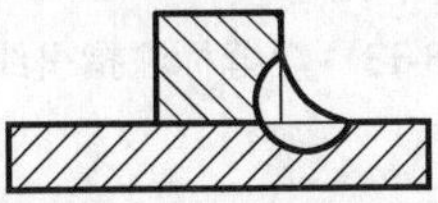	焊缝表面凹陷
	凸面符号	⌢		焊缝表面凸起

续表

类 别	名 称	符 号	示 意 图	说 明
补充符号	带垫板符号	□		V型焊缝底部有垫板
	三面焊缝符号	⊏		工件三面有焊缝
	周围焊缝符号	○		沿工件四周焊接
	现场焊接符号	▶		在施工现场工地上进行焊接（三角形可以不涂黑）
	尾部符号	<		在尾部符号后面标注焊接方法

2. 焊缝的符号

根据国家标准《GB/T 324－2008　焊缝符号表示法》的规定，焊缝符号一般由基本符号与指引线组成。必要时还要加上辅助符号、补充符号和焊缝尺寸符号。焊缝图形符号的线宽 d' 与图中数字的高度 h 成一定比例，即 $d' = 1/10h$。

（1）焊缝的基本符号

焊缝的基本符号是表示焊缝横截面形状的符号，常见焊缝的基本符号如表 8-2 所示。

（2）焊缝的辅助符号

焊缝的辅助符号是表示焊缝表面开关特征的符号，如表 8-3 所示。不需要确切说明焊缝的表面形状时，可以不标注辅助符号。

（3）焊缝的补充符号

焊缝的补充符号是补充说明焊缝的某些特征而采用的符号，如表 8-3 所示。

（4）指引线

指引线一般由带箭头的指引线（简称箭头线）和实虚两条（一条为细实线，另一条为细虚线）基准线组成，如图 8-13 所示。基准线一般与标题栏平行。指引线的箭头指向焊缝，细虚线表示焊缝在接头的非箭头一侧。在需要表示焊接方法说明时，需在基准线末端加一尾部符号。

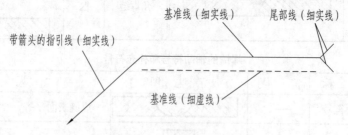

图 8-13　焊缝标注指引线

（5）焊缝尺寸符号

焊缝尺寸主要是指焊缝横截面形状尺寸。必要时基本符号可以附带尺寸符号数据，尺寸符号如表 8-4 所示。

表 8-4　　　　　　　　　　焊缝尺寸符号的含义及标注位置

名　称	符号	焊缝尺寸的含义及标注位置
工作厚度	δ	
坡口角度	α	
坡口面角度	β	
根部间隙	b	
钝边	p	
坡口深度	H	
焊缝宽度	c	
余高	h	
焊缝有效厚度	S	
根部半径	R	
焊脚尺寸	K	
焊缝长度	l	
焊缝间距	e	
焊缝段数	n	
相同焊缝数量	N	

（6）焊接方法代号

按焊接过程中金属所处的状态不同，焊接方法分为熔化焊接、压力焊接和钎焊三大类。随着焊接技术的发展，焊接工艺方法已有上百种之多。国家标准《GB/T 5185-2005　焊接及相关工艺方法代号》规定，用阿拉伯数字代号表示各种焊接工艺方法，并可在图样中标出。

焊接及相关工艺方法一般采用三位阿拉伯数字表示：一位数代号表示工艺方法大类，两位数代号表示工艺方法分类，而三位数表示某种工艺方法。常用的焊接及相关工艺方法代号如表 8-5 所示。

表 8-5　　　　　　　焊缝及相关工艺方法代号（摘自 **GB/T5185-2005**）

代号	工艺方法	代号	工艺方法	代号	工艺方法	代号	工艺方法
1	电弧焊	2	电阻焊	3	气焊	72	电渣焊
101	金属电弧焊	21	点焊	311	氧乙炔焊	74	感应焊
11	无气体保护焊	211	单面点焊	312	氧丙烷焊	81	火焰切割
111	手工电弧焊	212	双面点焊	4	压力焊	82	电弧切割
112	重力焊	22	缝焊	41	超声波焊	84	激光切割
12	埋弧焊	221	搭接缝焊	42	摩擦焊	91	硬钎焊
121	单丝埋弧焊	23	凸焊	5	高能束焊	911	红外硬钎焊
122	带极埋弧焊	231	单面凸焊	51	电子束焊	912	火焰硬钎焊
15	等离子埋弧焊	232	双面凸焊	52	激光焊	94	软钎焊
152	等离子粉末堆焊	24	闪光焊	521	固体激光焊	942	火焰软钎焊

8.2.1　焊缝的标注方法

为了使图样清晰和减轻绘图工作量，可按国家标准《GB/T 324-2008　焊缝符号表示法》

中规定的焊缝符号表示焊缝,即标注法。

1. 焊缝符号、箭头线、焊接方法与基准线的关系

箭头线相对焊缝的位置一般没有特殊要求,箭头线可以标在有焊缝的一侧,也可以标在没有焊缝的一侧。

(1)如图 8-14(a)所示,焊缝的坡口朝上,此时如果箭头线位于焊缝一侧(标在图形上方),则基本符号标在基准线的细实线上,如图 8-14(b)所示;如果箭头线位于非焊缝一侧(标在图形下方),则基本符号标在基准线的细虚线上,如图 8-14(c)所示。

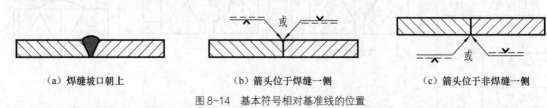

| (a)焊缝坡口朝上 | (b)箭头位于焊缝一侧 | (c)箭头位于非焊缝一侧 |

图 8-14 基本符号相对基准线的位置

(2)在不致于产生误解时,双面焊缝可以省略基准线中的虚线,如图 8-15(b)所示。标注对称板时,要注意对称板的选择,所谓对称焊缝是指对同两块板而言的两个焊缝对称,如果两个焊缝位于不同的两块,即两个连接三块板或四块板时不能用对称标注,如图 8-15(d)所示。

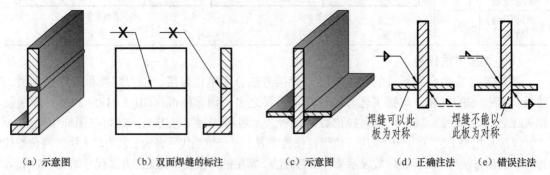

| (a)示意图 | (b)双面焊缝的标注 | (c)示意图 | (d)正确注法 | (e)错误注法 |

图 8-15 双面焊缝和对称焊缝的注法

(3)在指引线的尾部,标注表示焊接方法的数字代号或相同焊缝的个数,手工电弧焊或没有特殊要求的焊缝,可省略尾部符号和标注。

2. 焊缝符号与尺寸符号的位置关系

焊缝符号及尺寸符号的标注原则如下:

① 焊缝横截面上的尺寸数据,标在基本符号的左侧;

② 焊缝长度方向的尺寸数据,标在基本符号的右侧;

③ 坡口角度、根部间隙等尺寸数据,标在基本符号的上侧或下侧;

④ 相同焊缝数量及焊接方法代号标在尾部;

⑤ 当需要标注的尺寸数据较多又不易分辨时,可在数据前面增加相应的尺寸符号。

焊缝尺寸的标注位置如图 8-16 所示。

3. 常见焊缝的标注示例

常见焊缝的标注示例如表 8-6 所示。

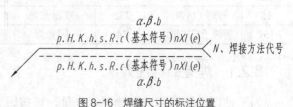

图 8-16 焊缝尺寸的标注位置

表 8-6   **常见焊缝标注示例**

接头型式	焊缝型式	标注实例	说 明
对接接头			表示板厚 10mm，对接缝隙 2mm，坡口角度 60°。4 条焊缝，每条焊缝长度为 100mm。采用手工电弧焊
T 型接头			表示双面角焊缝，尺寸为 4mm，在现场装配时进行焊接。
			焊脚尺寸为 4mm 的双面角焊缝。有 6 条断续焊缝，每段焊缝长度为 70mm，焊缝间隔为 80mm，"Z"表示两面断续焊缝交错

4. 焊接图示例

图 8-17 所示的储罐支座设备为焊接组合件。在绘制板金焊接图时，由于板厚尺寸比较小，如果用一个比例绘制的话，板厚和焊缝无法表达清楚。一般板厚采用适当放大的比例，板厚大小只能看尺寸，不能看图形的感觉，所以板金焊接图中要标注全部尺寸。本例中的板厚放大了 2.5 倍。

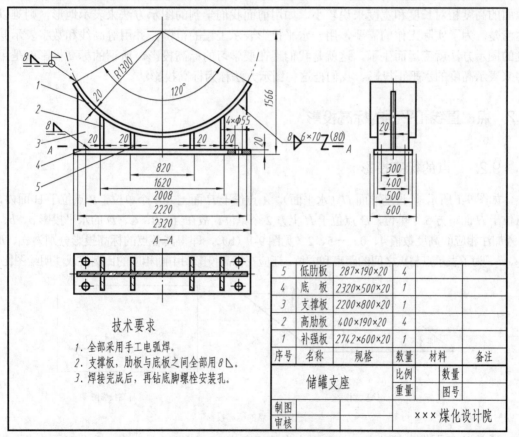

图 8-17 储罐支座设备图

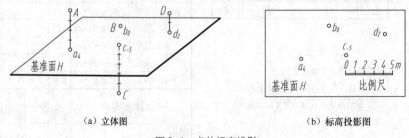

第 **9** 章 标高投影

9.1 概述

所有建筑物（如房屋、道路、桥梁、水利等）都是建在地面或地下的，通常建在高低不平的山峦、河滩、丘陵等。因此，地面的形状对建筑物的布局、施工、设备的安装都有很大的影响。有时，还要对原有地面进行人工改造，在施工中要挖掘或填筑土壤。所以，一般要求在总平面图上将建筑物地盘四周的地形表示出来。由于自然地面形状复杂，没有规律、且地面的高度相对长度和宽度来说较小，如用前面我们学到的图示方法来表示地形，则难以表达清楚。为了实际工作的需要，用一水平投影表示工程的范围，并用等高线和数字表示其高度的图示方法就应运而生了，这就是我们现在要学习的标高投影。所谓的标高投影就是用数字来表示高度的水平正投影。我们把这种图示方法称为标高投影法。

9.2 点、直线和平面的标高投影

9.2.1 点的标高投影

如图 9-1 所示，设基准面 H（水平面）。A 点位于 H 面上方 4 个单位，B 点位于 H 面内，C 点位于 H 面下方 5 个单位，D 点位于 H 上方 2 个单位。故在 A、B、C、D 的水平投影 a、b、c、d 旁加注相应的高度数值 4、0、−5、2（见图 9-1（b）），即得其各点的标高投影分别为 a_4、b_0、c_{-5}、d_2。为了表示点与点之间的距离和方位，还应在标高投影图中画相应的比例尺或注明绘图比例。

图 9-1　点的标高投影

通常以 H 面作为基准面，在 H 面内点的标高为 0。高于 H 面为正，低于 H 面为负。对于每幢房屋来说一般以一层室内地面为基准面。对于房屋总平面图或道路。桥梁、水利等工程图，则以青岛附近黄海的平均海平面作为零标高的基准面。

9.2.2 直线的标高投影

1. 直线的表示法

在标高投影中直线的空间位置是由直线的两端点或直线上一点及其方向决定的。例如，图 9-2（a）所示的 AB 直线，它的标高投影可用 A、B 两点的标高投影（见图 9-2（b））表示，也可用 A 点的标高投影和坡度（见图 9-2（c））表示，注意其中箭关指向下方。

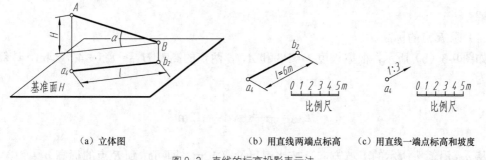

（a）立体图　（b）用直线两端点标高　（c）用直线一端点标高和坡度

图 9-2　直线的标高投影表示法

2. 直线的坡度和平距

（1）坡度。直线与水平面夹角 α 的正切值，也是直线上任意两点的高度差 H 与该两点的水平距离 L 的比值，称为该直线的坡度，用 i 表示。例如，图 9-2 中的直线 AB，高度差为 2，水平距离为 6，则它的坡度为

$$i = \tan \alpha = \frac{H}{L} = \frac{2}{6} = \frac{1}{3}$$

也可写成

$$i = 1:3$$

（2）平距。当直线两点高度差为一个单位长度时，这两点的水平距离称为该直线的平距，用 l 表示。例如，图 9-3 中的 AB 直线的平距为

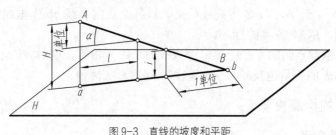

图 9-3　直线的坡度和平距

$$l = \frac{L}{H} = \cot \alpha$$

由此，平距与坡度互为倒数，即 $l = \frac{1}{i}$。如 $i = \frac{1}{3}$，则 $l = \frac{1}{i} = 3$。坡度越小，平距越大；反之坡度越大，平距越小。

【例 9-1】 已知 A 点的标高投影 $a_{8.5}$ 和 AB 直线的坡 1:3（见图 9-4（a））以及 B 点的高程为 4.5m，求 AB 直线的标高投影和该直线上整数点 C、D、E、F 各点的标高投影。

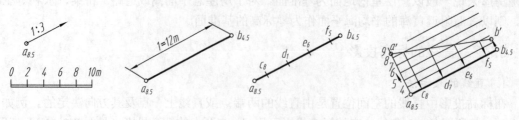

（a）已知条件　　　（b）作已知高程点　　（c）作整数高程点方法（一）　（d）作整数高程点方法（二）

图 9-4　作直线上已知高程点和整数点的方法

解：

（1）求 B 点的标高。

如图 9-3（b）所示，根据坡度 $i = 1:3$ 和 A、B 两点的高差 $H_{AB} = 8.5 - 4.5 = 4\text{m}$，计算水平距离为

$$L_{AB} = \frac{H_{AB}}{i} = \frac{4}{\frac{1}{3}} = 12\text{m}$$

从 $a_{8.5}$ 沿箭头所示的下坡方向，按比例尺量取 12m，即可达到 B 点的标高 $b_{4.5}$。

（2）求整数点标高方法之一。

数解法： 如图 9-3（c）所示，在 A、B 两点之间的整数高程是 8m、7m、6m、5m 的 4 个点 C、D、E、F。高程为 8m 的 C 点与 A 点水平距离为 $L_{AC} = \frac{H_{AC}}{i} = \frac{8.5 - 8}{\frac{1}{3}} = 1.5\text{m}$。再根据比例尺量取 1.5m，即得 C 点的标高投影 c_8。依此类推，即可得到 D、E、F 点的标高投影分别为 d_7、e_6、f_5 各点。

（3）求整数点标高方法之二

图解法： 如图 9-3（d）所示，按比例尺从高度 4m 开始，作一平行于 ab 直线的一系列等高线 4m、5m、6m、7m、8m、9m。过 $a_{8.5}$、$b_{4.5}$ 两点向等高线作垂线，并根据高程量取 a'、b' 点。连接直线 $a'b'$ 与 5、6、7、8 等高线相交。过各交点向直线 ab 作垂线得其交点 c_8、d_7、e_6、f_5，即为 C、D、E、F 各点的标高。

显然，各相邻整数点间的水平距离（即直线的平距）相等。这时 $a'b'$ 反映了 AB 直线的真实长度。且 $a'b'$ 与 ab 的夹角也反映了 AB 直线与 H 的真实倾角。

9.2.3　平面的标高投影

1. 平面上的等高线

如图 9-5（a）所示，平面上的水平线就是平面上的等高线，水平线上各点到基准面的距离相等。平面上的等高线也可以看成是一系列间距相等的水平面与该平面的交线。图 9-5b 所示为平面 R 上的诸等高线的标高投影。

从图 9-5 上可以看出，平面上的等高线有以下特征：

（1）平面上的等高线一定是直线；

（2）等高线彼此平行；

（3）因为等高线的高差相等，所以水平间距也相等。

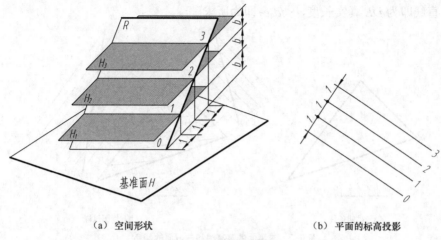

（a）空间形状　　　　　　　　　（b）平面的标高投影

图 9-5　平面的等高线

2.　平面上的坡度线

如图 9-6（a）所示，平面上对 H 面的最大斜度线（BE），也就是垂直于平面上水平线（AD）的直线，称为坡度线。它具有如下特征：

（1）如图 9-6（b）所示，因为它与水平线垂直，所以它的标高投影也与平面的等高线垂直（$be \perp ad$）；

（2）它与水平面夹角 α 的大小反映了平面与水平面夹角的大小。

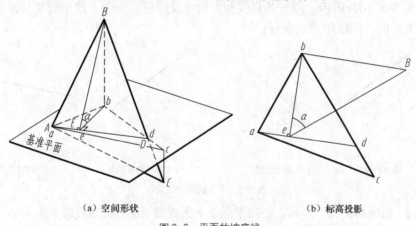

（a）空间形状　　　　　　　　　（b）标高投影

图 9-6　平面的坡度线

【例 9-2】　如图 9-7（a）所示，已知 $\triangle ABC$ 标高投影为 $\triangle a_9 b_4 c_2$，求该平面的等高线和与 H 面的倾角 α。

解：

（1）求 $a_9 b_4$ 直线和 $a_9 c_2$ 直线上整数点的标高。

如图 9-7（b）所示，作图方法参照例 9-1 中图 9-4（d）所示，在此不再重述。

（2）作等高线。

如图 9-7（b）所示，将 $a_9 b_4$ 直线和 $a_9 c_2$ 直线上相同标高的整数点用直线连接，再过 $a_9 c_2$ 直线上的标高为 3m 的整数点作其他等高线的平行线，即完成 $\triangle ABC$ 等高线的标高投影。

（3）求 $\triangle ABC$ 平面对 H 面的倾角 α。

作等高线的垂直线 $d_4 e_7$，过 e_7 在等高线上按比例尺量取相应的高差 3m 得 f 点，连接 $d_4 f$

直线，d_4f 直线即为 DE 真实长度，$<fd_4e_7$ 即为所求。

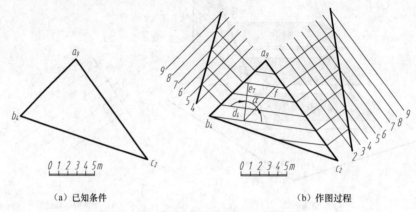

（a）已知条件　　　　　　　　　　　　（b）作图过程

图 9-7　求平面的等高线和与 H 面的倾角

3. 平面的表示法

在第 2 章中介绍的五种平面的表示方法，在标高投影中仍然适用。现根据标高投影的特点，着重介绍四种平面的表示方法。

（1）如图 9-8（a）所示，用两条或一组等高线表示平面。

（2）如图 9-8（b）所示，用坡度比例尺表示平面。

（3）如图 9-8（c）所示，用一条等高线和坡度线表示平面。

（4）如图 9-8（d）所示，用一条直线和大约坡度线表示平面。这里要特别注意的是，因为坡度线是大约的，所以用虚线表示。

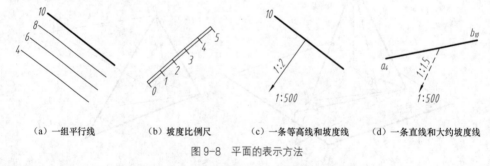

（a）一组平行线　　　（b）坡度比例尺　　　（c）一条等高线和坡度线　　（d）一条直线和大约坡度线

图 9-8　平面的表示方法

【**例 9-3**】　如图 9-9（a）所示，已知平面上一条直线 AB 的标高投影 a_3b_0 和该平面的大约坡度线，坡度为 1:1。求该平面的 0m、1m、2m、3m 的等高线。

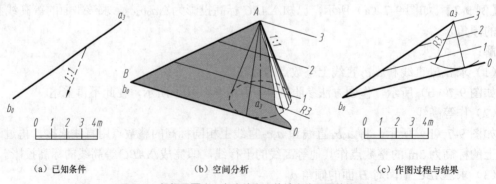

（a）已知条件　　　　　　　　（b）空间分析　　　　　　　　（c）作图过程与结果

图 9-9　根据平面内一条直线和大约坡度作平面的等高线

解：

（1）空间分析。

如图 9-9（b）所示，已知 A、B 两点的高差为 3m，又知道该平面的坡度为 1:1，那么 A 点的标高投影 a_3 距过 B 点的等高线的水平距离应为 3m。现以 A 点为锥顶，以 a_3 点为圆心，作半径为 3m 的底圆，得圆锥面。所以已知平面应与该圆锥面相切。过 B 点作圆锥底圆的切线即为所求的一条等高线。

（2）作图过程与结果。

如图 9-9（c）所示，以 a_3 点为圆心，以 3m 为半径作圆弧；过 b_0 点作该圆弧的切线，即为 0m 等高线；再将 $a_3 b_0$ 直线进行 3 等分，过各等分点作 0m 等高线的平行线，即得 1m、2m、3m 的等高线。

4. 两平面的交线

如图 9-10 所示，要求 Q、P 两平面的交线，用两个水平的辅助平面分别与 Q、P 平面相交，如标高为 8m 的水平面与两平面的交线相交与 M 点；标高为 6m 的水平面与两平面的交线相交与 N 点。连接 MN，即为 Q、P 两平面的交线。求两平面的交线就是求两个或两个以上相同高程的等高线的交点。

在实际工作中，把建筑物上相邻两坡面的交线称为坡面交线。坡面与地面的交线称为坡边线。坡边线为开挖边线的称为开挖线，边坡为填筑边线的称为坡脚线。

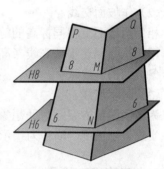

图 9-10 求平面的交线

【例 9-4】 如图 9-11（a）所示，已知 P、Q 两平面的坡度线，求两平面交线的标高投影。

解：

如图 9-11（b）所示，分别过 P、Q 平面坡度线的相同高程标高点（6m、8m、10m、12m）作各自坡度线的垂直线（等高线），相同等高线的交点相连成一条直线，即为所求。

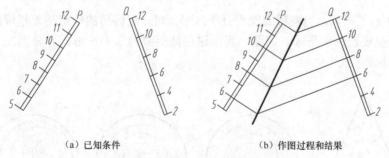

（a）已知条件   （b）作图过程和结果

图 9-11 利用等高线求两平面的交线

【例 9-5】 在高程为 0m 地面上挖一基坑，坑底的形状、大小、标高以及各坡面的坡度如图 9-12（a）所示。求作开挖线和坡面交线，并在各坡面上画出示坡线。

解：

（1）作开挖线。

地面高程 0m，因此开挖线即为各坡面的 0m 等高线，它们分别与坑底边线平行。其水平距离 $L = \dfrac{H}{i}$，所以 $L_1 = 4\text{m}$；$L_2 = 6\text{m}$；$L_3 = 8\text{m}$。然后按比例尺截取，画出各边坡的开挖线。

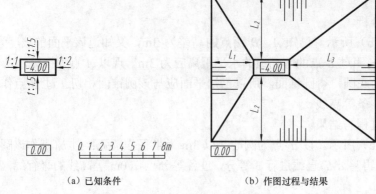

(a) 已知条件   (b) 作图过程与结果

图 9-12　作边坡线、坡面交线和示坡线

（2）作坡面交线。

相邻两坡面上相同标高的等高线的交点，就是两坡面的共有点，也就是两坡面交线上的点。因此，分别连接坡底线（高程为-4.00m）的交点与开挖线（高程为 0.00m）的交点，即为 4 条坡面的交线。

（3）画示坡线。

为了读图的方便，帮助想象空间形状，在坡面较高的一边，按坡度线方向画出长短相间的细实线表示坡度，简称为"示坡线"。

9.3　曲面的标高投影

在标高投影中，用一系列水平面来截曲面，画出这些截交线的标高投影，这就是曲面的标高投影。

9.3.1　圆锥的标高投影

如图 9-13（a）所示，当圆锥底圆平行于水平面时，用假想的一组高差相等的水平面截切圆锥面，其截交线皆为水平圆。因此，画出这些截交线的水平投影，并分别在其注出高程，就是圆锥面的标高投影。

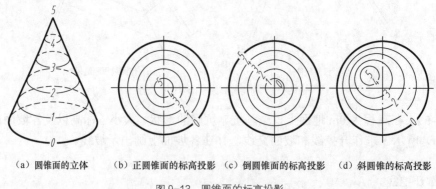

（a）圆锥面的立体　（b）正圆锥面的标高投影　（c）倒圆锥面的标高投影　（d）斜圆锥的标高投影

图 9-13　圆锥面的标高投影

图 9-13（b）所示为一正圆锥的标高投影，图 9-13（c）所示为一倒圆锥的标高投影，图9-13（d）所示为一斜圆锥的标高投影。

【例 9-6】 在高程为 0m 的地面上，修筑一高程为 4m 的平台，台顶形状及各坡坡度如图 9-14（a）所示，求其坡脚线和坡面交线。

解： 作图过程如图 9-14（b）所示。

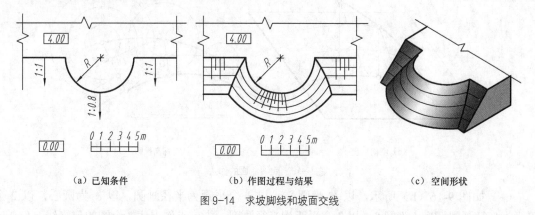

（a）已知条件　　　　　　　（b）作图过程与结果　　　　　　（c）空间形状

图 9-14　求坡脚线和坡面交线

（1）作坡脚线。各坡的坡脚线是各坡高程为 0m 的等高线。平台左右两边的坡面为平面，其坡脚线为平行于台顶边线的直线。其水平距离为 $L = \dfrac{H}{i} = (4-0)\text{m} \div \dfrac{1}{1} = 4\text{m}$。由此可以作出平台左右两边的坡脚线。

平台顶面中部为半圆，其坡面为正圆锥面。故其坡脚线与平台顶面边界线半圆在标高投影中是同心圆。其水平距离为半径之差 $L = \dfrac{H}{i} = (4-0)\text{m} \div \dfrac{1}{0.8} = 3.2\text{m}$，所以圆台坡脚线半径为 $R+3.2\text{m}$。

（2）作坡面交线。与作坡脚线方法相同，分别作出左右坡面和圆锥坡面 1m、2m、3m 等高线，用曲线将相同高程的等高线交点相连，即为坡面交线。

（3）作示坡线。平面坡的示坡垂直于顶边线，圆锥面坡的示坡线应通过圆心。其作图方法与上例相同，不再重述。

9.3.2　同坡曲面的投影

如果同一曲面上每点处的坡度都相等，这种曲面称为同坡曲面。正圆锥面是同坡曲面的特例。例如，弯曲的路堤（见图 9-15（a））或路堑的边坡（见图 9-15（b））都是同坡曲面。

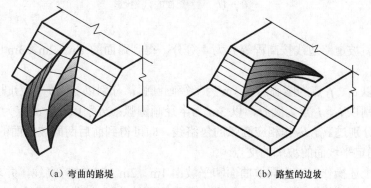

（a）弯曲的路堤　　　　　　　　　　（b）路堑的边坡

图 9-15　同斜曲面示例

如图 9-16（a）所示，有一空间曲线 $A_0B_1C_2D_3$ 为同坡曲面的一边界线，过此线作一同坡曲面。过该曲线上一系列点为圆锥锥顶，以设定坡度为圆锥的素线与水平面的倾角（轴线为铅垂线）作圆锥面。这一系列圆锥面的公切面即为所求的同坡曲面。具体作图步骤如下。

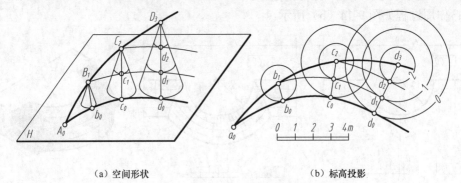

（a）空间形状　　　　　　　　（b）标高投影

图 9-16　同坡曲面的作法

（1）如图 9-16（b）所示，以 b_1 为圆心，以 1 个平距为半径画圆，以 c_2 为圆心，以 2 个平距为半径画圆，以 d_3 为圆心，以 3 个平距为半径画圆，过 a_0 点作上述 3 个圆的包络线 $a_0b_0c_0d_0$，即为该同坡曲面的坡脚线（0m 等高线）。

（2）用上述方法作出 1m 和 2m 的等高线，即完成同坡曲面的标高投影。

【例 9-7】　绘制如图 9-17（a）所示弯斜路面的标高投影。

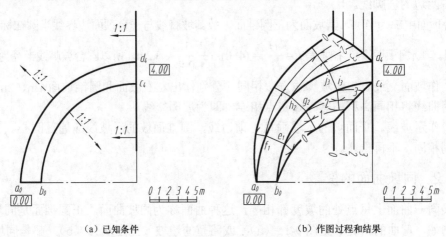

（a）已知条件　　　　　　　　（b）作图过程和结果

图 9-17　弯斜路面的标高投影

解：

（1）将弯斜坡道路边线按高程等分为 4 等分，得到路面的 1m、2m、3m 的等高线分别为 e_1f_1、g_2h_2、i_3j_3。

（2）分别以 e_1、f_1 点为圆心，以 1m 为半径画圆弧；分别以 g_2、h_2 点为圆心，以 2m 为半径画圆弧；分别以 i_3、j_3 点为圆心，以 3m 为半径画圆弧；分别以 c_4、d_4 点为圆心，以 4m 为半径画圆弧；分别过 a_0、b_0 作相应圆弧的包络线，即可得到前后两同坡曲面的坡脚线（0m 等高线）。且可确定平坡面的坡脚的交点。

（3）重复上述操作，求出同坡曲面和平坡面 1m、2m、3m 的等高线，并求出其相应的交点。将相应的交点用光滑的曲线连接起来，即得到同坡曲面与平坡曲面的交线。

（4）画出示坡线（由于考虑图面线条太密，没有画出示坡线）。标注出各等高线的高程（注意等高线的高程数字字头要朝向高程较高的方向，与图纸的方向无关）。

9.3.3 地形面的标高投影

1. 地形面的表示法

如图 9-18（a）所示，地形面是地面等高线来表示的。假想用一组高差相等的水平面截切山丘，则得到许多形状不规则的曲线，因为每条曲线上所有点的高程都相等，我们把它称为等高线。在若干条等高线上注写高程就得到地形的标高投影。地形的标高投影是通过工程测量方法得到的。

如图 9-18（b）所示，标高数值从外向内逐步增大，表示为山丘。如图 9-18（c）所示，标高数值从外向内逐步减小，表示为洼地。用这种方法表示地形能清楚地反映地面起伏变化情况。

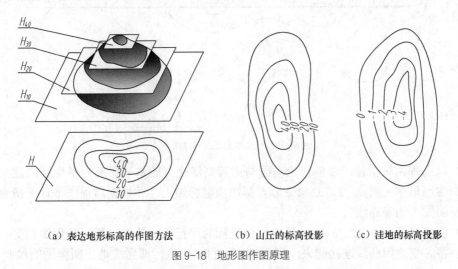

（a）表达地形标高的作图方法　　　（b）山丘的标高投影　　　（c）洼地的标高投影

图 9-18　地形图作图原理

如图 9-19 所示，等高线密的地方地势比较陡峭，反之地势比较平缓。面积较小的高地称为山丘或山头。在两山丘之间的地形像马鞍的区域称为鞍部。

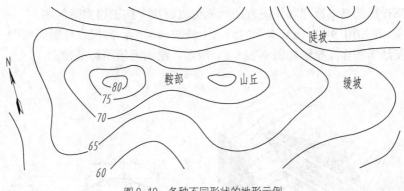

图 9-19　各种不同形状的地形示例

2. 地形断面图

如图 9-20 所示，用铅垂面剖切地面，画出剖切地面的截交线而形成的断面图，在断面上画出地面的材料图例，即为地形断面图。其作图方法如下。

（1）过地形图上的剖切线作铅垂面。它与地面上的各等高线交于 1、2、3、4…等点，这些点的高程分别与它们所在的等高线的高程相等。

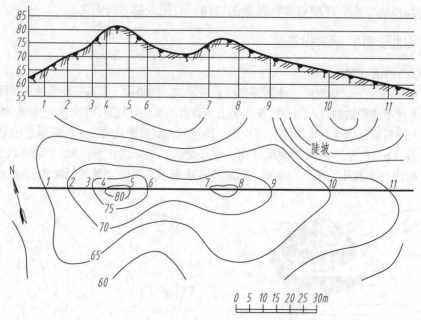

图 9-20　地形断面图及其作图方法

（2）以高程为纵坐标，以剖切铅垂面与诸等高线交点的水平距离为横坐标，建立一直角坐标系。将地形图上的 1、2、3、4…等点画在横坐标轴上，并根据高程作平行于横坐标的高程线（断面图上的等高线）。

（3）由横坐标轴 1、2、3、4…等点作纵坐标的平行线，使之与相同高程线相交。

（4）将各交点用曲线连接起来，画上相应的材料图例，即完成地形断面图的绘制。

9.4　工程实例

根据标高投影的基本原理和作图方法，就可以解决一些工程实际问题。

【**例 9-8**】　在如图 9-21（a）所示的河道上修筑一河坝。河坝设计断面如图 9-21（b）所示，河坝所在地形的标高投影如图 9-22（a）所示，绘制河坝的标高投影。

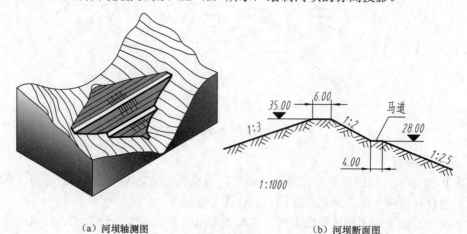

（a）河坝轴测图　　　　　　　　　　　　　　　（b）河坝断面图

图 9-21　河坝的空间形状与断面设计数据

解：

从如图 9-21（a）中可以看出，在河谷筑坝属于填方。河坝顶面、马道和上下游坡面都与地面有交线——坡脚线。由于地面是不规则的曲面，所以其交线是不规则的平面曲线。坝顶、马道是水平面，它们与地面的交线是地面在相应高程处的等高线中的一小段。上、下游坡脚线上的点，则是上、下游坡面与地面上同高程的等高线的交点。其作图过程如图 9-22（b）所示。

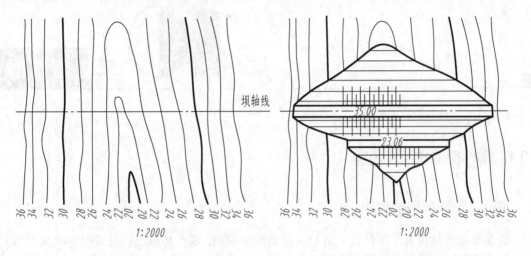

（a）坝址地形　　　　　　　　　　　　　　　（b）河坝标高投影

图 9-22　河坝标高投影的绘制

（1）画坝顶。坝顶宽 6m，通过坝轴线按 1:2000 的比例向两边各量取 1.5mm，画出与坝顶面与地面的交线（35m 等高线）。

（2）画上游河坝的坡面与地面的交线（坡脚线）。根据上游坝面的坡度为 1:3，则坡面两相邻的等高线高差为 2m，则相邻两等高线的水平距离为 $L = \dfrac{H}{i} = 2 \div \dfrac{1}{3} = 6\text{m}$。按 1:2000 的比例，在上游坝面作与地形相等的等高线间距为 3mm。上游坝面与地面相同等高线的交点，即为上游坝面的坡脚线上的点。依次用光滑的曲线连接起来，就画出了上游坡脚线。

（3）画下游坡的坡脚线。先画马道以上的坡面，马道以上的坡度为 1:2，则坡面两相邻的等高线高差为 2m，则相邻两等高线的水平距离为 $L = \dfrac{H}{i} = 2 \div \dfrac{1}{2} = 4\text{m}$。按 1:2000 的比例，在上游坝面作与地形相等的等高线间距为 2mm。画出 34m、32m、30m 和 28m 的坡面等高线与地面相应的等高线相交，其各交点用光滑的曲线连接起来，就画出了马道以上下游的坡脚线。

马道宽 4m，按 1:2000 的比例画 2mm 宽，与 28m 的地面等高线相交，完成马道的绘制。

马道以上的坡度为 1:2.5，则坡面两相邻的等高线高差为 2m，则相邻两等高线的水平距离为 $L = \dfrac{H}{i} = 2 \div \dfrac{1}{2.5} = 5\text{m}$。按 1:2000 的比例，在上游坝面作与地形相等的等高线间距为 2.5mm。画出 26m、24m、22m 和 20m 的坡面等高线与地面相应的等高线相交，其各交点用光滑的曲线连接起来，就画出了马道以下下游的坡脚线。

（4）完成作图其他内容。画出三个坡面的示坡线。注明坝顶和马道的标高，如图 9-22（b）所示，完成全图。

第 **10** 章 零件图

10.1 零件图的作用和内容

10.1.1 零件图的作用

机器或部件是由若干零件按一定的关系装配而成的，零件是组成机器或部件的基本单元。表示零件结构、大小及技术要求的图样称为零件工作图，简称零件图。它是制造和检验零件的重要依据，是组织生产的主要技术文件之一。图 10-1 所示的齿轮油泵是将机械能转换为液压能的装置，它由一些标准件、常用件及一般零件等装配而成。因为标准件的结构形状和尺寸均已标准化，所以标准件不画零件图，而其他零件一般都需要画零件图。图 10-2 所示为齿轮油泵中泵盖的零件图。

图 10-1　齿轮油泵零件分解图

10.1.2 零件图的内容

零件图必须包括制造和检验零件时所需的全部资料。从图 10-2 所示泵盖零件图中可以看出，一张零件图应具备以下内容。

（1）一组视图。根据零件的结构特点，选择适当的视图、剖视图、断面图及其他规定画法，正确、完整、清晰地表达零件的各部分形状和结构。

（2）足够的尺寸。正确、完整、清晰、合理地标注出零件在制造、检验时所需的全部尺寸，以确定零件各部分的形状大小和相对位置。

（3）技术要求。用规定的代号和文字，标注出零件在制造和检验中应达到的各项质量要求。例如，表面粗糙度、极限偏差、几何公差、材料及热处理等。

（4）标题栏。填写零件的名称、材料、数量、比例、责任人签字等。

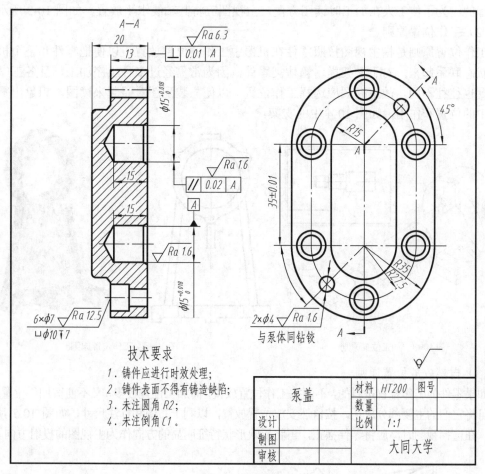

图 10-2　泵盖零件图

10.2　零件图的视图选择

零件图的视图选择，就是根据零件的结构特点，恰当地选用视图、剖视图、断面图等各种表达方法，将零件的结构形状正确、完整、清晰地表达出来，并考虑看图方便，便于加工，同时力求制图简便。

10.2.1　主视图的选择

主视图是一组视图的核心，是表达零件形状的主要视图。主视图选择恰当与否，将直接影响整个表达方法和其他视图的选择。因此，确定零件的表达方案，首先应选择主视图。主视图的选择应从零件的安放位置和投射方向两个方面来考虑。

1. 位置原则

确定零件的放置位置应考虑以下原则。

（1）加工位置原则

加工位置原则是指主视图按照零件在机床上加工时的装夹位置放置，应尽量与零件主要加工工序中所处的位置一致。例如，加工轴、套、圆盘类零件，大部分工序是在车床和磨床上进行的，为了使工人在加工时读图方便，主视图应将其轴线水平放置，如图 10-3 所示。

（2）工作位置原则

工作位置原则是指主视图按照零件在机器中工作的位置放置，以便把零件和整个机器的工作状态联系起来。对于叉架类、箱体类零件，因为常需经过多种工序加工，且各工序的加工位置也往往不同，故主视图应选择工作位置，以便与装配图对照起来读图，想象出零件在部件中的位置和作用，如图 10-4 中的支架。

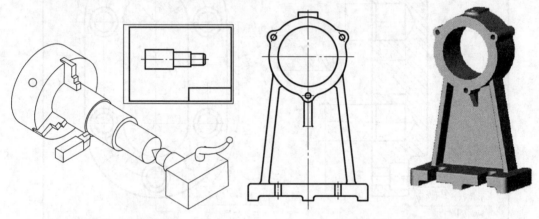

图 10-3　加工位置原则　　　　　　　　　　图 10-4　工作位置原则

（3）自然安放位置原则

如果零件的工作位置是斜的，不便按工作位置放置，而加工位置较多，又不便按加工位置放置，这时可将它们的主要部分放正，按自然安放位置放置，以利于布图和标注尺寸，如图 10-5 所示的拨叉。在选择视图时，应将零件摆正，再将反映形状特征明显的方向作为主视图的投射方向。

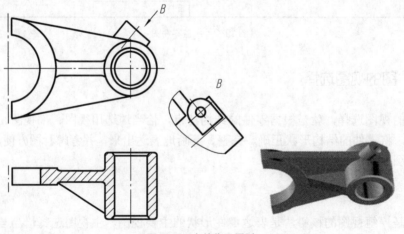

图 10-5　自然位置原则

2. 方向原则

应将最能反映零件的主要结构形状和各部分相对位置的方向，作为主视图的投射方向。如图 10-6 中的支架，选择 A 向为主视图的投射方向，较 B 向为好，因为由此画出的主视图能将该零件的形状特征充分地显示出来。

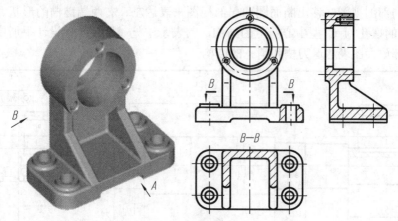

图 10-6　支架的视图选择

10.2.2　其他视图的选择

主视图确定以后，应根据零件内外结构形状的复杂程度，来决定其他视图的数量及其表达方法。其他视图的选择可以考虑以下几点。

（1）分析零件在主视图中尚未表达清楚的结构形状，首先考虑选用基本视图并采用恰当的表达方法，力求视图简洁、看图方便。

（2）注意使每一个图形都具有独立存在的意义和明确的表达重点，并考虑合理布置视图的位置。

（3）在完整、清晰地表达零件结构形状的前提下，所选用的视图数量要少。

视图表达方案往往不是唯一的，需按选择原则考虑多种方案，比较后择优选用。

由图 10-6 所示支架的视图选择可以看出：主视图主要表达圆筒、连接板、肋板和底板的相对位置及圆筒形状特征，并采用局部剖表示安装孔；俯视图采用全剖即表达底板的形状，又突显连接板与肋板的连接关系及板厚；左视图采用全剖即表达各组成部分的相对位置及连接关系，又表达肋板的形状。各个视图的表达重点明确，缺一不可，是较好的一种表达方案。

10.2.3　典型零件的视图表达

零件的形状各不相同，按其结构特点可分为轴套类、轮盘类、叉架类、箱壳类等几种类型。下面以几张零件图为例，分别介绍它们的结构特点及其视图选择。

1. 轴套类零件

轴套类零件包括轴、螺杆、阀杆、空心套等。轴类零件在机器中主要起支撑和传递动力的作用。套的主要作用是支撑和保护转动零件，或用来保护与它外壁相配合的表面。

（1）结构特点。轴的主体是由几段不同直径的圆柱体（或圆锥体）所组成的，常加工有键槽、螺纹、砂轮越程槽、倒角、退刀槽、中心孔等结构。

（2）视图选择。轴类零件多在车床和磨床上加工。为了加工时看图方便，轴类零件的主视图按其加工位置选择，一般将轴线水平放置，用一个基本视图来表达轴的主体结构，轴上的局部结构一般采用局部视图、局部剖视图、断面图、局部放大图来表达。此外，对形状简单且较长的轴段，常采用断开后缩短的方法表达。

铣刀头上轴的视图表达如图 10-7 所示，主视图表达阶梯轴的形状特征及各局部结构的轴向位置；用局部剖视图、移出断面图和局部视图来表达左、右两端键槽的形状、位置和深度（右断面图中的螺孔为 C 型中心孔上的结构，其表示法见《机械零件设计手册中有关国家标准》），用局部放大图表达退刀槽和销孔的结构。

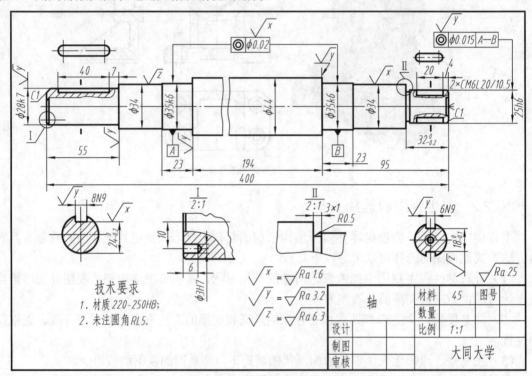

图 10-7 轴的零件图

套类零件的表达方法与轴类零件相似，当其内部结构复杂时，常用剖视图来表达。空心轴套的视图表达如图 10-8 所示，主视图采用剖视图表达轴套的内部形状特征及各局部结构的轴向位置；用局部剖视图、移出断面图来表达中部键槽的形状、位置和深度，用 A—A 移出断面图来表达右端各通孔及空槽的形状和位置。

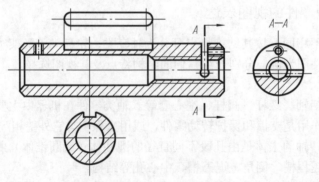

图 10-8 空心轴套的零件图

2. 轮盘类零件

轮盘类零件一般包括手轮、带轮、齿轮、法兰盘、端盖、盘座等。这类零件在机器中主要起传递动力、支撑、轴向定位及密封作用。

（1）结构特点。轮盘类零件的基本形状是扁平的盘状，由几个回转体组成，其轴向尺寸往往比其他两个方向的尺寸小得多，零件上常见的结构有凸缘、凹坑、螺孔、沉孔、肋等结构。

（2）视图选择。由于轮盘类零件的主要加工表面是以车削为主，所以其主视图也应按加工位置布置，将轴线放成水平，且多将该视图作全剖视，以表达其内部结构。除主视图外，常采用左（或右）视图，表达零件上沿圆周分布的孔、槽及轮辐、肋条等结构。对于零件上的一些小的结构，可选取局部视图、局部剖视图、断面图和局部放大图表示。

如图 10-9 所示的端盖，采用了主、左两视图和一个局部放大图表示。主视图将轴线水平放置，且作了全剖视，表达了端盖的主体结构。左视图（只画一半——简化画法）反映出端盖的形状和沉孔的位置。局部放大图则清楚地反映出密封槽的内部结构形状。

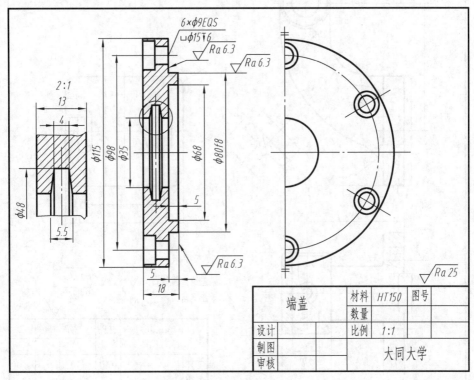

图 10-9　端盖的零件图

3. 支架类零件

叉架类零件包括拨叉、连杆、杠杆和各种支架。拨叉主要用在机床和内燃机等各种机器的操纵机构上，起操纵和调整作用。支架主要起支撑和连接作用。

（1）结构特点。叉架类零件形式多样，结构较为复杂，多为铸件，经多道工序加工而成。这类零件一般由三部分构成，即支撑部分、工作部分和连接部分。连接部分多为肋板结构，且形状弯曲、扭斜的较多。支撑部分和工作部分，细部结构也较多，如圆孔、螺孔、油孔、油槽、凸台和凹坑等。

（2）视图选择。由于叉架类零件的加工工序较多，其加工位置经常变化，因此选择主视图时，主要考虑零件的形状特征和工作位置。这类零件一般需用两个或两个以上的基本视图。为了表达零件上的弯曲或扭斜结构，还常采用斜视图、局部视图、用斜剖切平面剖切的剖视图、断面图等表达方法。

如图 10-10 所示的支架，由支撑板（安装板）、空心圆柱、连接板和肋板四部分组成。其零件图采用主、俯两视图以及一个局部视图和一个断面图表达。主视图表示支撑板、工作圆柱、连接板与肋板的形体特征和相对位置。俯视图侧重反映支架各部分的前后对称关系。这两个视图都以表达外形为主，并分别采用局部剖表示圆孔的内形。局部视图主要是表示长圆孔的形状和相对位置。断面图则表示弯曲的板与肋的连接关系。

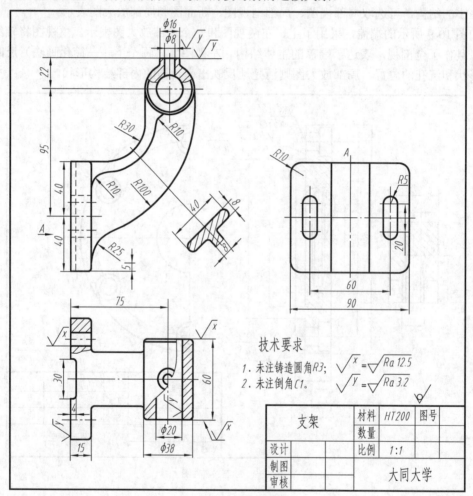

图 10-10 支架的零件图

4. 箱壳类零件

箱体类零件包括各种箱体、壳体、泵体以及减速机的机体等，这类零件主要用来支撑、包容和保护体内的零件，也起定位和密封等作用，因此结构较复杂，一般为铸件。

（1）结构特点。箱体类零件通常都有一个由薄壁所围成的较大空腔和与其相连供安装用的底板；在箱壁上有多个向内或向外伸延的供安装轴承用的圆筒或半圆筒，且在其上、下常有肋板加固。此外，箱体类零件上还有许多细小结构，如凸台、凹坑、起模斜度、铸造圆角、螺孔、销孔和倒角等。

（2）视图选择。箱体类零件由于结构复杂，加工位置变化也较多，所以一般以零件的工作位置和最能反映其形状特征及各部分相对位置的方向作为主视图的投射方向。其外部、内部结构形状应采用视图和剖视图分别表达；对细小结构可采用局部视图、局部剖视图和断面图来表达。这类零件一般需要三个以上的基本视图。

泵体的零件图如图 10-11 所示，采用主、左两个基本视图和一个局部视图。主视图表达了前端带空腔的圆柱、支撑板、底板及进出油孔的形状和位置关系，采用三处局部剖视，分别表达油孔及底板上的安装孔结构。左视图采用全剖进一步表达前端圆柱的内腔、后端圆柱的轴孔、底板的形状及位置关系。采用局部视图侧重表示底板的形状和安装孔的位置关系。

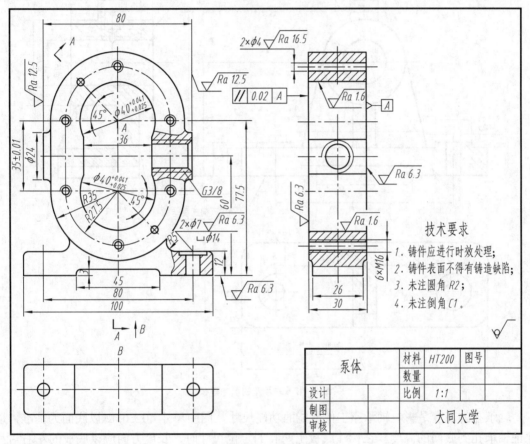

图 10-11　泵体的零件图

10.3　零件图的尺寸标注

零件图上的尺寸是制造、检验零件的重要依据。因此，零件图上的尺寸标注，除要求正确、完整和清晰外，还应考虑合理性，既要满足设计要求，又要便于加工、测量。合理标注零件尺寸，需要生产实践经验和有关机械设计、加工等方面的知识。

10.3.1　正确选择尺寸基准

尺寸基准指零件在设计、制造和检验时，标注尺寸的起点。零件的底面、端面、对称面，主要的轴线、中心线等都可作为基准。要合理标注尺寸，必须恰当地选择尺寸基准，即尺寸基准的选择应符合零件的设计要求并便于加工和测量。

1. 设计基准和工艺基准

从设计和工艺的不同角度来确定基准，一般把基准分成设计基准和工艺基准两大类。根据零件的结构和设计要求而确定的基准为设计基准。根据零件在加工和测量等方面的要求所确定的基准为工艺基准。下面以图10-12所示的轴承座为例加以说明。

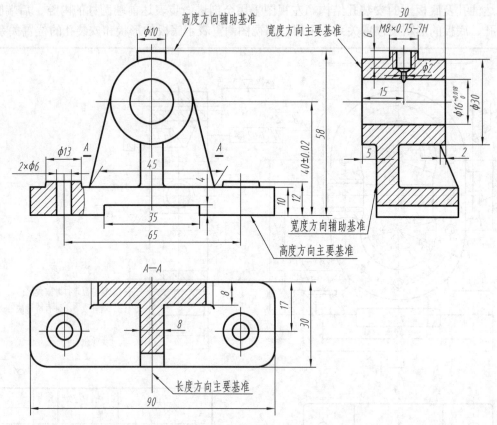

图 10-12 轴承座的尺寸基准

轴承孔的高度是影响轴承座工作性能的功能尺寸，图中尺寸 40 ± 0.02 以底面为基准，以保证轴承孔到底面的高度。在标注底板上两孔的定位尺寸时，长度方向应以底板的左右对称面为基准，以保证底板上两孔的对称关系，如图中尺寸 65。所以底面和左右对称面都是满足设计要求的基准，是设计基准。

轴承座上方螺孔的深度尺寸，若以轴承底板的底面为基准标注，就不易测量。为了测量方便，应以凸台端面为基准标注尺寸 6，所以凸台端面是工艺基准。

标注尺寸时，应尽量使设计基准与工艺基准重合，使尺寸既能满足设计要求，又能满足工艺要求。轴承座的底面和左右对称面既是设计基准，加工时又是工艺基准。二者不能重合时，主要尺寸应从设计基准出发标注。

2. 主要基准与辅助基准

每个零件都有长、宽、高三个方向的尺寸，每个方向至少有一个尺寸基准，且都有一个主要基准，即决定零件主要尺寸的基准。轴承座的主要尺寸基准如图10-13所示。

为了便于加工和测量，通常还附加一些尺寸基准，这些除主要基准外另选的基准为辅助基准。辅助基准必须有尺寸与主要基准相联系，如主视图中的联系尺寸 58，左视图中的联系尺寸 5。

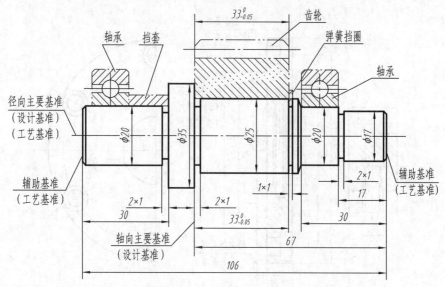

图 10-13　轴的尺寸基准

10.3.2　零件尺寸基准选择实例

1. 轴的尺寸基准

（1）径向尺寸基准

如图 10-13 所示，为了便于装配和装在轴上零件的轴向定位的需要，轴被制成阶梯状，从设计角度考虑，各段圆柱均要求在同一轴线上，所以轴线应为径向设计基准。又由于加工时，轴两端用顶尖支撑，因而轴线又是工艺基准，这种同轴线回转体组成的轴类零件在径向上体现了设计基准、工艺基准重合的要求。

（2）轴向尺寸基准

轴上装有滚动轴承、齿轮、弹簧挡圈、挡套等，齿轮的轴向定位端面为轴向尺寸的主要基准，以尺寸 67（该尺寸有设计要求）为联系确定轴右端面，并以其为辅助基准。一方面确定尺寸 17（有设计要求，直接注出），另一方面确定尺寸 106 得到轴左端面。

2. 端盖的尺寸基准

（1）径向尺寸基准

图 10-14 所示为铣刀头上的零件端盖。在径向上，端盖内、外圆柱面的直径尺寸均以轴线为径向尺寸基准。同轴一样，在这个方向上，设计基准和工艺基准是统一的。

（2）轴向尺寸基准

端盖的环形平面是与座体端面的结合面，所以是轴向尺寸的主要基准。端盖止口压入座体孔的深度尺寸 5 为有设计要求的尺寸，故从设计基准出发，直接注出。该尺寸 5 也可作为设计基准与止口端面辅助基准之间的联系尺寸，再由辅助基准注出端盖的长度尺寸 18。

3. 座体的尺寸基准

（1）高度方向主要基准

图 10-15 所示为铣刀头上的零件座体。由于设计时考虑铣刀头的安装定位，所以安装底

板的底面是高度方向尺寸的主要基准，轴承孔的高度尺寸 115 为有设计要求的尺寸，故从设计基准出发，直接注出。

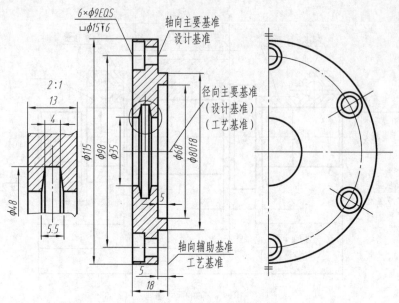

图 10–14　端盖的尺寸基准

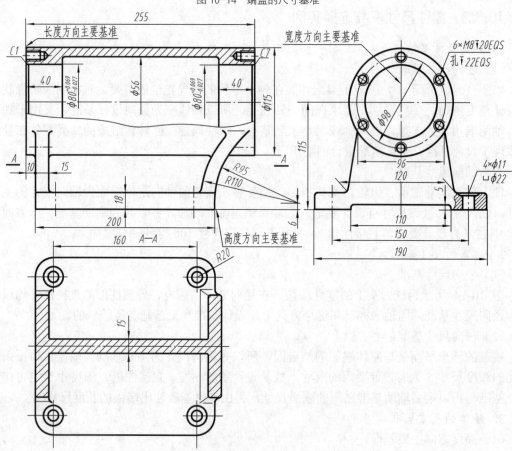

图 10–15　座体的尺寸基准

（2）长度方向尺寸的主要基准

以上部圆筒左端面即与端盖的结合面为长度方向的主要基准，既可确定轴承孔长度尺寸 40 和以尺寸 10 确定左支撑侧板的位置，又可以该结合面为基准，用尺寸 255 来确定圆筒右端结合面的位置，再以右端面为辅助基准，确定右边轴承孔长度尺寸 40。

（3）宽度方向尺寸的主要基准

座体前后对称，选对称面为宽度方向的主要基准。以尺寸 190、150 分别确定座体的宽度和底板安装孔的中心位置。

10.3.3 标注尺寸的注意事项

1. 主要尺寸应直接标注

零件上反映机器或部件规格性能的尺寸，有配合要求的尺寸、影响机器或部件正确安装的尺寸等都是有设计要求的主要尺寸，应从基准直接注出，如图 10-12 中轴承孔的高度尺寸 40 ± 0.02、65 等。

2. 避免注成封闭的尺寸链

图 10-16 所示为阶梯轴。图（a）中，长度方向的尺寸 23、40、32、95 首尾相连，构成一个封闭的尺寸链，因为封闭尺寸链中每个尺寸的尺寸精度，都将受链中其他各尺寸误差的影响，加工时很难保证总长尺寸的尺寸精度。所以，在这种情况下，应当挑选一个不重要的尺寸空出不注，以使尺寸误差累积在此处，如图 10-16（b）图中的尺寸注法。

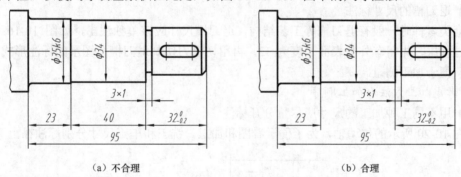

（a）不合理　　　　　　　　　　　　　　（b）合理

图 10-16 避免注成封闭的尺寸链

3. 考虑加工测量方便

（1）阶梯孔的尺寸标注

在加工零件上的阶梯孔时，一般先加工小孔，然后依次加工大孔，如图 10-17 所示。因此，在标注轴向尺寸时，应从端面注出大孔的深度，以便于测量，如图 10-18 所示。

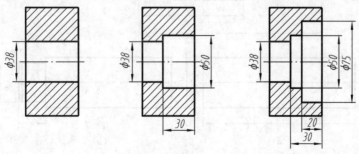

图 10-17 阶梯孔加工工序

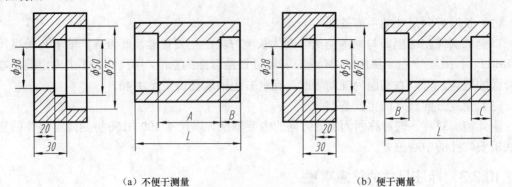

（a）不便于测量
（b）便于测量

图 10-18　阶梯孔尺寸标注

（2）键槽深度的尺寸标注

轴和轮毂孔上的键槽深度尺寸，以圆柱面轮廓素线为基准标注，便于测量，如图 10-19 所示。

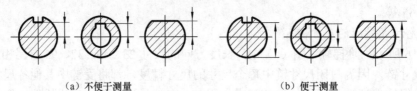

（a）不便于测量　　　　　　　　　　（b）便于测量

图 10-19　键槽深度尺寸标注

（3）退刀槽的尺寸标注

轴套类零件时一般有退刀槽等工艺结构，退刀槽尺寸应该单独注出，如图 10-16 所示。在加工过程中，先粗车外圆表面长度为 32，再用切槽刀切制退刀槽，图示的标注形式符合工艺要求，便于加工测量。

4. 考虑加工方法和加工顺序

（1）用不同工种加工的尺寸应尽量分开标注

如图 10-20 所示的传动轴，为了便于看图和加工，铣工和车工尺寸分别标注在上下两端。

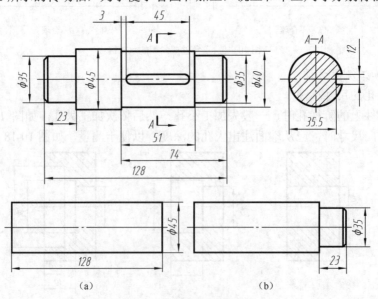

图 10-20　传动轴尺寸标注

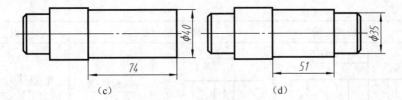

图 10-20 传动轴尺寸标注（续）

（2）同一工种加工的尺寸，应按加工顺序标注尺寸

零件各表面的加工都有一定的先后顺序，标注尺寸应尽量与加工顺序一致，图 10-20 中（a）～（d）为传动轴在车床上的加工工序及所要求的尺寸。

5. 关联尺寸相互协调

相关零件的尺寸标注要协调，便于装配连接。例如，图 10-14 所示端盖上 6 个沉孔的中心定位尺寸与图 10-15 座体上部圆筒端面 6 个螺孔中心的定位尺寸应协调一致，均为 $\phi 98$，且分布角度相同。

6. 毛坯面与加工面尺寸联系

毛坯面间的尺寸是铸造过程中同时平行产生的，即尺寸之间的误差已经形成，因而在同一方向上，毛坯面与加工面之间只有一个联系尺寸 B，而尺寸 C 和 D 为毛坯面之间的联系尺寸，如图 10-21 所示。

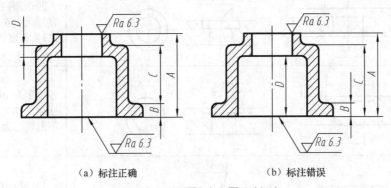

（a）标注正确   （b）标注错误

图 10-21 毛坯面与加工面尺寸标注

10.3.4 零件上常见结构的尺寸标注

零件上常见的销孔、锪平孔、沉孔、螺孔等结构，可参照表 10-1 标注尺寸。它们的尺寸标注分为普通注法和旁注法两种形式，根据图形情况及标注尺寸的位置参照选用。

表 10-1   零件上常见孔的尺寸注法

结构类型		普 通 注 法	旁 注 法	说 明
光孔	一般孔	$4\times\phi 4H7$	$4\times\phi 4H7\overline{\top}12$ $4\times\phi 4H7\overline{\top}10$	$4\times\phi 4$ 表示四个孔的直径均为 $\phi 4$。三种注法任选一种均可（下同）

结构类型		普 通 注 法	旁 注 法	说 明
	精加工孔	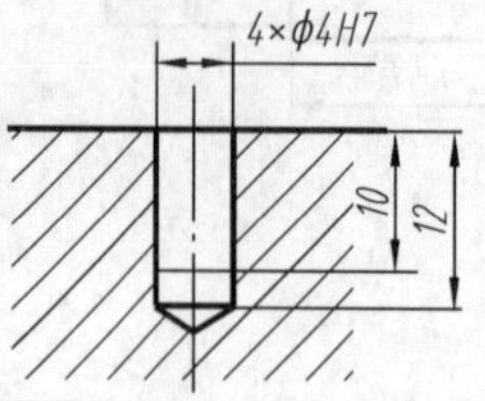 4×φ4H7 12 10	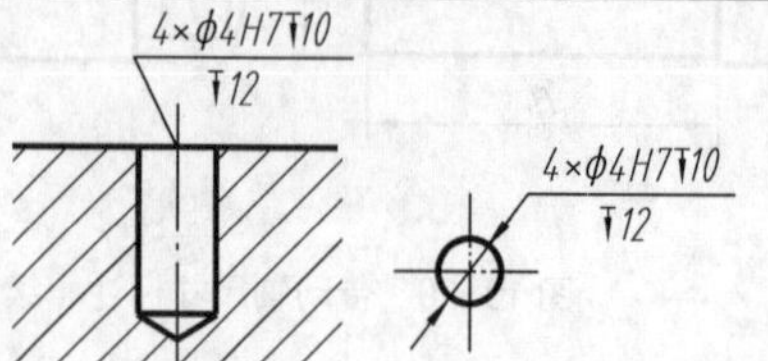 4×φ4H7▼10 ▼12 4×φ4H7▼10 ▼12	钻孔深为12，钻孔后需精加工至φ4H7，精加工深度为10
	锥销孔		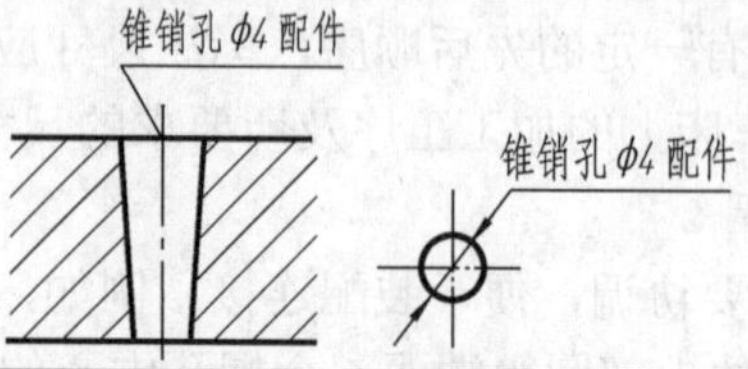 锥销孔φ4配件 锥销孔φ4配件	φ4 为与锥销孔相配的圆锥销小头直径（公称直径）。锥销孔通常是相邻两零件装在一起时加工的
沉孔	锥形沉孔	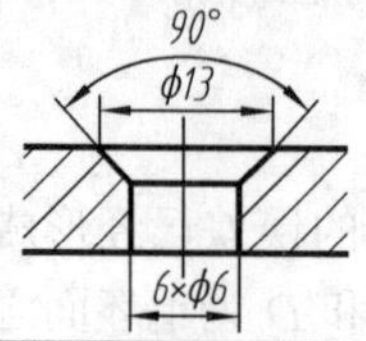 90° φ13 6×φ6	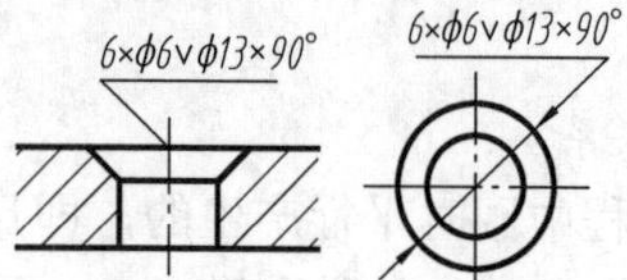 6×φ6∨φ13×90° 6×φ6∨φ13×90°	4×φ6 表示四个孔的直径均为φ6。锥形部分大端直径为φ13，锥角为90
	柱形沉孔	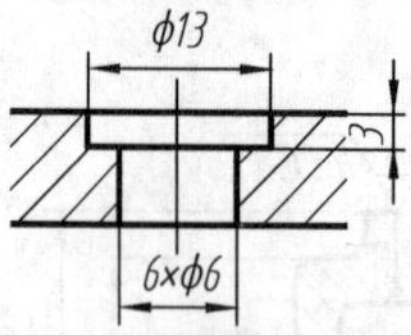 φ13 3 6×φ6	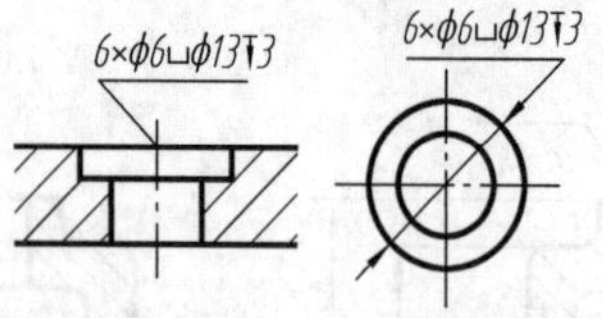 6×φ6⊔φ13▼3 6×φ6⊔φ13▼3	四个圆柱形沉孔的小孔直径为φ6，大孔直径为φ13，深度为3
	锪平面孔	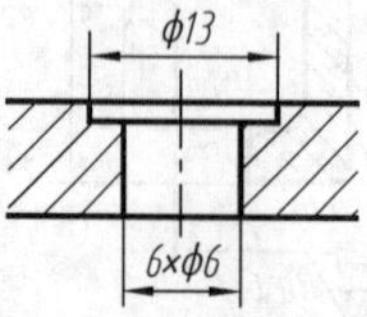 φ13 6×φ6	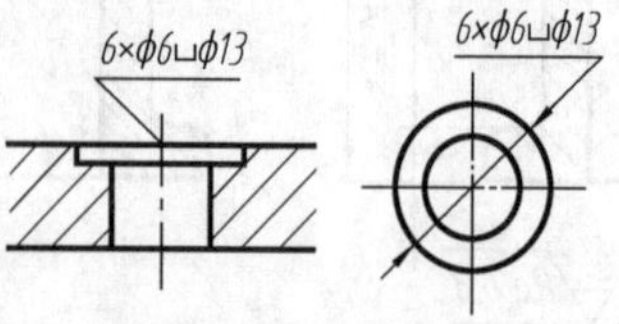 6×φ6⊔φ13 6×φ6⊔φ13	锪平面 φ13 的深度不需标注，加工时一般锪平到不出现毛面为止
螺纹孔	通孔	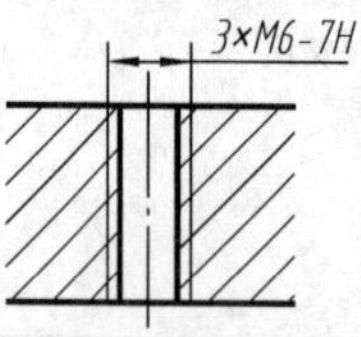 3×M6-7H	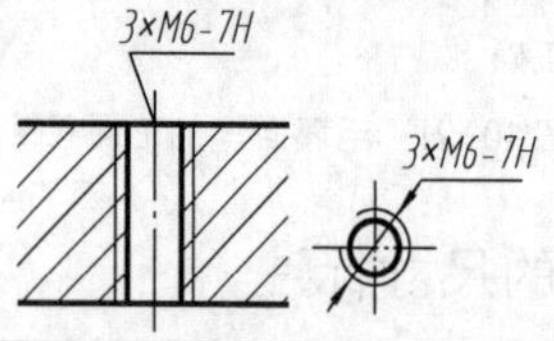 3×M6-7H 3×M6-7H	3×M6-7H 表示三个大径为 6，螺纹中径、顶径公差带为 7H 的螺孔
	不通孔	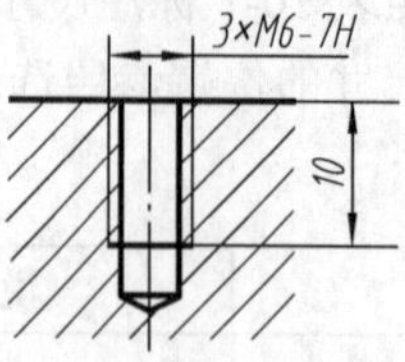 3×M6-7H 10	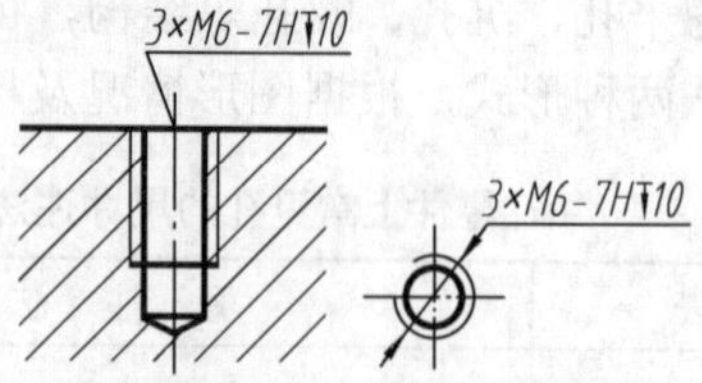 3×M6-7H▼10 3×M6-7H▼10	深10是指螺孔的有效深度尺寸为10，钻孔深度以保证螺孔有效深度为准，也可查有关手册确定。一般光孔深度比螺纹孔有效深度多螺纹大径的一半，如左图光孔深度为13
	不通孔	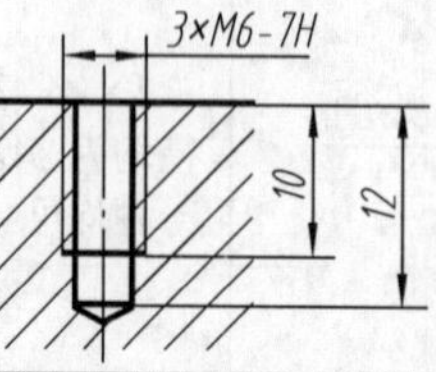 3×M6-7H 12 10	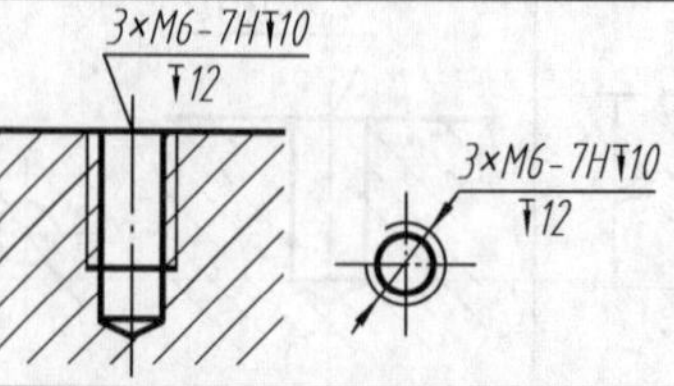 3×M6-7H▼10 ▼12 3×M6-7H▼10 ▼12	需要注出钻孔深度时，应明确标注出钻孔深度尺寸

10.4 零件图的技术要求

零件图不仅要用视图和尺寸表达其结构形状及大小，还应表示出零件表面结构在制造和检验中控制产品质量的技术指标。这就要求必须对零件表面结构标注技术要求，如为了满足零件的功能要求，对零件上有关部分的结构几何特征要标注尺寸公差、形状和位置公差。零件表面结构的几何特征还包含表面粗糙度和表面波纹度，它们对零件表面质量也有很大的影响。本节主要介绍零件图上相关技术要求的基本知识和标注方法。

10.4.1 产品几何技术规范

1. 表面粗糙度的概念

经过加工的零件表面看起来很光滑，但从显微镜下观察却可见表面具有微小的峰、谷，如图 10-22 所示。这种加工表面上具有较小的间距和峰谷所组成的微观几何形状特征，称为表面粗糙度。零件实际表面的这种微观不平度，对零件的磨损、疲劳强度、耐腐蚀性、配合性质和喷涂质量，以及外观等都有很大影响，并直接关系到机器的使用性能和寿命，特别是对运转速度快、装配精度高、密封要求严的产品，更具有重要意义。因此，在设计绘图时，应根据产品的精密程度，按照 GB/T 131—2006《产品几何技术规范技术产品文件中表面结构的表示法》的规定，对零件的表面粗糙度提出相应要求。

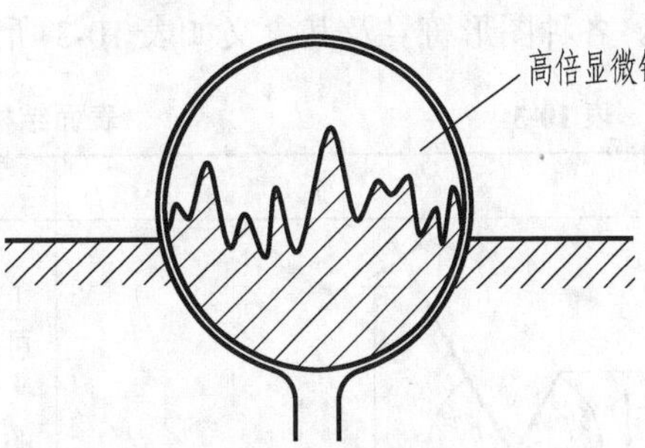

图 10-22 零件表面微观几何形状

2. 评定表面结构要求的参数及数值

表面粗糙度参数是评定表面结构要求时普遍采用的主要参数。常用的参数是轮廓参数 R，包含 Ra 和 Rz 两个高度参数。轮廓参数既能满足常用表面的功能要求，检测也比较方便。

（1）轮廓算术平均偏差 Ra

在一个取样长度内，被评定轮廓纵坐标值 $Z(X)$ 绝对值的算术平均值，如图 10-23 所示。

（2）轮廓最大高度 Rz

在一个取样长度内，最大轮廓峰高值 Z_p 和最大轮廓谷深 Z_v 之和的高度（轮廓峰高线与轮廓谷深线之间的距离），如图 10-23 所示。

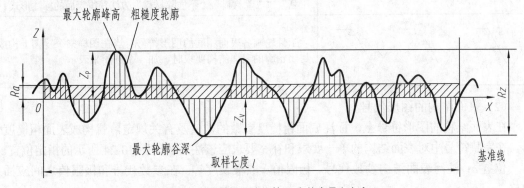

图 10-23 轮廓算术平均偏差 Ra 和轮廓最大高度 Rz

零件的表面粗糙度高度评定参数的数值越大，表面越粗糙，零件表面质量越低，加工成本就越低；反之数值越小，表面越光滑，零件表面质量越高，加工成本就越高。因此，在满足零件使用要求的前提下，应合理选用表面粗糙度参数。表面粗糙度评定参数 Ra 的数值如表 10-2 所示。

表 10-2 表面粗糙度 Ra 数值 (μm)

第一系列	0.012	0.025	0.100	0.20	0.40	0.80	1.60	3.2	6.3	12.5	25	50	100
第二系列	0.008	0.016	0.032	0.063	0.125	0.25	0.50	1.00	2.00	4.0	8.0	16.0	32	63
	0.010	0.020	0.040	0.080	0.160	0.32	0.63	1.25	2.5	5.0	10.0	20	40	80

注：优先选用第一系列值。

3. 表面结构的符号、代号

（1）表面结构的图形符号

在图样中，对表面结构的要求可用几种不同的图形符号表示。标注时，图形符号应附加对表面结构的补充要求。在特殊情况下，图形符号也可以在图样中单独使用，以表达特殊意义。各种图形符号及其含义如表 10-3 所示。

表 10-3 表面结构的图形符号及其含义

符 号	意义及说明
	基本图形符号：表示对表面结构有要求的符号，以及指定加工方法的表面，仅适用于简化代号的标注。当通过一个注释时可单独使用，没有补充说明时不能单独使用
	"d" 表示线宽，为尺寸数字高的 0.1 倍。"H" 为尺寸数字高的 1.4 倍。总高 $2H$ 为最小值（即只标一行表面粗糙度的值），实际总高取决于标注内容
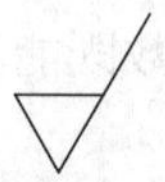	扩展图形符号：基本图形符号加一短划，表示表面是用去除材料的方法获得的。例如，锯、车、铣、刨、钻、镗、磨、剪切、抛光、研磨、腐蚀、气割、电火花加工等
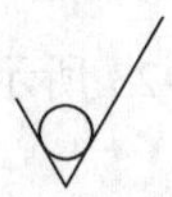	扩展图形符号：基本符号加一小圆圈，表示表面是用不去除材料的方法获得的。例如，铸造、锻造、冲压、热轧、粉末冶金等，或者用于保持原供应状况的表面（包括保持上道工序的状况）
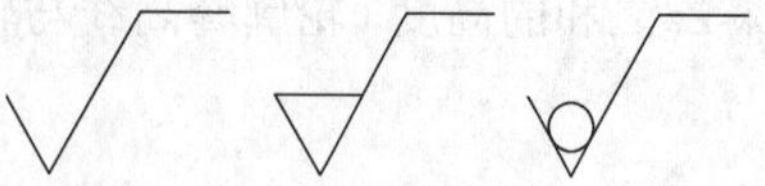	完整图形符号：在上述三个符号的长边上均可加一横线，用于对表面结构有补充要求的标注。左、中、右分别用于"允许任何工艺"、"去除材料"、"不去除材料"方法获得表面的标注形式
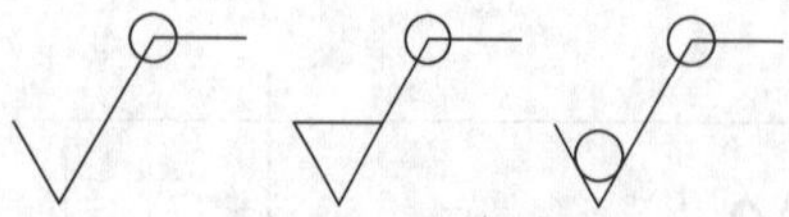	工件轮廓各表面相同的图形符号：当在图样某个视图上构成封闭轮廓的表面结构要求时，加一个圆圈来表示

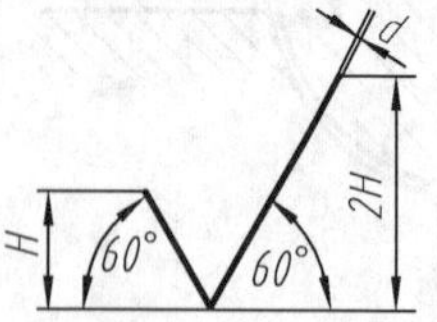

（2）表面结构的图形代号

在表面结构的图形符号上，标注表面粗糙度参数的数值及有关规定，就构成表面粗糙度代号。在完整符号中对表面结构的单一要求和补充要求应该注写在如图 10-24 所示的指定位置。

位置 a：注写表面结构参数代号、极限值、取样长度等。在参数代号和极限值之间应插入空格。

位置 *a* 和 *b*：注写两个或多个表面结构要求。

位置 *c*：注写加工方法、表面处理、涂层或其他加工工艺要求。

位置 *d*：注写所要求的表面纹理和纹理方向。

位置 *e*：注写所要求的加工余量。

4. 表面结构要求的标注方法

在机械图样中，表面结构要求对零件的每一个表面通常只标注一次代（符）号，并尽量标注在确定该表面大小或位置的视图上。表面结构要求的标注要遵守以下一些规定。

（1）表面结构符号、代号的标注位置与方向

根据 GB/T 131—2006 的规定，使表面结构要求的注写和读取方向与尺寸的注写和读取方向相一致，如图 10-25 所示。

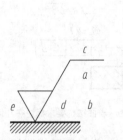

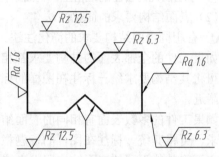

图 10-24 图形代号的单一要求和补充要求注写位置　　　图 10-25 表面结构要求的注写方向

① 标注在轮廓线或指引线上。表面结构要求也可标注在轮廓线及其延长线上，其符号应从材料外指向并接触表面。必要时，表面结构符号也可以用箭头或黑点的指引线引出标注，如图 10-26 所示。

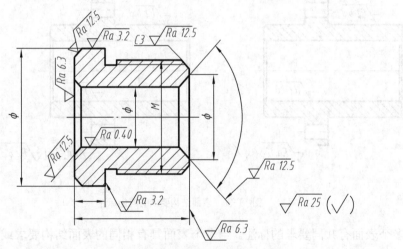

图 10-26 表面结构要求的标注位置

② 标注在特征尺寸的尺寸线上。在不致引起误解时，表面结构要求可以标注在给出的尺寸线上，如图 10-27 所示。

③ 标注在圆柱和棱柱表面上。圆柱和棱柱表面的表面结构要求只标注一次。如果每个圆柱和棱柱表面有不同的表面结构要求，则应分别单独标注，如图 10-28 所示。

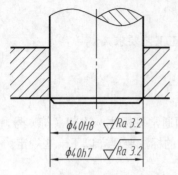

图 10-27　表面结构要求标注在尺寸线上

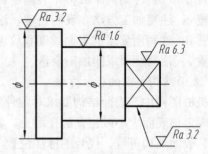

图 10-28　圆柱、棱柱的表面结构要求标注

④　标注在几何公差的框格上。表面结构要求可标注在几何公差框格的上方，如图 10-29 所示。

（2）表面结构要求的简化注法

①　有相同表面结构要求的简化注法。

如果工件的全部表面的结构要求都相同，可将其结构要求统一标注在图样的标题栏附近。

如果工件的多数表面有相同的表面结构要求，可将其统一标注在图样的标题栏

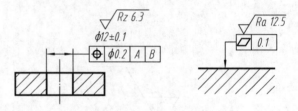

图 10-29　表面结构要求标注在几何公差框格上方

附近，而将其他不同的表面结构要求直接标注在图形中。此时标题栏附近表面结构要求的符号后面应有：

——在圆括号内给出无任何其他标注的基本符号，如图 10-30（a）所示；

——在圆括号内给出不同的表面结构要求，如图 10-30（b）所示。

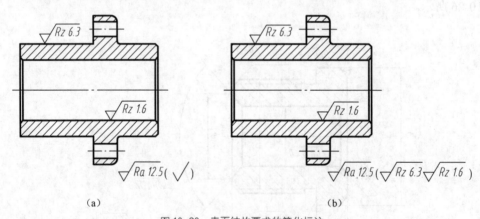

（a）　　　　　　　　　　　　　　　（b）

图 10-30　表面结构要求的简化标注

②　多个表面有共同要求的标注。当多个表面具有相同的表面结构要求或空间有限时，可以采用简化注法。

用带字母的完整符号的简化注法：可用带字母的完整符号，以等式的形式，在图形或标题栏附近，对有相同表面结构要求的表面进行标注，如图 10-31 所示。

只用表面结构符号的简化注法：可用基本符号、扩展符号，以等式的形式给出对多个表面的共同的表面结构要求，如图 10-32 所示。

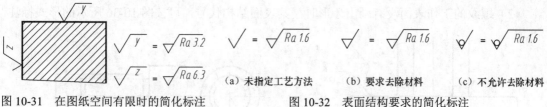

图 10-31 在图纸空间有限时的简化标注　　　图 10-32 表面结构要求的简化标注

5. 多种工艺获得同一表面的注法

由两种或多种不同工艺方法获得的同一表面现象，当需要明确每一种工艺方法的表面结构要求时，可按图 10-33 所示进行标注。

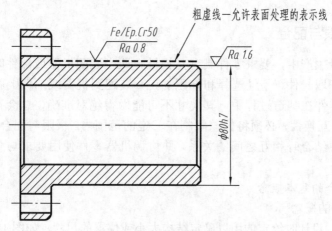

图 10-33 同时给出镀覆前后要求的注法

6. 常用零件表面结构要求的标注

（1）零件上连续表面及重复要素（孔、槽、齿……）的表面，其表面结构代号只标注一次，如图 10-34 所示；用细实线连接不连续的同一表面，其表面结构代号只标注一次。如图 10-35 所示。

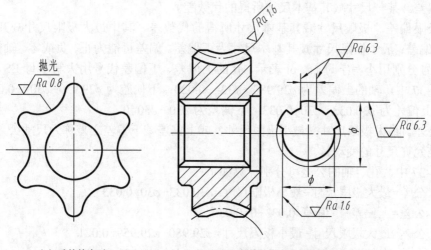

（a）手轮外表面　　　　　　（b）蜗轮轮齿表面和花键表面

图 10-34 连续表面及重复要素的表面结构要求标注

（2）螺纹的工作表面没有画出牙形时，其表面结构代号，可按图10-36所示的形式标注。

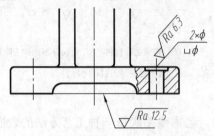

图10-35　不连续的同一表面的表面结构要求标注

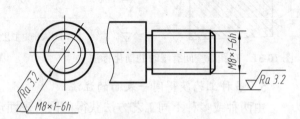

图10-36　螺纹表面结构要求的标注

10.4.2　极限与配合

在成批或大量生产中，要求零件具有互换性，即当装配机器或部件时，只要在一批相同规格的零件中任取一件，不经选择和修配加工，装配到机器或部件上就能满足装配使用性能要求。由于零件在制造过程中，其尺寸不可能做得绝对准确，总会存在一定偏差。因此，为保证零件的互换性，必须将偏差限制在一定的范围内。极限与配合国家标准的作用，就是用来保证零件结合时相互之间的关系，并协调机器零件使用要求与制造经济性之间的矛盾。

1. 极限与配合的基本概念

（1）关于尺寸的概念

① 基本尺寸。设计时给定的用以确定结构大小或位置的尺寸，如图10-37中尺寸 $\phi30$。

② 实际尺寸。零件加工后实际测量获得的尺寸。

③ 极限尺寸。允许尺寸变化的两个极端值。实际尺寸应位于其中，也可达到极限尺寸。孔（或轴）允许的最大尺寸称最大极限尺寸，孔（或轴）允许的最小尺寸称最小极限尺寸。图10-37中，孔的极限尺寸分别为 $\phi30.033$ 和 $\phi30$；轴的极限尺寸分别为 $\phi29.980$ 和 $\phi29.959$。

（2）公差与偏差的概念

① 偏差。某一尺寸减其基本尺寸所得的代数差。

② 极限偏差。极限尺寸减其基本尺寸所得的代数差。其中最大极限尺寸减其基本尺寸之差为上偏差；最小极限尺寸减其基本尺寸为下偏差。偏差可能为正、负或零。轴的上偏差、下偏差代号分别用小写字母 es、ei 表示，孔的上偏差、下偏差代号用大写字母 ES、EI 表示。

图10-37中，轴的上偏差为 $\phi29.980 - \phi30 = -0.020$；下偏差为 $\phi29.959 - \phi30 = -0.041$。

孔的上偏差为 $\phi30.033 - \phi30 = 0.033$；下偏差为 $\phi30 - \phi30 = 0$。

③ 公差。最大极限尺寸减最小极限尺寸，或上偏差减下偏差之差称为尺寸公差（简称公差），它是允许尺寸的变动量。

图10-37中，孔、轴的公差可分别计算如下：

孔　公差=最大极限尺寸−最小极限尺寸=$\phi30.033 - \phi30 = 0.033$

　　公差=上偏差−下偏差=$0.033 - 0 = 0.033$

轴　公差=最大极限尺寸−最小极限尺寸=$\phi29.980 - \phi29.959 = 0.021$

　　公差=上偏差−下偏差=$(-0.020) - (-0.041) = 0.021$

由此可知，公差用于限制尺寸误差，是尺寸精度的一种度量。公差越小，尺寸的精确度越高，实际尺寸的允许变动量就越小；反之，公差越大，尺寸的精确度越低。

④ 公差带。为了简化起见，在实用中常不画出孔（或轴），只画出表示基本尺寸的零线和上下偏差，称为公差带图，如图 10-37 所示。在公差带图中，由代表上、下偏差的两条直线所限定的一个区域称为公差带。

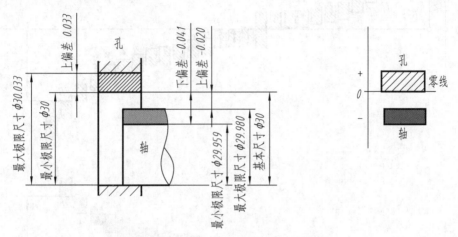

图 10-37　极限尺寸、极限偏差和公差带图

2. 标准公差和基本偏差

国家标准规定了标准公差和基本偏差来分别确定公差带的大小和相对零线的位置。

（1）标准公差。国家标准规定的确定公差带大小的数值，称为标准公差。标准公差按基本尺寸范围和公差等级来确定。它是衡量尺寸的精度，也就是加工的难易程度。

标准公差分 20 个等级，从 IT01、IT0、IT1 至 IT18。其中 IT01 公差值最小，尺寸精度最高；从 IT01 到 IT18，数字越大，公差值越大，尺寸精度越低。

标准公差数值见附表 21，从中可查出某尺寸在某一公差等级下的标准公差值。例如，基本尺寸为 20，公差等级 IT7 的标准公差值为 0.021。

（2）基本偏差。确定公差带相对零线位置的那个极限偏差。它可以是上偏差或下偏差，一般为靠近零线的那个偏差。也就是偏差值的绝对值较小的偏差。当公差带位于零线上方时，基本偏差为下偏差；当公差带位于零线下方时，基本偏差为上偏差。

国家标准规定了孔、轴基本偏差代号各有 28 个，形成了基本偏差系列，如图 10-38 所示。图中上方为孔的基本偏差系列，代号用大写字母表示；下方为轴的基本偏差系列，代号用小写字母表示。图中各公差带只表示了公差带的位置，不表示公差带的大小。因而，只画出了公差带属于基本偏差的一端，而另一端是开口的，即另一端的极限偏差应由相应的标准公差确定。

孔、轴的公差带代号由表示公差带位置的基本偏差代号和表示公差带大小的公差等级组成。例如，$\phi20H6$，$\phi20$ 表示基本尺寸，H6 是孔的公差代号，其中，H 表示孔的基本偏差代号，6 表示标准公差等级。

3. 配合

基本尺寸相同的相互结合的孔和轴公差带之间的关系称为配合。根据使用要求的不同，配合有松有紧，因此配合的类型有三种。

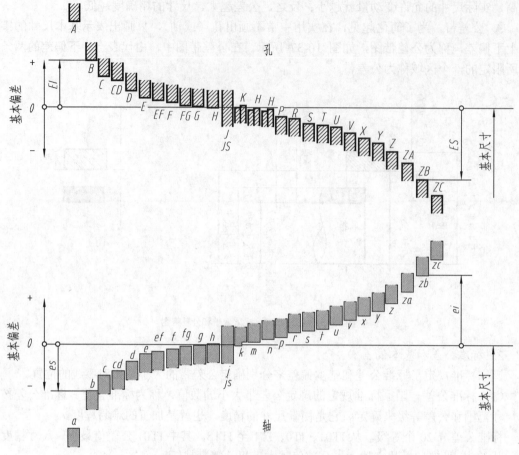

图 10-38　基本偏差系列示意图

（1）间隙配合。具有间隙（包括最小间隙等于零）的配合。间隙配合中孔的最小极限尺寸大于或等于轴的最大极限尺寸，孔的公差带完全位于轴的公差带之上，如图 10-39（a）所示。

（2）过盈配合。具有过盈（包括最小过盈等于零）的配合。过盈配合中孔的最大极限尺寸小于或等于轴的最小极限尺寸，孔的公差带位于轴的公差带之下，如图 10-39（b）所示。

（3）过渡配合。可能具有间隙或过盈的配合。过渡配合中，孔的公差带与轴的公差带相互交叠，如图 10-39（c）所示。

4. 配合制

为了满足零件结构和工作要求，在加工制造相互配合的零件时，采用将其中一个零件作为基准件，使其基本偏差不变，通过改变另一零件的基本偏差以达到不同的配合性质的要求。国家标准规定了两种配合基准制。

（1）基孔制配合。基本偏差为一定的孔的公差带，与不同基本偏差的轴的公差带形成各种配合的一种制度。基孔制中选择基本偏差为 H，即下偏差为 0 的孔为基准孔。由于轴比孔易于加工，所以应优先选用基孔制配合。

（2）基轴制配合。基本偏差为一定的轴的公差带，与不同基本偏差的孔的公差带形成各种配合的一种制度。基轴制中选择基本偏差为 h，即上偏差为 0 的轴为基准轴。

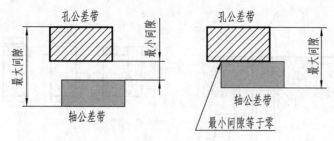

（a）间隙配合

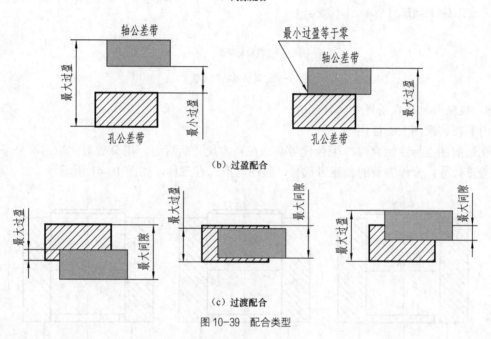

（b）过盈配合

（c）过渡配合

图 10-39 配合类型

从基本偏差系列（见图 10-40）中可以看出：

在基孔制中，基准孔 H 与轴配合，a～h（共 11 种）用于间隙配合；j～n（共 5 种）主要用于过渡配合；p～zc（共 12 种）主要用于过盈配合；

在基轴制中，基准轴 h 与孔配合，A～H（共 11 种）用于间隙配合；J～N（共 5 种）主要用于过渡配合；P～ZC（共 12 种）主要用于过盈配合。

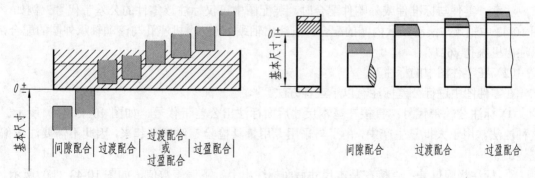

（a）基孔制配合

图 10-40 配合基准制

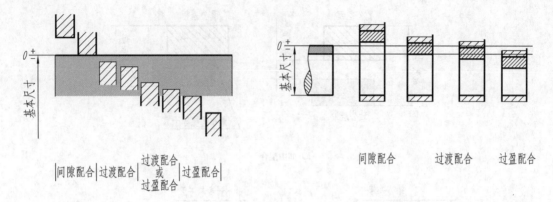

（b）基轴制配合

图 10-40 配合基准制（续）

5. 极限与配合在图样中的标注

（1）在装配图上的标注

在装配图上标注配合时，配合代号必须在基本尺寸的后面，用分数形式注出，分子为孔的公差带代号，分母为轴的公差带代号，其注写形式有三种，如图 10-41 所示。

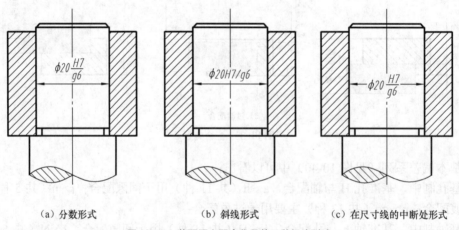

（a）分数形式 （b）斜线形式 （c）在尺寸线的中断处形式

图 10-41 装配图上配合代号的三种标注形式

注意：零件与标准件或外购件配合时，装配图中可仅标注该零件的公差带代号。例如，图 10-42 中轴颈与滚动轴承内圈的配合，只注出轴颈 $\phi30k6$；机座孔与滚动轴承外圈的配合，只注出机座孔 $\phi62J7$。

（2）在零件图中的标注

在零件图中进行公差标注有以下三种方法。

① 标注公差带代号：直接在基本尺寸后面标注出公差带代号，如图 10-43（a）所示。这种注法常用于大批量生产中，由于与采用专用量具检验零件统一起来，因此不需要注出偏差值。

② 标注极限偏差：直接在基本尺寸后面标注出上、下偏差数值，如图 10-43（b）所示。在零件图中进行公差标注一般采用极限偏差的形式。这种注法常用于小批量或单件生产中，以便加工检验时对照。

③ 公差带代号与极限偏差值同时标出：在基本尺寸后面标注出公差带代号，并在后面的括弧中同时注出上、下偏差数值，如图 10-43（c）所示。这种标注形式集中了前两种标注形式的优点，常用于产品转产较频繁的生产中。

（3）标注偏差数值时应注意的事项

① 上、下偏差数值不相同时，上偏差注在基本尺寸的右上方，下偏差注在右下方并与基本尺寸注在同一底线上。偏差数字应比基本尺寸数字小一号，小数点前的整数位对齐，后边的小数位数应相同。

② 如果上偏差或下偏差为零时，应简写为"0"，前面不注"＋"、"－"号，后边不注小数点；另一偏差按原来的位置注写，其个位"0"对齐。

③ 如果上、下偏差数值绝对值相同，则在基本尺寸后加注"±"号，只填写一个偏差数值，其数字大小与基本尺寸数字大小相同，如 $\phi 80\pm 0.017$。

④ 国家标准规定，同一张零件图中其公差只能选用一种标注形式。

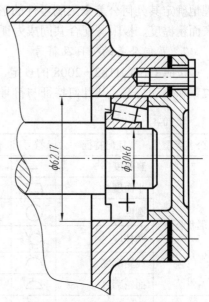

图 10-42 装配图上与标准件或外购件配合的标注形式

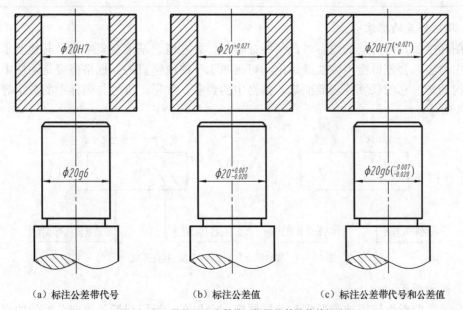

（a）标注公差带代号 （b）标注公差值 （c）标注公差带代号和公差值

图 10-43 零件图上公差带、极限偏差数值的标注

10.4.3 几何公差简介

1. 几何公差的概念

在生产实际中，经过加工的零件，不但会产生尺寸误差，而且会产生形状、位置等几何误差。对于精度要求较高的零件，不仅用尺寸公差限制尺寸误差，还应该根据设计要求，合

理地确定其几何公差来限制零件的形状、位置等误差，在图纸上标出几何公差。因此，它和表面粗糙度、极限与配合共同成为评定产品质量的重要技术指标。

2. 几何公差的项目及符号

按照 GB/T 1182—2008 的规定，根据几何公差特征将其划分为四类公差：形状、方向、位置和跳动公差，其几何特征与符号如表 10-4 所示。

表 10-4　　　　　　　　　　　　　几何特征及符号

公差类型	几何特征	符号	有无基准	公差类型	几何特征	符号	有无基准
形状公差	直线度	—	无	方向公差	线轮廓度	⌒	有
	平面度	▱	无		面轮廓度	⌓	有
	圆度	○	无	位置公差	位置度	⊕	有或无
	圆柱度	⌀	无		同轴（同心）度	◎	有
	线轮廓度	⌒	无		对称度	═	有
	面轮廓度	⌓	无		线轮廓度	⌒	有
方向公差	平行度	//	有		面轮廓度	⌓	有
	垂直度	⊥	有	跳动公差	圆跳动	/	有
	倾斜度	∠	有		全跳动	//	有

3. 几何公差的标注

在图样中，几何公差的内容（几何特征符号、公差值、基准要素字母及其他要求）在公差框格中给出。公差框格用细实线画出，可画成水平的或垂直的，框格高度是图样中尺寸数字高度的两倍，它的长度视需要而定。框格中的数字、字母、符号与图样中的数字等高，如图 10-44 所示。

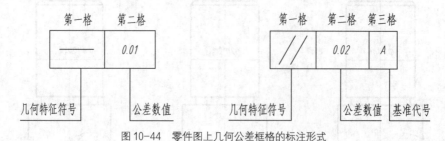

图 10-44　零件图上几何公差框格的标注形式

（1）被测要素

用带箭头的指引线将被测要素与公差框格一端相连，指引线箭头指向公差带的宽度方向或直径方面。

标注时应注意以下几点。

① 当公差涉及轮廓线或表面时，指引线的箭头应指在该要素的轮廓线或其延长线上，必须明显地与尺寸线错开，如图 10-45 所示。

② 当公差涉及轴线、球心或中心平面时，指引线的箭头应与该要素的尺寸线对齐，如图 10-46 所示。

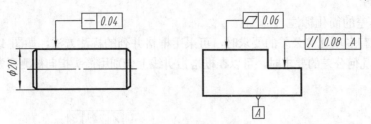

(a) $\phi20$ 圆柱面素线的直线度　　(b) 上表面的平面度；中间表面相对下表面的平行度

图 10-45　公差涉及轮廓线或表面时箭头的标注位置

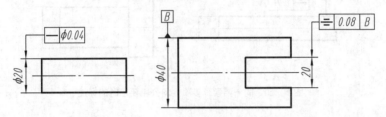

(a) $\phi20$ 圆柱面轴线的直线度　　(b) 以 $\phi40$ 的轴线为基准确定宽 20 的槽上下对称度

图 10-46　公差涉及轴线、球心或中心平面时箭头的标注位置

（2）基准要素

有基准要求时，相对于被测要素的基准用基准代号表示。基准代号由基准符号、正方形、连线和大写字母组成。基准符号用等边三角形表示，也可以将其内部涂黑，正方形和连线用细实线绘制，连线必须与基准要素垂直，表示基准的字母也应注在公差框格内，如图 10-47 所示。

标注时应注意以下几点。

① 当基准要素为轮廓线或表面时，基准代号应在该要素的轮廓线或其延长线标注，必须明显地与尺寸线错开，如图 10-48 所示。

图 10-47　基准的表示　　　　图 10-48　基准要素为轮廓线或表面时，基准代号的标注位置

② 当基准要素为轴线、球心或中心平面时，基准代号中的细实线应与该要素的尺寸线对齐，如图 10-49（a）、（b）所示。

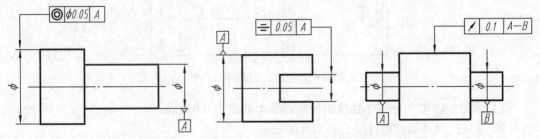

(a) 基准为轴线，被测要素也为轴线　(b) 基准为对称中心平面，被测要素为轴线　　(c) 基准为两轴线，被测要素为素线

图 10-49　基准要素为轴线、球心或中心平面时基准符号的标注

（3）几何公差的简化标注

当同一要素有多项几何公差的要求时，可采用框格并列的标注方法，如图 10-50 所示。当多个要素有相同几何公差的要求时，可以在框格指引线上分别用箭头指向被测要素，如图 10-51 所示。

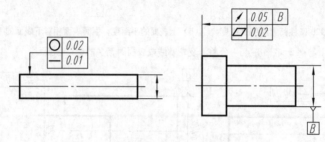

图 10-50　同一要素有多项几何公差要求时的标注

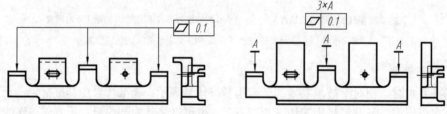

图 10-51　多个要素有相同几何公差要求时的标注

10.4.4　几何公差综合标注举例

如图 10-52 所示，读气门阀杆图样中的各项几何公差，并解释其含义。

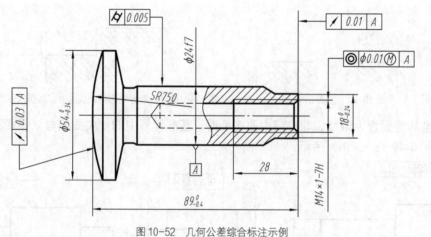

图 10-52　几何公差综合标注示例

（1）球面 SR750 对 ϕ24f7 轴线的径向圆跳动公差为 0.03mm；

（2）Φ24f7 圆柱面的圆柱度公差为 0.005mm；

（3）螺纹 M14×1 轴线对 ϕ24f7 轴线的同轴度公差为 Φ0.01mm；

（4）右端面对 Φ24f7 的轴线的端面圆跳动公差为 0.01mm。

10.5 零件上常见的工艺结构

大部分零件都要经过铸造、锻造、机械加工等过程制造出来，因此，制造零件时，零件的结构形状不仅要满足机器的使用要求，还要符合制造工艺、装配工艺等方面的要求。

10.5.1 铸造工艺结构

1. 起模斜度

零件在铸造成型时，为了便于将木模从砂型中取出，常使铸件的内、外壁沿起模方向作出一定的斜度，称为铸造斜度或起模斜度，如图 10-53 所示。起模斜度通常按 1:20 选取，在零件图上一般可不必画出，也可不加标注，必要时可作为技术要求加以说明。

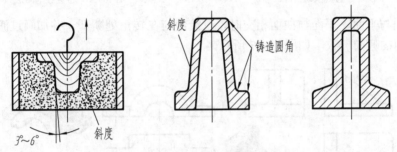

图 10-53 铸造圆角和起模斜度

2. 铸造圆角

为了避免浇铸时砂型转角处落砂以及防止铸件冷却时产生裂纹和缩孔，铸件各表面相交的转角处都应做成圆角，称为铸造圆角，如图 10-53 所示。铸造圆角的大小一般取 $R=3\sim5mm$，可在技术要求中统一注明。

3. 铸件壁厚应尽量均匀

如果铸件各处的壁厚相差很大，由于零件浇铸后冷却速度不一样，会造成壁厚处冷却慢，易产生缩孔，厚薄突变处易产生裂纹。因此，设计时应尽量使铸件壁厚保持均匀或逐渐过渡，如图 10-54 所示。

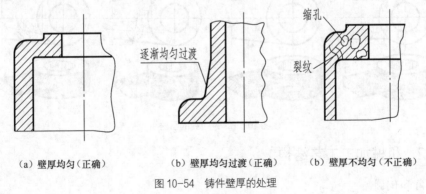

（a）壁厚均匀（正确）　　（b）壁厚均匀过渡（正确）　　（b）壁厚不均匀（不正确）

图 10-54 铸件壁厚的处理

4. 过渡线

在铸造零件上，由于铸造圆角的存在，就使零件表面上的交线变得不十分明显。但是，为了便于读图及区分不同表面，在图样上，仍需按没有圆角时交线的位置，画出这些不太明显的线，这样的线称为过渡线。

过渡线用细实线表示，过渡线的画法与没有圆角时的相贯线画法完全相同，只是过渡线的两端与圆角轮廓线之间应留有空隙。下面分几种情况加以说明。

（1）当两曲面相交时，过渡线应不与圆角轮廓接触，如图 10-55 所示。

（2）当两曲面相切时，过渡线应在切点附近断开，如图 10-56 所示。

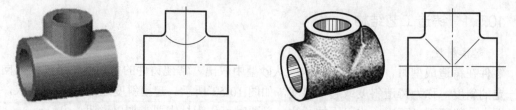

图 10-55　过渡线的画法　　　　　　　　图 10-56　过渡线的画法

（3）平面与平面、平面与曲面相交时，过渡线应在转角处断开，并加画过渡圆弧，其弯向与铸造圆角的弯向一致，如图 10-57 所示。

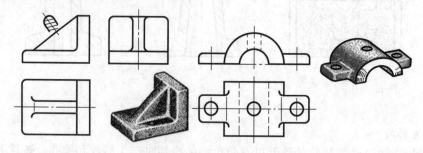

图 10-57　过渡线的画法

（4）当肋板与圆柱组合时，其过渡线的形状与肋板的断面形状，以及肋板与圆柱的组合形式有关，如图 10-58 所示。

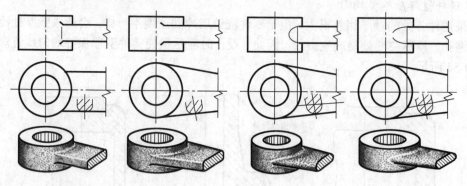

图 10-58　过渡线的画法

10.5.2　机械加工工艺结构

1. 倒角和倒圆

为了便于装配零件，消除毛刺或锐边，一般在孔和轴的端部加工出倒角。为了避免因应力集中而产生裂纹，常常把轴肩处加工成圆角的过渡形式，称为倒圆。其画法和标注方法如图 10-59 所示。

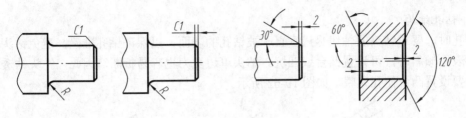

图 10-59　倒角与倒圆

2．退刀槽和砂轮越程槽

在车削内孔、车削螺纹和磨削零件表面时，为便于退出刀具或使砂轮可以稍越过加工面，常在待加工面的末端预先制出退刀槽或砂轮越程槽。退刀槽或砂轮越程槽的尺寸可按"槽宽×槽深"或"槽宽×直径"的形式标注。当槽的结构比较复杂时，可画出局部放大图标柱尺寸，如图 10-60 所示。

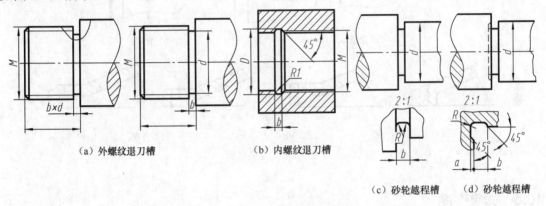

（a）外螺纹退刀槽　　　　　　（b）内螺纹退刀槽　　　　　（c）砂轮越程槽　　（d）砂轮越程槽

图 10-60　退刀槽和砂轮越程槽

3．凸台和凹坑

为使零件的某些装配表面与相邻零件接触良好，也为了减少加工面积，常在零件加工面处作出凸台、锪平成凹坑和凹槽，如图 10-61 所示。

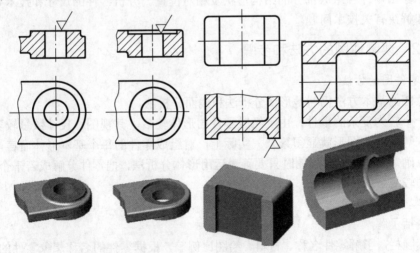

图 10-61　凸台和凹坑

4. 钻孔结构

钻孔时，要求钻头的轴线尽量垂直于被钻孔的表面，以保证钻孔准确，避免钻头折断，当零件表面倾斜时，可设置凸台或凹坑。钻头单边受力也容易折断，因此，钻头钻透处的结构，也要设置凸台使孔完整，如图 10-62 所示。

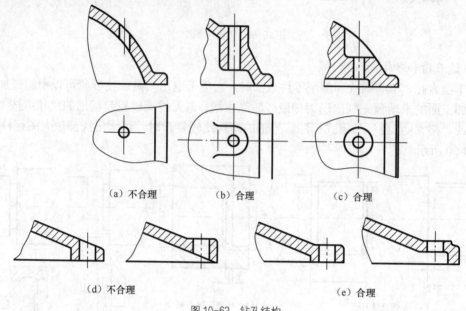

图 10-62　钻孔结构

10.6　读零件图

10.6.1　读零件图的要求

读零件图的要求是：了解零件的名称、所用材料和它在机器或部件中的作用，并通过分析视图，想象出零件各组成部分的结构形状及相对位置。分析零件的尺寸和技术要求，以便指导生产和解决有关技术问题。

10.6.2　读零件图的方法和步骤

1. 读零件图的方法

读零件图的基本方法仍然是形体分析法和线面分析法。

对于一个较为复杂的零件，由于组成零件的形体较多，其视图、尺寸数量较多，并且标注技术要求等内容，图形就显得繁杂。实际上，对组成零件的每个基本形体而言，用两三个视图就可以确定它的形状，读图时只要善于运用形体分析法，把零件分解成若干个基本形体，就不难读懂较复杂的零件图。

2. 读零件图的步骤

（1）概括了解

通过标题栏，了解零件名称、材料、绘图比例等，根据零件的名称想象零件的大致功能。浏览全图对零件的大致形状及在机器中的作用等有大概认识。

（2）分析视图、想象零件的结构形状

在纵览全图的基础上，详细分析视图，想象出零件的结构形状。应用形体分析的方法，抓特征部分，分别将组成零件各个形体的形状想象出来。对于局部投影难解之处，要用线面分析的方法仔细分析，辨别清楚。最后确定各个形体之间的相对位置，综合起来想象出零件的整体形状。

（3）尺寸分析

分析零件图上的尺寸，首先要找出三个方向尺寸的主要基准，然后从基准出发，按形体分析法，找出各组成部分的定形尺寸、定位尺寸及总体尺寸。

（4）了解技术要求

读懂技术要求，如表面粗糙度、尺寸公差、几何公差以及其他技术要求。分析技术要求时，关键是弄清楚哪些部位的要求比较高，以便考虑在加工时采取措施予以保证。

（5）综合分析

把零件的结构形状、尺寸标注、工艺和技术要求等内容综合起来，就能了解零件的全貌，也就读懂了零件图。有时为了读懂一些较复杂的零件图，还要参考有关资料，全面掌握技术要求、制造方法和加工工艺，综合起来就能得出零件的总体概念。

10.6.3　读零件图示例

读图 10-63 所示的蜗轮箱体零件图。

1. 看标题栏，概括了解

由图 10-63 可知该零件名称为蜗轮箱体，是蜗轮减速器中的主要零件，主要起支撑、包容蜗轮蜗杆等作用。该零件为铸件，因此，应具有铸造工艺结构的特点。

2. 视图分析

首先找出主视图及其他基本视图、局部视图等，了解各视图的作用以及它们之间的关系、表达方法和内容。图 10-63 所示的蜗轮箱体零件图采用了主视图、俯视图和左视图三个基本视图、三个局部视图。其中，主视图采取全剖视，主要表达箱体的内形；左视图为 D—D 半剖视图，表达左端面外形和 $\Phi 35^{+0.025}_{0}$ 轴承孔结构等；俯视图为 C—C 半剖视图，与 E 向视图相配合，以表达底板形状等。其余 B 向、E 向和 F 向局部视图均可在相应部位找到其投影方向。

3. 根据投影关系进行形体分析，想象出零件整体结构形状

以结构分析为线索，利用形体分析方法逐个看懂各组成部分的形状和相对位置。一般先看主要部分、后看次要部分，先外形、后内形。由蜗轮箱体的主视图分析，大致可分成如下四个组成部分。

（1）箱壳。从主视图、俯视图和左视图可以看出箱壳外形上部为外径 $\Phi 144$、内径 $R62$ 的半圆形壳体，下部是外形尺寸为 60、144、108，厚度为 10 的长方形壳体；箱壳左端是圆形凸缘，其上有 6 个均布的 M6 螺孔，箱壳内部下方前后各有一方形凸台，并加工出装蜗杆用的滚动轴承孔。

（2）套筒。由主视图、俯视图和左视图可知，套筒外径为 $\Phi 76$，内孔为 $\Phi 52^{+0.03}_{0}$，用来安装蜗轮轴，套筒上部有一 $\Phi 24$ 的凸台，其中有一 M10 的螺孔。

（3）底板。由俯视图、主视图和 E 向视图可知，底板大体是 $150 \times 144 \times 12$ 的矩形板，为减少加工表面，底板中部有一矩形凹坑，底板上加工出 6 个 $\Phi 10$ 的通孔；左部的放油孔 M6 的下方有一个 $R20$ 的圆弧凹槽。

（4）肋板。从主视图和 F 向视图可知，肋板大致为一梯形薄板，处于箱体前后对称位置，其三边分别与套筒、箱壳和底板连接，以加强它们之间的结构强度。

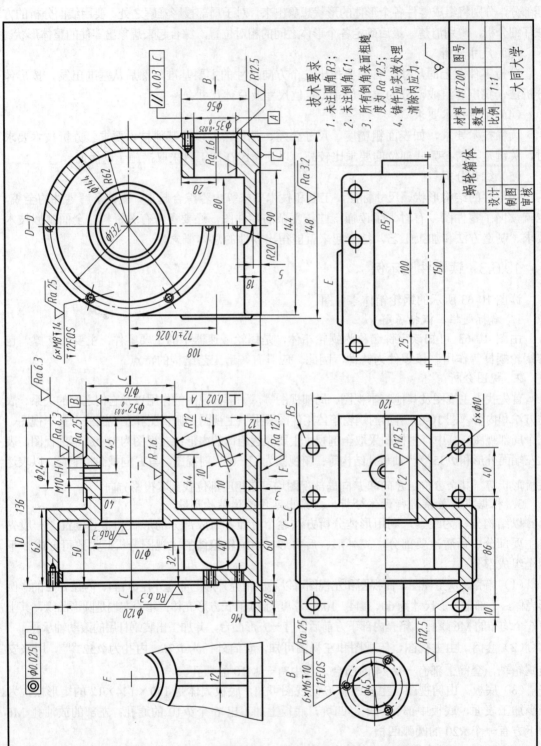

图 10-63 蜗轮箱体零件图

综合上述分析，便可想象出蜗轮箱体的整体结构形状，如图 10-64 所示。

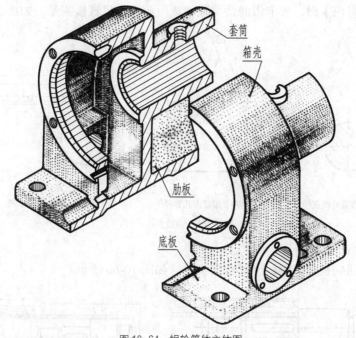

图 10-64　蜗轮箱体立体图

4. 分析尺寸和技术要求

看图分析尺寸时，一是要找出尺寸基准，二是分清主要尺寸和非主要尺寸。由图 10-63 可以看出，左端凸缘的端面为长度方向的尺寸基准，从基准出发标注蜗杆轴承孔轴线的定位尺寸 32 及套筒右端面尺寸 136；宽度方向的尺寸基准为对称平面；高度方向的尺寸基准为箱体底面，从基准出发标注定位尺寸 108，进一步确定高度方向辅助基准蜗轮轴孔轴线，蜗轮轴孔与蜗杆轴孔的中心距 72±0.026 为主要尺寸，加工时必须保证。然后再进一步分析其他尺寸。

在技术要求方面，应对表面粗糙度、尺寸公差与配合、几何公差以及其他要求作详细分析。例如，本例中轴孔 $\Phi 35^{+0.025}_{0}$ 和 $\Phi 52^{+0.03}_{0}$ 等加工精度要求较高，粗糙度 Ra 为 1.6μm，两轴孔轴线的垂直度公差为 0.02。

10.7　零件测绘

零件的测绘就是根据已有的实际零件进行分析，以目测估计图形与实物的比例，徒手画出它的草图，测量所有尺寸，将技术要求等一一标注清楚，绘制出零件草图。然后再进行整理，绘制成正式的零件图。测绘的重点在于画好零件草图，这就必须掌握徒手画图的技巧，正确的画图步骤，尺寸测量方法等。

10.7.1　常用的测量工具及测量方法

测量零件的各部分尺寸，是测绘过程中一个非常重要的环节。由于零件的复杂程度和精度要求不同，测量零件尺寸时需要使用多种不同的测量工具和仪器，才能比较准确地确定零件上各部分的尺寸。这里介绍几种常见的测量工具的使用及零件上常见几何尺寸的测量方法。

1. 直径尺寸的测量

直径尺寸可用内卡钳、外卡钳间接测量，或用游标卡尺直接测量，如图 10-65 所示。

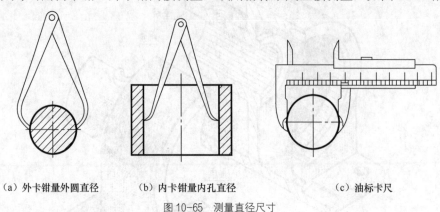

（a）外卡钳量外圆直径　　　（b）内卡钳量内孔直径　　　　　（c）油标卡尺

图 10-65　测量直径尺寸

2. 线性尺寸测量

线性尺寸可用钢板尺、游标卡尺直接测量，如图 10-66 所示。

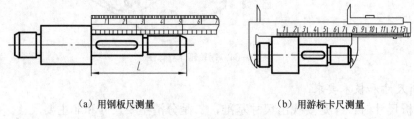

（a）用钢板尺测量　　　　　　　　（b）用游标卡尺测量

图 10-66　测量线性尺寸

3. 壁厚尺寸测量

壁厚尺寸可用外卡钳与钢板尺配合测量，或用钢板尺测量，如图 10-67 所示。

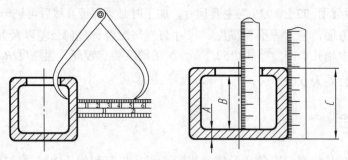

图 10-67　测量壁厚尺寸

4. 孔间距测量

孔间距可用内卡钳、外卡钳与钢板尺配合测量，如图 10-68 所示。

5. 中心高测量

中心高可用直尺、卡钳配合测量，或用高度尺测量，如图 10-69 所示。

6. 螺纹、圆角、角度的测量

螺纹规是测量螺纹牙型和螺距的专用工具，如图 10-70 所示。圆角规是用来测量圆角的专用工具，如图 10-71 所示。量角规是测量角度的专用工具，如图 10-72 所示。

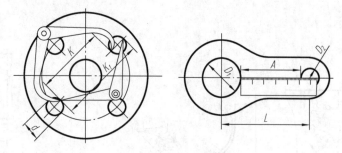

图 10-68 测量孔间距

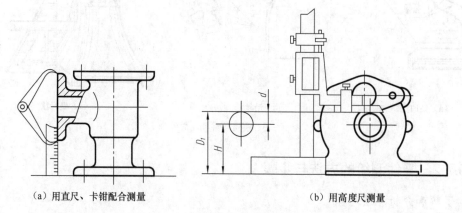

（a）用直尺、卡钳配合测量　　　　　　　　（b）用高度尺测量

图 10-69 测量孔间距

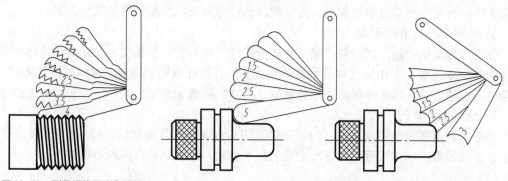

图 10-70 测量螺纹牙型和螺距　　　　　　图 10-71 测量内圆角和外圆角

7. 曲线、曲面轮廓的测量

（1）拓印法。在零件的被测部位，覆盖一张纸，用手轻压纸面，或用铅芯或用复写纸在纸面上轻磨，即可印出曲面轮廓，得到真实的平面曲线，再求出各段圆弧半径，如图 10-73（a）所示。

（2）铅丝法。将铅丝弯成与被测的曲线或曲面部分的实形相吻合的形状，再将铅丝放在纸上画出曲线，最后适当分段，用中垂线法求得各段圆弧的中心，量得半径，如图 10-73（b）所示。

（3）坐标法。用直尺和三角尺确定曲线或曲面上各点的坐标，作出曲线，再测量其形状尺寸，如

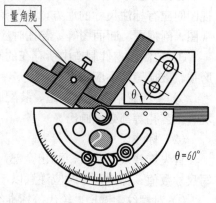

图 10-72 测量角度

图 10-73（c）所示。

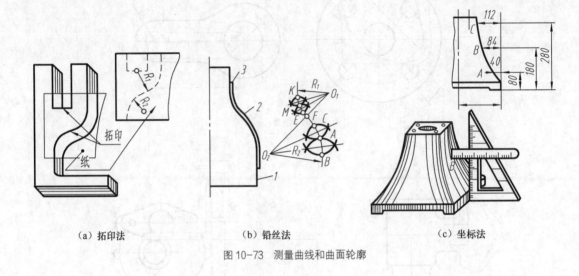

（a）拓印法　　　　　　（b）铅丝法　　　　　　（c）坐标法

图 10-73　测量曲线和曲面轮廓

10.7.2　零件测绘的方法与步骤

1. 了解和分析测绘对象

首先应了解零件的名称、用途、材料以及它在机器（或部件）中的位置和作用，与其他相邻零件的关系，然后对零件的内、外结构形状进行分析，酝酿零件的表达方案。

2. 确定零件的表达方案

分析零件形状特征，判断属于哪一类典型零件（轴套类、盘盖类、叉架类、箱体类等），按零件的加工位置、工作位置以及尽量多地反映形状特征原则，确定主视图的投射方向，选用合适的表达方法，将零件的结构形状正确、清晰、简练地表示出来。

3. 绘制零件草图

虽然零件草图是徒手完成的，但是零件草图的内容与零件图相同，要求视图正确、尺寸完整、图线清晰、字体工整，并注写必要的技术要求。绘制零件草图的步骤如下。

（1）绘图

首先布置草图，画主要轴线、中心线等作图基准线，安排各视图的位置时，要考虑到各视图间应有标注尺寸的地方，右下角留有标题栏的位置；然后以目测比例徒手画出零件的各视图、剖视图、断面图等。绘图时应注意以下两点：

① 被测绘零件制造中所存在的缺陷，如沙眼、气孔、刀痕、创伤以及长期使用所造成的磨损、破损等都不应画出；

② 不应忽略零件上制造、装配必要的工艺结构，如铸造圆角、倒角、退刀槽、凸台、凹坑、工艺孔等都必须画出。

（2）标注尺寸

首先选择尺寸基准，画出全部尺寸的尺寸线、尺寸界线及箭头。然后逐个测量尺寸，填写尺寸数值。标注尺寸时应注意以下几点：

① 对螺纹、键槽、轮齿等标准结构的尺寸，应将测量的结果与标准值对照，一般均采用标准的结构尺寸，以便于加工制造；

② 与相邻零件的相关尺寸必须一致，如孔的定位尺寸、配合尺寸等；

③ 没有配合关系的尺寸或不重要的尺寸，允许将测量所得尺寸作适当调整。

（3）标注技术要求

零件上的表面粗糙度、尺寸公差、几何公差等，采用类比法给出。标注技术要求时应注意以下两点：

① 有配合关系的孔、轴，其配合关系和相应的公差值，应查阅有关资料后确定；

② 有相对运动的表面及对形状、位置有要求的线或面，要参考相关资料，给出既合理又经济的粗糙度和几何公差。

（4）填写标题栏

填写标题栏中的相关内容，完成零件草图全部工作，结果如图 10-74 所示。

4. 根据零件草图画零件工作图

零件草图是现场测绘的，所考虑的问题不一定是最完善的。因此，在画零件工作图时，需要对草图再进行审核。有些内容要重新设计、计算和选用，如表面粗糙度、尺寸公差、几何公差、材料及表面处理等；有些问题也需要重新加以考虑，如表达方案的选择、尺寸的标注等，经过复查、补充、修改后，方可画零件图。零件图的绘图方法和步骤同前，不再赘述。

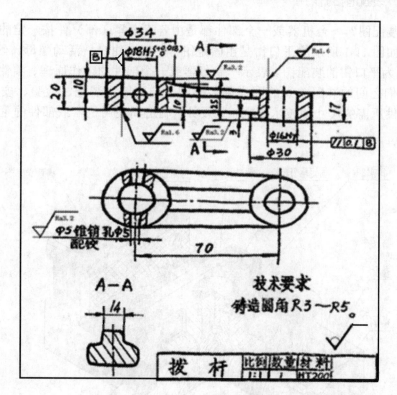

图 10-74 零件草图的绘制

第 **11** 章 装配图

11.1 概述

11.1.1 装配图的作用

什么是装配图？一台机器或一个部件都是由若干个零（部）件按一定的装配关系装配而成的，如图 11-1 所示的平口钳是由固定钳身、活动钳身、活动螺母、丝杠等组成，图 11-2 所示为平口钳的装配图。表示一台机器或一个部件的工作原理、零件的主要结构形状以及它们之间的装配关系的图样称装配图。装配图为装配、检验、安装和调试机器或部件提供所需的尺寸和技术要求，是设计、制造和使用机器或部件的重要技术文件之一。

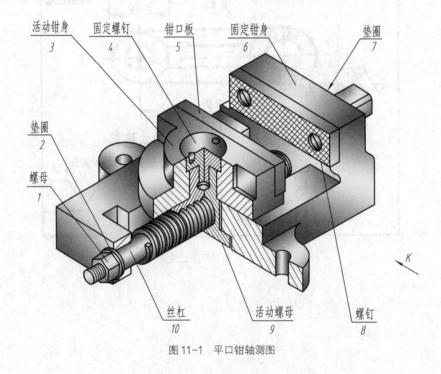

图 11-1 平口钳轴测图

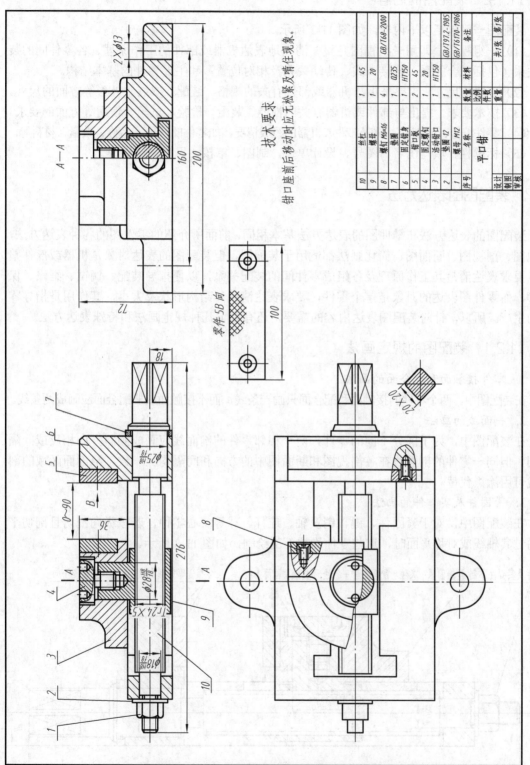

技术要求

钳口座前后移动时应无松紧及情住现象。

10	丝杠	1	45	
9	螺母	1	20	
8	螺钉 M6×16	4	Q235	GB/T68-2000
7	垫圈	1	HT150	
6	固定钳身	1	HT150	
5	钳口板	2	45	
4	固定螺钉	1	20	
3	活动钳口	1	HT150	
2	垫圈 12	1		GB/T97.2-1985
1	螺母 M12	1		GB/T6170-1986
序号	名称	数量	材料	备注

平口钳

图 11-2 平口钳装配图

11.1.2 装配图的内容

装配图一般包括以下内容，如图 11-2 所示。

（1）一组视图，即用一组视图完整、清晰地表达机器或部件的工作原理、各零件间的装配关系（包括配合关系、连接方式、传动关系及相对位置）和主要零件的基本结构。

（2）必要的尺寸，主要是指与机器或部件有关的规格、装配、安装、外形等方面的尺寸。

（3）技术要求，提出与部件或机器有关的性能、装配、检验、试验、使用等方面的要求。

（4）零件编号、明细栏，说明部件或机器的组成情况，如零件的代号、名称、数量、材料等。

（5）标题栏、填写图名、图号、设计单位，制图、审核、日期、比例等。

11.2 装配图的表达方法

装配图的表达方法和零件图的表达方法基本相同，前面所介绍的零件图的各种表达方法，如视图、剖视图、断面图、简化画法都适用于装配图，但装配图的表达对象是机器或部件整体，要求表达清楚其工作原理及各组成零件间的装配关系，以便指导装配、调试、维修、保养等。而零件图表达的对象是单个零件，要求表达清楚其结构形状及大小，其作用是指导零件的生产。所以，针对装配图表达内容的需要，还有以下几种规定画法和特殊表达方法。

11.2.1 装配图的规定画法

1．零件接触面和配合面的画法

在装配图中，两个零件的接触面和配合面只画一条线，而不接触或非配合面应画成两条线。

2．剖面线的画法

在装配图中，为了区分不同的零件，两个相邻零件的剖面线应画成倾斜方向相反或间隔不同，但同一零件的剖面线在各剖视图和断面图中的方向和间隔均应一致，窄剖面区域的剖面线可用涂黑代替。

3．紧固件及实心件的画法

在装配图中，对于紧固件、键、销及轴、连杆、球等实心零件，若按纵向剖切且剖切平面通过其轴线或对称平面时，这些零件均按不剖绘制，如图 11-3 所示。

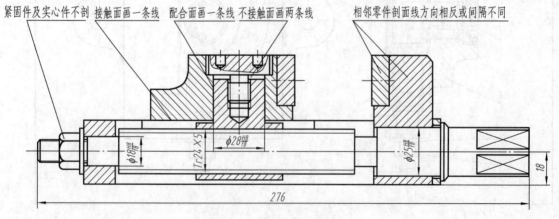

图 11-3　装配图的规定画法

11.2.2 特殊表达方法

1. 沿零件结合面的剖切画法和拆卸画法

为了表示部件内部零件间的装配情况，在装配图中可假想沿某些零件结合面剖切，或将某些零件拆卸掉绘出其图形。如图 11-4 所示的滑动轴承装配图，在俯视图上为了表示轴瓦与轴承座的装配关系，其右半部图形就是假想沿它们的结合面切开，将上面部分拆去后绘制的。应注意在结合面上不要画剖面符号，但是因为螺栓是垂直其轴线剖切的，因此应画出剖面符号。

2. 假想画法

在装配图中，当需要表示某些零件运动范围的极限位置或中间位置时，或者需要表示该部件与相邻零部件的相互位置时，均可用双点画线画出其轮廓的外形图，如图 11-5 所示。

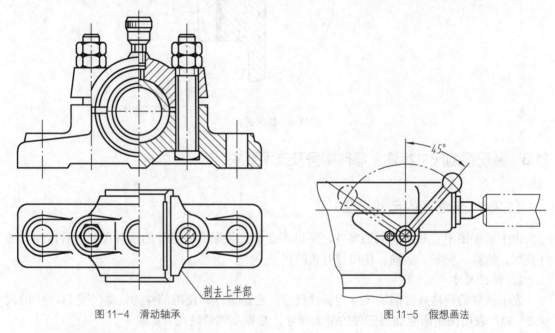

图 11-4 滑动轴承 　　　　　　　　　　　　　　图 11-5 假想画法

3. 单个零件表示法

在装配图中，若某个零件需要表达的结构形状未能表达清楚时，可单独画出该零件的某一视图，但必须在所画视图的上方注出该零件的视图名称，在相应视图的附近用箭头指明投影方向，并注上同样的字母，如图 11-2 中钳口板的 B 向视图。

4. 简化画法

（1）对于装配图中的螺栓、螺钉连接等若干相同的零件组，可以仅详细地画出一处或几处，其余只需用点画线表示其中心位置，如图 11-6 所示。

（2）装配图中的滚动轴承，可以采用图 11-6 中的简化画法。

（3）在装配图中，当剖切平面通过某些标准产品的组合件时，可以只画出其外形图，如图 11-4 中的油杯。

（4）在装配图中，零件的工艺结构，如圆角、倒角、退刀槽等允许不画。

5. 夸大画法

在装配图中的薄垫片、小间隙等，如按实际尺寸画出表示不明显时，允许把它们的厚度、间隙适当放大画出，如图 11-6 中的垫片就是采用了夸大画法。

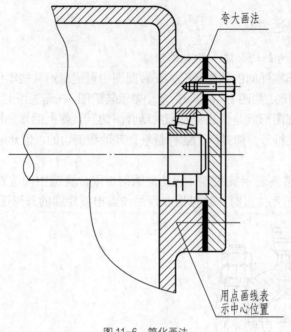

夸大画法

用点画线表示中心位置

图 11-6 简化画法

11.3 装配图的尺寸标注、零件编号及技术要求

11.3.1 装配图的尺寸标注

由于装配图不直接用于制造零件，所以不必标出装配图中零件的所有尺寸，只标注与部件装配、检验、安装、运输、使用等有关的尺寸。

1. 特性尺寸

表示部件的规格或性能的尺寸为特性尺寸。它是设计和使用部件的依据。图 11-2 中的尺寸 0～90，表明虎钳所能装夹工件的最大尺寸，是重要的特性尺寸。

2. 装配尺寸

表示部件中与装配有关的尺寸是装配工作的主要依据，是保证部件性能的重要尺寸。

（1）配合尺寸：表示零件间配合性质的尺寸，如图 11-2 中 ϕ18H8/f8、ϕ25H8/f8 等。

（2）连接尺寸：连接尺寸一般指两零件连接部分的尺寸，如图 11-2 中丝杠与活动螺母间螺纹连接部分的尺寸 Tr24×5。对于标准件，其连接尺寸由明细栏中注明。

3. 外形尺寸

表示部件的总长、总宽和总高的尺寸，是包装、运输、安装及厂房设计所需要的数据，如图 11-2 中的 276、200 和 72。

4. 安装尺寸

表示部件与其他零件、部件、基座间安装所需要的尺寸，如图 11-2 中的 160。

5. 其他必要尺寸

除上述尺寸外，设计中通过计算确定的重要尺寸、运动件活动范围的极限尺寸等也需标注。

对于不同的装配图，有的不只限于这几种尺寸，也不一定都具备这几种尺寸。在标注尺寸时，应根据实际情况具体分析，合理标注。

11.3.2 装配图的零件编号

为了便于读图和进行图样管理，在装配图中对所有零件（或部件）都必须进行编号，并画出明细栏，填写零件的序号、代号、名称、数量、材料等内容。

1. 零件序号

为了便于看图及图样管理，在装配图中需对每个零件进行编号。零件序号应遵守下列几项规定。

（1）序号形式如图 11-7 所示。在所要标注的零件投影上打一黑点，然后引出指引线（细实线），在指引线顶端画短横线或小圆圈（均用细实线），编号数字写在短横线上或圆圈内。序号数字比该装配图上的尺寸数字大两号。

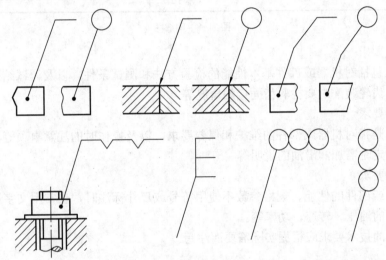

图 11-7 序号指引线的画法

（2）装配图中相同的零件只编一个号，不能重复。

（3）对于标准化组件，如滚动轴承、油杯等可看做一个整体，只编一个号。

（4）一组连接件及装配关系清楚的零件组，可以采用公共指引线编号。

（5）指引线不能相交，当通过有剖面线的区域时，指引线尽量不与剖面线平行。

（6）编号应按水平或垂直方向排列整齐，并按顺时针或逆时针方向顺序编号。

2. 明细栏

明细栏是部件的全部零件目录，将零件的编号、名称、材料、数量等填写在表格内。

明细栏格式及内容可按实际需要设置，图 11-8 所示为国家标准 GB/T 10609.2—1989 规定的明细栏。

明细栏应紧靠在标题栏的上方，由下向上顺序填写零件编号。当标题栏上方位置不够时，可移至标题栏左边继续填写。

3. 装配图中的技术要求

当装配图中有些技术要求需要用文字说明时，可写在标题栏的上方或左边，如图 11-2 所示，一般有以下一些内容。

（1）装配要求

装配要求是指机器或部件需要在装配时加工的说明，或者指安装时应满足的具体要求等。

例如，定位销通常是在装配时加工的。

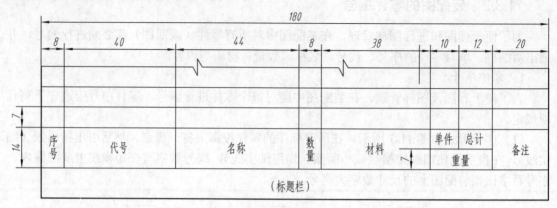

图 11-8　明细栏

（2）检验要求

检验要求包括对机器或部件基本性能的检验方法和测试条件，以及调试结果应达到的指标等。例如，齿轮装配时要检验齿面接触情况等。

（3）使用要求

使用要求是指对机器或部件的维护和保养要求，以及操作时的注意事项等。例如，机器每次使用前或定时需加润滑油的说明等。

（4）其他要求

有些机器或部件的性能、规格参数不便用符号或尺寸标注时，也常用文字写在技术要求中，如齿轮泵的油压、转速、功率等。

装配图中的技术要求应根据实际需要而注写。

11.3.3　装配合理结构简介

装配结构影响产品质量和成本，甚至决定产品能否制造，因此装配结构必须合理。其基本要求是：

① 零件接合处应精确可取，能保证装配质量；

② 便于装配和拆卸；

③ 零件的结构简单，加工工艺性好。

1. 接触处的结构

（1）接触面的数量

两个零件在同一方向上，一般只能有一个接触面，如图 11-9 所示。若要求在同一方向上有两个接触面，将使加工困难，成本提高。

（2）接触面转角处的结构

当要求两个零件同时在两个方向接触时，两接触面的交角处应制成倒角或沟槽，以保证其接触的可靠性，如图 11-10 所示。

2. 密封装置的结构

在一些部件或机器中，常需要有密封装置，以防止液体外流或灰尘进入。图 11-11 所示的密封装置是用在泵和阀上的常见结构。通常用浸油的石棉绳或橡胶作填料，拧紧压盖螺母，通过填料压盖即可将填料压紧，起密封作用。但填料压盖与阀体端面之间必须留有一定间隙，才能保证将填料压紧，而轴与填料压盖之间应有一定的间隙，以免转动时产生摩擦。

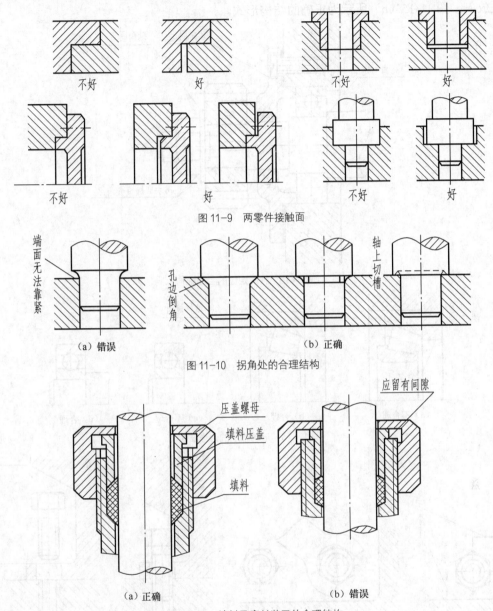

图 11-9　两零件接触面

图 11-10　拐角处的合理结构

图 11-11　填料函密封装置的合理结构

3. 零件在轴向的定位结构

装在轴上的滚动轴承及齿轮等一般都要有轴向定位结构，以保证在轴向不产生移动。如图 11-12 所示，轴上的滚动轴承及齿轮是靠轴的台肩来定位的，齿轮的一端用螺母、垫圈来压紧，垫圈与轴肩的台阶面间应留有间隙，以便压紧。

4. 考虑维修、安装、拆卸的方便

如图 11-13（b）、（d）所示，滚动轴承装在箱体轴承孔及轴上的情形是合理的，若设计成图 11-13（a）、（c）样式，将无法拆卸。图 11-14 所示是安排螺钉位置时，应考虑扳手的空间活动范围，图 11-14（a）中所留空间太小，扳手无法使用，图 11-14（b）所示为正确的结构形式。如图 11-15 所示，应考虑螺钉放入时所需的空间，图 11-15（a）中所留空间太小，螺钉无法放入，图 11-15（b）所示为正确的结构形式。

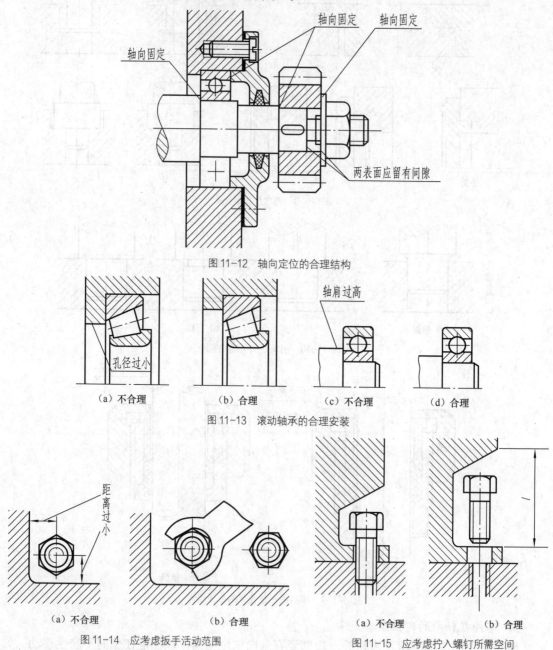

图 11-12　轴向定位的合理结构

（a）不合理　　（b）合理　　（c）不合理　　（d）合理

图 11-13　滚动轴承的合理安装

（a）不合理　　　　　（b）合理

图 11-14　应考虑扳手活动范围

（a）不合理　　　　　（b）合理

图 11-15　应考虑拧入螺钉所需空间

11.4　装配体的测绘

11.4.1　部件测绘

根据现有机器或部件进行测量，画出零件草图，经过整理，然后绘制装配图和零件图的过程称为部件测绘。部件测绘在改造现有设备、仿制以及维修中都有重要的作用，下面以图 11-1

所示平口钳为例来叙述部件测绘的一般步骤。

1. 了解测绘对象

在测绘之前，首先要对部件进行分析研究，通过阅读有关技术文件、资料和同类产品图样，以及向有关人员了解使用情况，来了解该部件的用途、性能、工作原理、结构特点以及零件间的装配关系。如图 11-1 所示的平口钳，是机床工作台上用来夹持工件进行加工用的部件。通过丝杠的转动带动活动螺母作直线移动，使钳口闭合或开放，以便夹紧和松开工件。

2. 拆卸零件

拆卸前应先测量一些重要的装配尺寸，如零件间的相对尺寸、极限尺寸、装配间隙等，以便校核图纸和复原装配部件时用。拆卸时应制订拆卸顺序，对不可拆卸的连接和过盈配合的零件尽量不拆，以免损坏零件。对所拆卸下的零件必须用打钢印、扎标签或写件号等方法对每个零件编上件号，分区分组放置在规定的地方，避免损坏、丢失、生锈或乱放，以便测绘后重新装配时能达到原来的性能和要求。拆卸时必须用相应的工具，以免损坏零件。平口钳的拆卸顺序为：首先拧下螺母 1，取下垫圈 2；然后旋出丝杠 10，取下垫圈 7；接着拆下固定螺钉 4、活动螺母 9、活动钳口 3；最后旋出螺钉 8，取下钳口板 5。

3. 画装配示意图

在全面了解后，可以绘制部分示意图，但有些装配关系只有拆卸后才能真正显示出来。因此，必须一边拆卸，一边补充、更正示意图。装配示意图是在部件拆卸过程中所画的记录图样，作为绘制装配图和重新装配的依据。

装配示意图的画法一般以简单的线条画出零件的大致轮廓，国家标准《机械制图》规定了一些运动简图符号，应遵照使用。画装配示意图时，通常对各零件的表达不受前后层次的限制，尽可能把所有的零件集中在一个视图上。图 11-16 所示为平口钳的装配示意图。

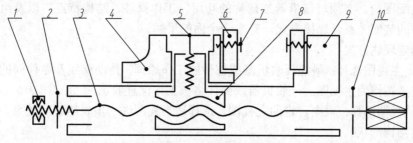

图 11-16 平口钳的装配示意图

4. 画零件草图

零件草图的内容和要求与零件图是一致的。它们的主要差别在于作图方法的不同：零件图为尺规作图，而零件草图需用目测尺寸和比例，徒手绘制。

画零件草图时应注意以下几点。

（1）标准件只需确定其规格，并注出规定标记，不必画草图。

（2）零件草图所采用的表达方法应与零件图一致。

（3）视图画好后，应根据零件图尺寸标注的基本要求标注尺寸。在草图上先引出全部尺寸线，然后统一测量，逐个填写尺寸数字。

（4）对于零件的表面粗糙度、公差与配合、热处理等技术要求，可以根据零件的作用，参照类似的图样或资料，用类比法加以确定。对公差配合可标注代号，不必注出具体公差数值。

（5）零件的材料应根据该零件的作用及设计要求参照类似的图样或资料加以选定。必要时可用火花鉴定或取样分析的方法来确定材料的类别。对有些零件还要用硬度计测定零件的表面硬度。

5. 尺寸测量与尺寸数字处理

测量尺寸时应根据尺寸精度选用相应的测量工具。常用的工具有游标卡尺（百分尺）、高度尺、千分尺、内外卡、角度规、螺纹规、圆角规等。

零件的尺寸有的可以直接量得，有的要经过一定的运算后才能得到，如孔的中心距等。测量时应尽量从基准面出发以减少测量误差。

测量所得的尺寸还必须进行尺寸处理。

（1）一般尺寸，大多数情况下要圆整到整数。重要的直径要取标准值。

（2）标准结构，如螺纹、键槽等，尺寸要取相应的标准值。

（3）对有些尺寸要进行复核，如齿轮转动的轴孔中心距，要与齿轮的中心距核对。

（4）零件的配合尺寸要与相配零件的相关尺寸协调，即测量后尽可能将配合尺寸同时标注在有关零件上。

（5）由于磨损、碰伤等原因而使尺寸变动的零件要进行分析，标注复原后的尺寸。

11.4.2 装配图的绘制

1. 画装配图的方法

在设计机器或部件时，要绘制装配图来体现设计构思及相应的设计要求；在仿制或改造一部机器时，先将其拆散成单个零件，对每个零件进行测量尺寸，画出除标准件外的零件的草图，再由零件草图画出装配图。无论是前者或后者，绘制装配图时应力求将机器或部件的工作原理和装配连接关系表达清楚。为了达到这个目的，必须掌握画装配图的方法。

（1）分析了解所画对象

在画装配图前，必须对该机器或部件的功用、工作原理、结构特点，以及组成机器或部件的各零件的装配关系、连接方式，有一个全面的了解。

（2）确定表达方案

① 确定主视图选择：最能反映机器或部件的工作原理、传动路线及零件间的装配关系和连接方式的视图作为主视图。一般机器或部件将按工作位置放正。

② 其他视图选择：根据确定的主视图，选择适当视图进一步表达装配关系、工作原理及主要零件的结构形状。

（3）选定图幅

根据机器或部件的大小及复杂程度选择合适的绘图比例；再根据视图数量及各视图所占面积以及标题栏、明细栏、技术要求所占位置的大小，选定图幅。

2. 画装配图的步骤

现以固定钳身为例说明画装配图的步骤。

（1）画图框、标题栏和明细栏。

（2）布置视图。画出视图的对称线、主要轴线、较大零件的基线。在确定视图位置时，要注意为标注尺寸及编写序号留出足够的位置，如图 11-17（a）所示。

（3）画底稿。一般可先从主视图画起，从较大的主要零件的投影入手，几个视图配合一起画。不必画的图线，如被剖去部分的轮廓线，一律不画。有时也可先画俯视图（剖视图），在剖视图上，一般由里往外画。画每个视图时，应该先从主要装配干线画起，逐次向外扩展，如图 11-17（b）所示。

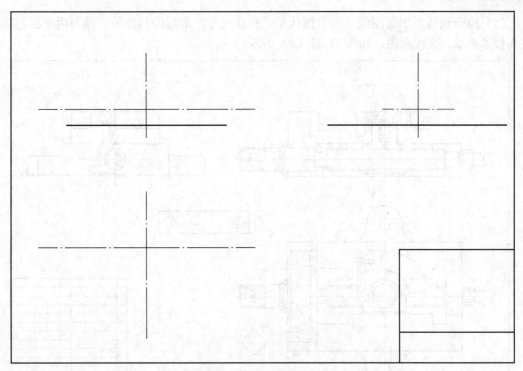

（a）画边框线、标题栏、明细栏、长宽高基准线

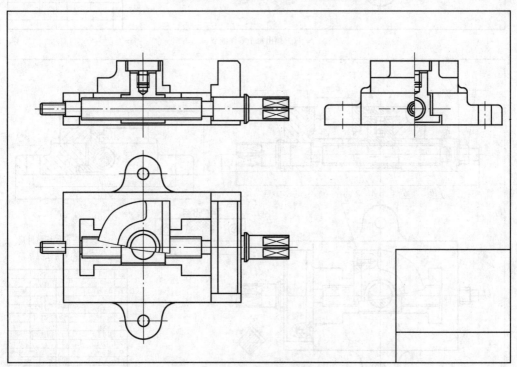

（b）打底稿、画出主要装配干线

图 11-17 画装配图的步骤

（4）完成主要装配干线后，再将其他的装配结构逐步画出，如钳口板、螺母、垫圈等，如图 11-17（c）所示。

（5）检查校核后加深图线，画剖面代号，标注尺寸，最后编写序号，填写明细栏、标题栏和技术要求，完成全图，如图 11-17（d）所示。

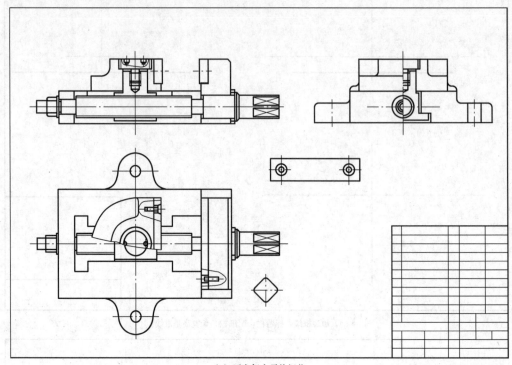

（c）画出每个零件细节

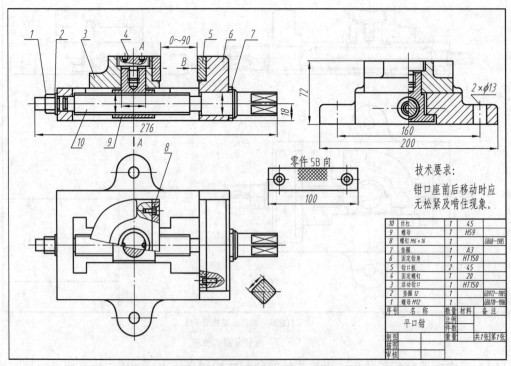

（d）加深图线、画剖面符号、标注尺寸、编写序号、填写明细栏、填写标题栏和技术要求，完成全图

图 11-17　画装配图的步骤（续）

11.5 由装配图拆画零件图

在机器或部件的设计、制造、使用、维修和技术交流中，都会遇到读装配图的问题。因此，需要学会读装配图和由装配图拆画零件图的方法。

读装配图的基本要求是：

① 了解部件的用途、性能、工作原理和组成该部件的全部零件的名称、数量、相对位置及其相互间的装配关系等；

② 弄清每个零件的作用及其基本结构；

③ 确定装配和拆卸该部件的方法和步骤。

下面以图 11-18 所示的千斤顶为例，说明读装配图和由装配图拆画零件图的方法和步骤。

1. 读装配图的方法和步骤

（1）概括了解

① 了解部件的用途、性能和规格。从标题栏中可知该部件名称，从图中所注尺寸，结合生产实际知识和产品说明书等有关资料，可了解该部件的用途、适用条件和规格。图 11-18 所示的是千斤顶装配图，千斤顶是利用螺旋转动来顶举重物的一种起重或顶压工具，常用于汽车修理及机械安装中。尺寸 200～340 为其特性尺寸，决定了千斤顶的起重高度范围。

② 了解部件的组成。由序号和明细栏，可了解组成部件的零件名称、数量、规格及位置。由图 11-18 可知千斤顶由 7 种零件组成，其中有两种标准件。

③ 分析视图。通过对各视图的表达内容、方法及其标注的分析，了解各视图间的关系。图 11-18 中用了两个基本视图及一个移出断面，全剖的主视图清楚地反映了各零件的装配关系，俯视图主要反映千斤顶的外形，移出断面图表达了转动螺杆时所插入的两绞杆孔 $\phi22$ 是正交的。

（2）了解部件的工作原理和结构特点

对部件有了概括了解后，还应了解其工作原理和结构特点。如图 11-18 所示，千斤顶工作时，重物压于顶垫之上，将绞杆穿入螺旋杆上部的孔中，旋动绞杆，因底座及螺套不动，则螺旋杆在做圆周运动的同时，靠螺纹的配合做上下移动，从而顶起或放下重物。

（3）了解零件间的装配关系

在千斤顶中，螺套镶在底座里，并用螺钉定位，其与底座内孔的配合为 $\phi65H8/j7$。

（4）分析零件的作用及结构形状

由于装配图表达的是前述几方面内容，因此，装配图往往不能把每个零件的结构完全表达清楚，有时因表达装配关系而重复表达了同一零件的同一结构，所以在读图时要分析零件的作用，并据此利用形体分析、构形分析（即对零件个部分形状的构成进行分析）等方法确定零件的结构和形状。

2. 由装配图拆画零件图

根据装配图画出零件图是一项重要的生产准备工作，它是在彻底读懂装配图的基础上进行的。由于在装配图上某些零件的结构形状并不一定表达完全，此时就需要根据零件的作用和装配关系来设计，使所画的零件图符合设计和工艺要求。由千斤顶装配图拆画零件图 2 螺套的具体步骤如下。

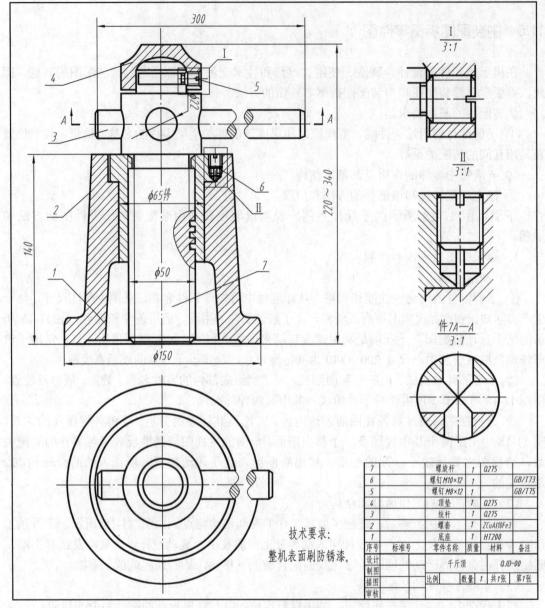

7		螺旋杆	1	Q275	
6		螺钉M10×12	1		GB/T73
5		螺钉M8×12	1		GB/T75
4		顶垫	1	Q275	
3		绞杆	1	Q275	
2		螺套	1	ZCuAl10Fe3	
1		底座	1	HT200	
序号	标准号	零件名称	质量	材料	备注
设计				千斤顶	QJD-00
制图					
描图		比例	数量 1	共1张	第1张
审核					

技术要求:
整机表面刷防锈漆。

图 11-18 千斤顶装配图

（1）分离零件、补画结构

① 读懂装配图，分析所拆零件的作用，并从诸零件中分离出来，如图 11-19 所示。

② 分析、想象该零件的结构形状，并补齐投影，如图 11-20 所示。

③ 对装配图中未表达清楚的结构进行再设计。

④ 分析该零件的加工工艺，补充规定省略和简化了的工艺结构。

（2）确定零件的视图和表达方案

零件在装配图主视图中的位置反映其工作位置，可以作为确定该零件主视图的依据之一。但由于装配图与零件图的表达目的不同，因此不能盲目地照搬装配图中零件的视图表达方案，而应根据零件的结构特点，全面考虑其视图和表达方案。

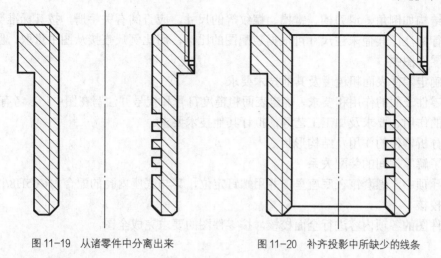

图 11-19　从诸零件中分离出来　　　　　图 11-20　补齐投影中所缺少的线条

图 11-21 所示为螺套的零件图，考虑其加工位置和形状特征，在主视图中，轴线水平放置，采用了与装配图不同的摆放位置。

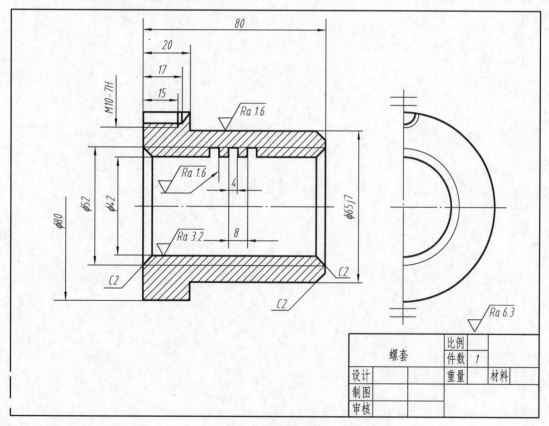

螺套	比例	
	件数	1
设计		重量	材料
制图			
审核			

图 11-21　螺套零件图

（3）确定零件的尺寸

在标注零件的尺寸时，应根据其在部件中的作用、装配和加工工艺的要求，在结构和形体分析的基础上，选择合理的尺寸基准。

装配图中已注出的尺寸，一般均为重要尺寸，应按尺寸数值标注到有关零件图中；零件上的标准结构如倒角、退刀槽、键槽、螺纹等的尺寸，应查阅有关手册，按其标准数值和规定注法进行标注；其他未注尺寸可根据装配图的比例，用比例尺直接从图中量取，圆整后以整数注在零件图中。

（4）确定零件表面粗糙度及其他技术要求

根据零件表面的作用和要求，确定表面粗糙度符号和代号并注写在图中；参考有关资料，根据零件的作用、要求及加工工艺等，拟订其他技术要求。

（5）分析零件的作用及结构形状

（6）了解零件间的装配关系

在千斤顶中，螺套镶在底座里，并用螺钉定位，其与底座内孔的配合为$\Phi 65H8/j7$。

（7）校核

对零件图的各项内容进行全面校核，按零件图的要求完成全图。

第 **12** 章 房屋建筑图

房屋建筑图是房屋建筑施工、装饰和设备安装的依据。本章主要介绍房屋建筑图的基本知识及基本表达方法，并以一幢住宅的建筑图为例介绍房屋建筑图的读图方法。通过本章的学习，使读者具备初步阅读房屋建筑图的能力。

12.1 房屋建筑图的基本知识

12.1.1 房屋的组成

"建筑"为建造、构筑之意，如建造房屋，修筑桥梁等。"建筑物"即由建筑形成的产物，如房屋、桥梁等。

房屋按其使用功能可以分为以下几类。

（1）民用建筑：如住宅、宿舍等，称为居住建筑；如商场、学校、医院、电影院、车站等，称为公共建筑。

（2）工业建筑：如厂房、仓库、动力站等。

（3）农业建筑：如粮仓、饲养厂、温室等。

各类房屋尽管在使用要求、空间组合、外形处理、结构形式和规模上各有特点，但其主要组成部分不外乎是：基础、墙、柱、梁、楼面、地面、屋面、门、窗、楼梯等。图 12-1 所示为一幢小型住宅的轴测图，包括各组成部分的名称和位置。

房屋根据它的基本结构和作用可分为：承重结构（如基础、柱、梁、楼板、承重墙等）、交通结构（如门、楼梯、走道等）、围护结构（如外墙、屋面等）、通风和采光结构（如窗户、天窗等）、排水结构（如屋面、雨篷、雨水管、散水坡等）和装饰结构（如女儿墙、浮雕等）。

12.1.2 房屋建筑图的分类

房屋建筑图主要用于指导房屋的施工，所以又称为施工图。它是按照国家《房屋建筑制图统一标准》的规定，完整、准确地表达建筑物的形状、大小以及各部分的结构、构造、装修等内容的图样。

房屋建筑图因专业分工不同，通常分为三类。

1. 建筑施工图（简称建施）

它反映建筑施工设计的内容，是表达建筑物的总体布局、外部构造、内部布置、细部构造、内外装饰、固定设施和施工要求的图样。一般包括首页图（包括图纸目录、总平面图、施工总说明、门窗表等）、建筑平面图、建筑立面图、建筑剖视图、建筑详图等。

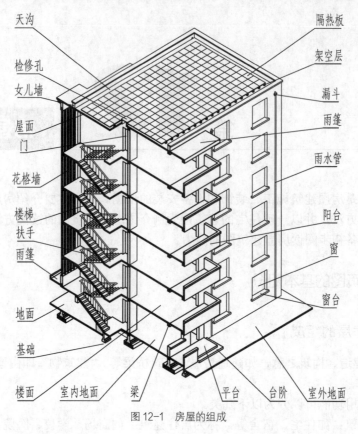

图 12-1　房屋的组成

2. 结构施工图（简称结施）

它反映建筑结构设计的内容，是表达建筑物的各承重构件（如基础、承重墙、柱、梁、楼板等）的图样。一般包括首页图（包括结构施工总说明、图纸目录等）、基础图（包括基础平面图、基础详图等）、结构布置图（包括楼层结构平面布置图、屋面结构平面布置图、立面结构布置图等）、构件图（包括构件详图、节点详图、配筋统计表等）。它是放线、挖基槽、安装模板、配置钢筋、浇灌混凝土等施工的依据，也是计算工程量、编制预算和施工进度组织的依据。

3. 设备施工图（简称设施）

它反映各种附属设备的内容，是表达各种设备、管道和电路的安装图样。一般包括给水排水施工图、采暖通风施工图、电气施工图等，简称"水施"、"暖施"、"电施"。

建造一幢房屋，要经过设计和施工两个阶段。首先，根据所建房屋的功能要求和有关技术条件进行初步设计，绘制房屋的初步设计图。当初步设计经征求意见、修改和审批之后就要进行建筑、结构、设备各专业间的协调，然后进行施工图设计。要详细地绘制出所设计的全套房屋施工图，将施工中所需的具体要求，都明确地反映到这套图纸中。房屋施工图是建造房屋的技术依据，整套图纸必须完整统一、尺寸齐全、明确无误。

12.1.3　房屋建筑图的图示特点

房屋建筑图与机械图的投影方法和表达方式基本一致，都是采用正投影的方法进行绘制的。但因为建筑图所采用的国家标准与机械图不同，所以在表达上有其自身的特点。这里将简要说明《房屋建筑制图统一标准》GB/T 50001—2001 中的一些基本规定。

1. 图名

房屋建筑图的每个视图名称都注在图的下方，并在图名下画一粗横线。房屋建筑图与机械图的视图名称有所不同，如表 12-1 所示。

表 12-1   **房屋建筑图与机械图的图名对照**

房屋建筑图	正立面图	平面图	左侧立面图	右侧立面图	底面图	背立面图	剖视图	断面图
机械图	主视图	俯视图	左视图	右视图	仰视图	后视图	剖视图	断面图

2. 比例

房屋建筑图常用比例如表 12-2 所示。

表 12-2   **房屋建筑图常用的比例**

总平面图	1:500、1:1000、1:2000
平面图、立面图、剖视图	1:50、1:100、1:200
详图	1:1、1:2、1:5、1:10、1:20、1:50

比例应注写在图名的右侧，比例的字高应比图名的字高小一号。

3. 图线

房屋建筑图的图线主要有中粗线宽，这是机械图所没有的，其主要线型如表 12-3 所示。

表 12-3   **房屋建筑图中常用的线型**

名　称	线　型	线　宽	用　途
粗实线	▬▬▬▬	b	主要可见轮廓线
中实线	▬▬▬	$0.5b$	可见轮廓线、尺寸起止符号等
细实线	 ------------	$0.25b$	细部可见轮廓线、分隔线、尺寸线、图例线、索引符号、标高等
粗虚线	▬ ▬ ▬ ▬	b	见有关专业制图标准
中虚线	▬ ▬ ▬ ▬ ▬	$0.5b$	不可见轮廓线
细虚线	 - - - - - - -	$0.25b$	不可见轮廓线，图例线等
粗点画线	 ▬▬ · ▬▬	b	见有关专业制图标准
中点画线	▬ · ▬ · ▬	$0.5b$	见有关专业制图标准
细点画线	 — · — · —	$0.25b$	中心线、对称线等
粗双点画线	▬▬ · · ▬▬	b	见有关专业制图标准
中双点画线	▬ · · ▬ · ·	$0.5b$	见有关专业制图标准
细双点画线	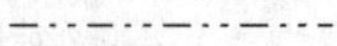 — · · — · · —	$0.25b$	假想轮廓线
波浪线	 ～～	$0.25b$	断开界线
折断线	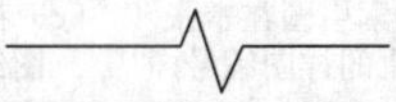 ⌇	$0.25b$	断开界线

线宽（b）应在 0.13、0.18、0.25、0.35、0.5、0.7、1、1.4、2 系列中选取。

4. 材料图例

房屋建筑图的材料图例与机械图有所不同。均匀分布的 45° 细实线在机械图中表示金属材料，而在建筑图中表示普通砖，金属材料用双线表示。在房屋建筑图中，使用比例为 1:100 的平面图、剖视图可以简化材料图例，如砖墙涂红，钢筋混凝土涂黑。比例小于 1:200 可以不画材料图例，比例大于或等于 1:50 时，应该画出断面材料图例。详情如表 12-4 所示。

表 12-4　　　　　　　　　　　　　　常用建筑材料图例

材 料 名 称	图　例	材 料 名 称		图　例	材 料 名 称	图　例
普通砖		玻璃及其他透明材料			混凝土	
自然土壤		木材	纵断面		钢筋混凝土	
夯实土壤			横断面		多孔材料	
沙、灰土		木质胶合板（不分层数）			金属材料	

5. 构配件图例

由于建筑平面图、立面图、剖视图常采用较小的比例，图样中的一些构造及配件，不可能也不必要按实际投影画出，只需用规定的图例表示。建筑专业制图采用《房屋建筑制图统一标准》GB/T 50001—2001 中规定的构造及配件图例，表 12-5 中摘录了其中的一部分。

6. 索引符号和详图符号

在房屋建筑图中，某一局部或构配件如需另见详图时，应以索引符号索引。索引符号用直径为 10mm 的细实线圆绘制，并画出水平直经。上半圆中的数字表示详图编号，下半圆中的数字表示详图所在的图纸号。若详图与被索引图在同一张图纸上，则在下半圆中间画一短横；若索引的详图采用标准图，则应在水平直径的延长线上加注标准图册的编号。

详图符号用直经为 14mm 的粗实线圆绘制。当详图与被索引图在同一张图纸上时，详图编号用数字直接注在圆内；若不在同一张图纸上，则应在详图符号内画一水平直径，上半圆中注写详图编号，下半圆中注写被索引图纸的图纸号，如图 12-2 所示。

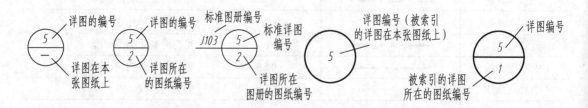

(a) 详图在本张图纸中的详图索引　(b) 详图不在本张图纸中的详图索引　(c) 详图在标准图册中的详图索引　(d) 被索引图在本张图纸上的详图编号　(e) 被索引图不在本张图纸上的详图编号

图 12-2　索引符号与详图符号

表 12-5　　　　　　　　　　　　　常用建筑构造及配件图例

名　　称	图　　例	名　　称	图　　例
底层楼梯平面图		可见检查孔（左） 不可见检查孔（右）	
		孔洞	
中间层楼梯平面图		墙预留孔	
		墙预留槽	
顶层楼梯平面图		烟道	
		通风道	
单扇门 （平开或单面弹簧门）		单层固定窗	
单扇双面弹簧门		左右推拉窗	
单扇内外开双层门		单层中悬窗	
双扇门 （平开或单面弹簧门）		单层外开平开窗	

12.2 房屋建筑施工图的阅读

12.2.1 总平面图

建筑总平面图也称为总图，是新建房屋在基地范围内的总体布局图。它表明新建房屋的平面轮廓形状（用粗实线表示）和层数、与原有建筑（用细实线表示）的相对位置、周围环境、地形地貌、道路交通、绿化（用细实线表示）布置等情况，计划扩建的预留地或建筑物（用细虚线表示），以及要准备拆除的原有建筑（在原有投影上加"×"表示）。是新建房屋及其它设施的施工定位、土方施工，以及水、电、气等管线布置的重要依据，也是房屋使用价值及潜在价值的重要体现。

图 12-3 所示为某居民小区的总平面图，下面以此为例介绍阅读总平面图的方法及步骤。

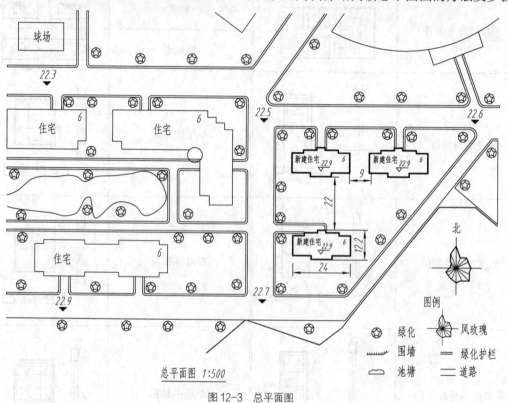

总平面图 1:500

图 12-3 总平面图

1. 了解新楼的方位、朝向、楼层、形状、环境等

从图 12-3 中可以看出，三栋新建住宅位于小区的东南角，座南朝北，楼高六层，平面轮廓近似为长方形，左侧相邻有两栋六层住宅，并有一池塘，北方有栋办公大楼，西北方不远处有一球场，楼前与道路相连，楼的周围均有绿化。

2. 了解新楼所在小区的风向

总平面图的右下角画出了该地区的风玫瑰图，清晰地反映出该小区的常年风向频率，按风玫瑰图中所指的方向可知，该小区的风力不大，主要为北风、东南风和东风。

3. 了解新楼的占地面积、楼间距离等

从图 12-3 中所标尺寸可以得知，新楼以西面和北面的道路定位，东西向总长为 24m，南北向总宽为 12.2m，三栋新楼的南北楼间距为 22m，东西楼间距为 9m。

4. 了解新楼的标高

标高有绝对标高和相对标高之分：绝对标高是以青岛附近的黄海平均海平面为基准零点的标高（即海拔高度），相对标高是以房屋底层的室内主要地面为基准零点的标高，标高的单位为米。一般总平面图中标注绝对标高（精确到厘米），其余视图中都标注相对标高（精确到毫米）。

从图 12-3 中所注标高可以得知，新楼底层室内地面的绝对标高为 22.9m，室外地坪的绝对标高为 22.6m，可见室内比室外高 0.3m。左侧球场附近地坪标高为 23.1m，比新楼附近高 0.5m，可知该小区的地势为西高东低。图中房屋线框一角的点数表示该房屋的层数，也可以直接用数字表示。

12.2.2 建筑平面图

建筑平面图是房屋（除屋顶平面图外）的水平剖视图，也就是用一个假想的水平面，在窗台之上剖开整幢房屋，移去处于剖切平面上方的部分，将留下的部分向水平投影面作正投影所得到的图样。它主要用来表示房屋的平面形状、大小和布置，以及墙、柱、门、窗的位置等内容，是放线、砌墙和安装门窗等工作的依据。建筑平面图应包括被剖切到的断面（用粗实线表示）、可见的建筑构造和必要的尺寸、标高等内容（用中粗线或细实线表示），如图 12-4 所示。

建筑平面图通常以楼层来命名，如底层平面图（见图 12-5）、二层平面图等。若一栋楼房的各层平面布置都不相同，则应画出每层的平面图；若各楼层平面布置完全相同，则只画一个标准层平面图，并在图名中注明。建筑平面图除各层平面图外，还有局部平面图、屋顶平面图（见图 12-6）等。定位轴线用细点画线表示。下面以如图 12-5 所示的底层平面图为例说明阅读建筑平面图的方法和步骤。

1. 图名、比例、朝向

图名为底层平面图，它说明这个平面图反映的是这幢住宅底层的平面布置情况。

比例采用 1:100，这是根据房屋的大小和复杂程度按表 12-2 选取的。

在底层平面图上应画出指北针，所指方向应与总平面图中风玫瑰的指北针方向一致。

2. 定位轴线及编号

在建筑平面图中应画出定位轴线，用它来确定房屋各承重墙的位置。定位轴线的编号（用直径 8mm 的细实线圆圈）宜标注在平面图的下方与左侧，横向编号用阿拉伯数字从左至右按顺序编写，竖向编号用大写拉丁字母（I、O、Z 除外）从下至上按顺序编写。在标注非承重的分隔墙或次要承重构件时，可以在两根定位轴线之间增添附加轴线。该住宅西东向定位轴线编号为 1～7，南北向定位轴线的编号为 A～F。

3. 房间分布

从底层平面图中可以看出，该住宅的底层分布有一客厅、餐厅、厨房、卫生间、楼梯间、主次卧室、书房和进入式衣厨等。进入楼道有两级踏步，从楼梯口进入房间。由指北针可知该住宅座北朝南四周设有 C1、C2、C3、C4、C5 型窗多个，还设有 M1、M2、M3、M4、M5、M6 型门多个。为了便于查阅，一般都要单独列出门窗表，如表 12-6 所示。

表 12-6 门窗统计表

编　　号	门窗洞尺寸	数　　量	编　　号	门窗洞尺寸	数　　量
M1	900 × 2100	2	C1	1500 × 1800	14
M2	800 × 2100	38	C2	800 × 1800	18
M3	700 × 2100	24	C3	800 × 1800	12
M4	1500 × 2700	12	C4	1000 × 1800	12

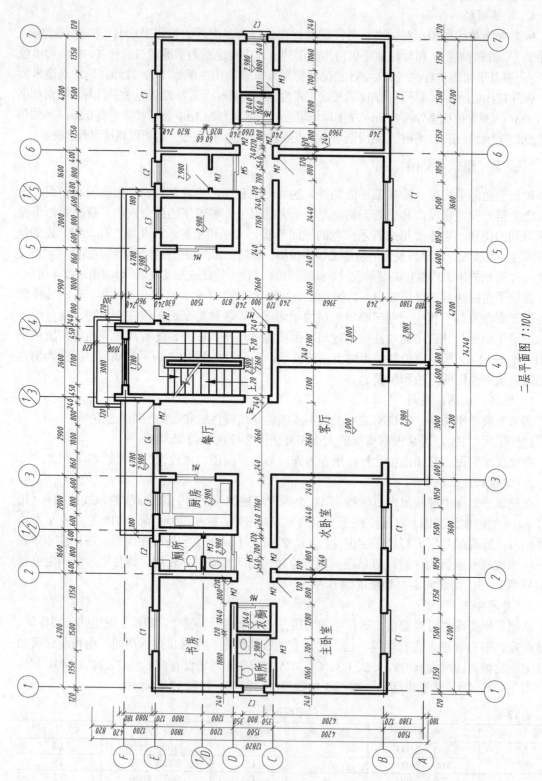

二层平面图 1:100

图12-4 二层平面图

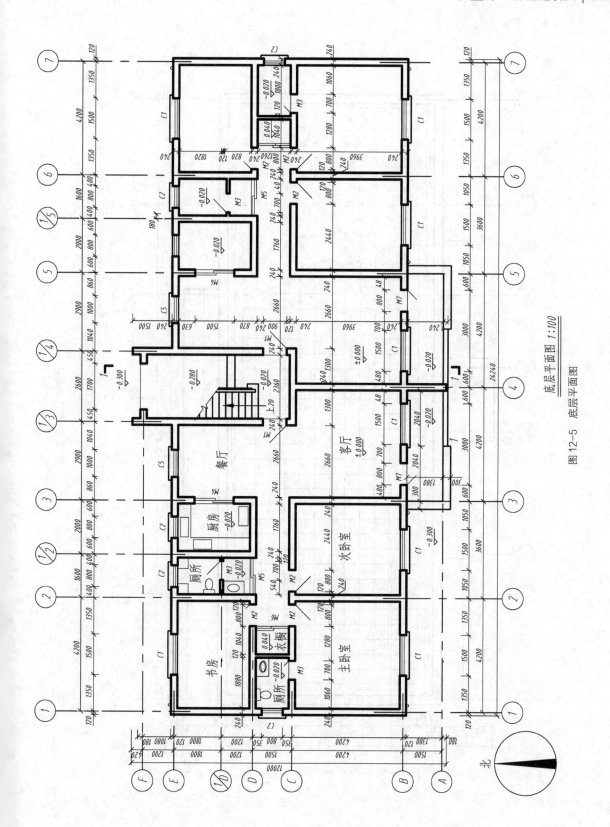

底层平面图 1:100

图 12-5 底层平面图

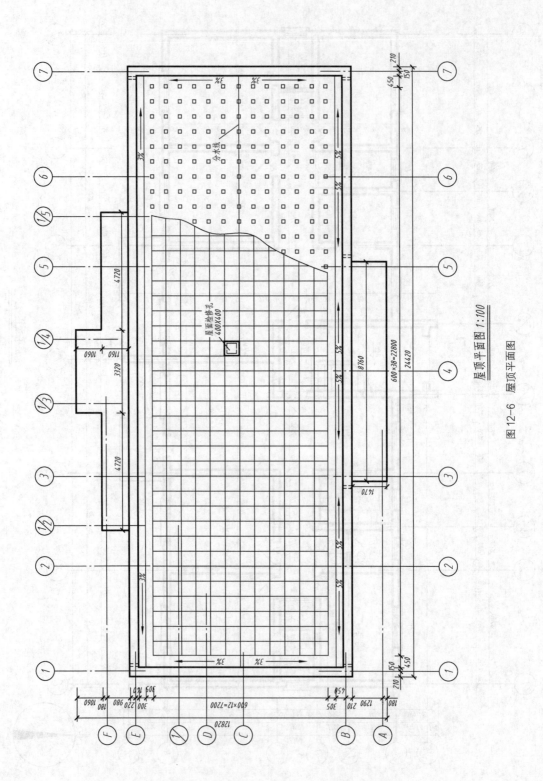

屋顶平面图 1:100

图12-6 屋顶平面图

编　号	门窗洞尺寸	数　量	编　号	门窗洞尺寸	数　量
M5	1360 × 2700	12	C5	1000 × 1800	2
M6	1360 × 2100	12			

4. 必要的尺寸及标高

在建筑平面图中，外墙应注三道尺寸。第一道尺寸是外墙总尺寸，表示房屋的总长和总宽，从图 12-5 中可知该住宅的总长为 24.24m，总宽为 12m，可计算出该住宅的占地面积为 29.88m^2。第二道尺寸主要是标注各定位轴线之间的距离，也就是表示房间的开间和进深的尺寸，可以用来计算出每个房间的面积大小。第三道尺寸最靠近图形，是表示外墙的细部尺寸，如门窗洞口及墙垛的宽度及其定位尺寸等。

内部尺寸应注出房间的净距、内墙上的门窗洞宽度、墙身厚度及固定设备的大小和定位尺寸等。

此外，底层平面图上还应标注出地面的相对标高。该住宅客厅处的地坪标高为基准零点（标注±0.000），室外地坪标高为−0.300m。

5. 剖切符号和索引符号

在底层平面图中，必须在需要绘制剖视图的部位画出剖切符号，表明剖切位置和投影方向。对图中需要另画详图表达的局部构造或构件，则应在图中的相应部位画上索引符号，以建立详图与被索引图之间的联系，方便对照查阅。

12.2.3　建筑立面图

建筑立面图是在与房屋立面相互平行的投影面上所作的正投影图。它主要用来表示房屋的体型和外貌、外墙装修、门窗的位置与形式，以及遮阳板、窗台、窗套、屋顶水箱、檐口、阳台、雨篷、雨水管、水斗、引条线、勒脚、平台、台阶、花坛等构造和配件各部位的标高以及必要的尺寸。建筑立面图在施工过程中主要用于外墙装修。

在建筑立面图中，最外轮廓线用粗实线表示。门窗调、压檐、雨篷、阳台、台阶等主要可见轮廓线用中粗线表示。其他次要结构，如墙面分格线、雨水管、门窗分格线、尺寸线、尺寸界线等均用细实线表示。地坪线用特粗线（粗实线的 1.4 倍）表示。

1. 图名和比例

立面图图名有三种命名方式。一是以房屋的主入口所在的立面为正立面，从而有正立面图、背立面图、左立面图和右立面图之分。二是根据房屋的朝向来命名，一般住宅都是座北朝南的，从而有南立面图、北立面图、西立面图和东立面图之分。但是有很多房屋不一定为四个立面，其朝向不一定是正南或正北，所以有了第三种的命名方式，那就是以定位轴线的编号来命名，用立面图最左轴线和最右轴线的编号命名。如图 12-7 所示，对照这幢房屋底层平面图的定位轴线位置，该"南立面图"也可以写成"①～⑦立面图"。

建筑立面图的比例宜采用 1:50、1:100、1:200 等，视房屋的大小和复杂程度选定。通常采用与建筑平面图相同的比例，所以①～⑦立面图也采用 1:100 的比例。

2. 外貌造型

建筑立面图反映了室外地面线以上的房屋外貌造型和各构件（如门窗、阳台、雨篷等）的形状及位置。从图 12-7 中可以看出，①～⑦立面图外轮廓线所包围的范围显示出这幢住宅的总长和总高。屋顶用女儿墙包檐形式，房高六层，总高 18.8m。图 12-8 所示为⑦～①立面图，相当于北立面图。它主要反映了房屋北面的门窗、阳台、雨篷和楼梯间外形，即房屋的入口。由于东西立面形状一样，所以只画了如图 12-9 所示的Ⓐ～Ⓕ立面图。

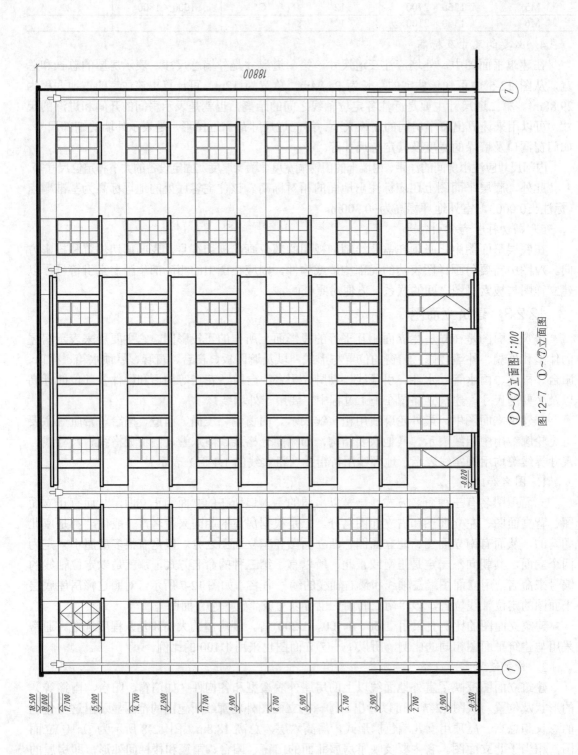

$$\frac{①\sim⑦立面图\ 1{:}100}{图12\text{-}7\ ①\sim⑦立面图}$$

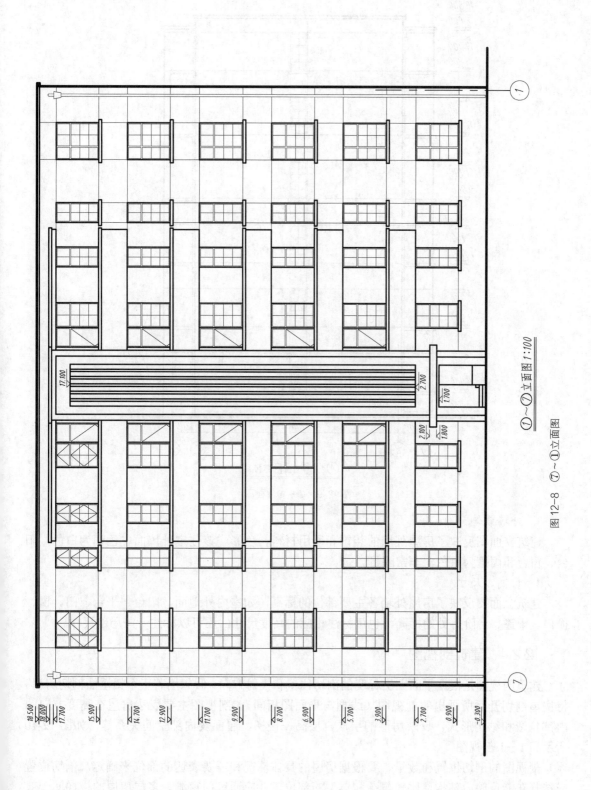

图12-8　⑦~①立面图

①~⑦立面图 1:100

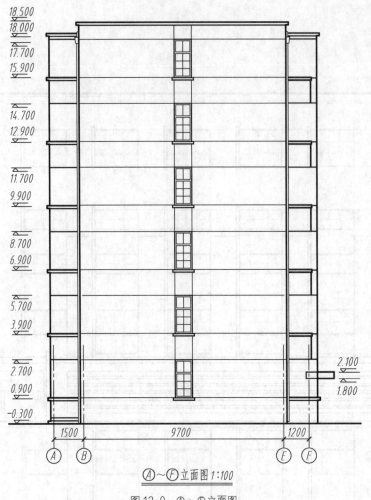

Ⓐ~Ⓕ立面图 1:100

图 12-9　Ⓐ~Ⓕ立面图

3. 外墙装饰

建筑立面图反映了房屋外墙的装饰和所用材料、色彩。该住宅外墙面主色调为白色，阳台、窗台和雨篷为黑色，非常醒目。

4. 标高、尺寸

建筑立面图反映了房屋外墙各主要部位的标高，如室内外地面、阳台、平台、门、窗、檐口、雨篷、台阶等处的标高，也可标注相应的高度尺寸，还可以标注一些局部尺寸。

12.2.4　建筑剖视图

建筑剖视图是根据平面图上标明的剖切位置和投射方向，假想用若干个铅垂面剖切房屋。将房屋剖切开后所画出的剖视图（线型与平面图相同）。剖视图主要表达房屋在高度方向的内部构造和结构形式，反映房屋的层次、层高、楼梯、屋面及内部空间关系等，如图 12-10 所示和 1—1 剖视图。

剖视图的剖切位置和数量，要根据房屋的具体情况和需要表达的部位来确定。剖切位置应选择在能反映内部构造比较复杂和典型的部位，并应通过门窗洞。多层房屋的楼梯间一般均应画出剖视图。

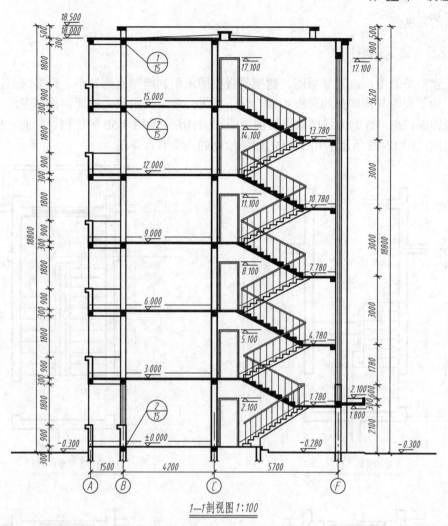

1—1剖视图1:100

图 12-10　1—1 剖视图

1. 图名、比例

剖视图的图名及投射方向应与平面图上的标注一致。该剖视图的图名是 1—1 剖视图，在底层平面图中可查找到相对应的编号为 1 的剖切符号。在图名旁应注写出所采用的比例是 1:100。建筑剖视图的比例宜采用 1:50、1:100、1:200 等，视房屋的大小和复杂程度选定，一般采用与建筑平面图相同的或较大一些比例。

2. 构造、结构

从底层平面图中的剖切位置可以看出，图 12-10 所示的剖视图是通过楼梯间剖切后，向左投射而得到的。剖切到的部位有楼梯、楼面、屋面、门窗洞等。剖视图反映出该住宅从地面到屋面的内部构造和结构形式。基础部分一般不画，而在"结施"基础详图中表示。

3. 标高、尺寸

在剖视图中应标注与平面图相对应的定位轴线编号，还要标注房屋内外各部位的高度尺寸及标高。一般应标注室内外地面、各层楼面、楼梯平台、檐口和女儿墙顶面等处的标高。从图 12-10 中可以看出，该住宅最高处的标高为 18.5m。

外部尺寸标注门窗洞和窗间墙的高度、层间高度及总高度；内部尺寸标注搁板、平台、室内门窗的高度等。

12.2.5 建筑详图

由于建筑平面图、建筑立面图、建筑剖视图所采用的绘图比例较小，许多细部往往表达不清楚，为了表明某些局部的详细构造，便于施工，常常采用较大的比例绘制图形，这种图称为建筑详图，也可称为大样图或节点图。图 12-11 所示为用 1:50 的比例绘制的各楼层的楼梯间平面图。图 12-12 所示为用 1:20 的比例绘制的外墙节点详图。

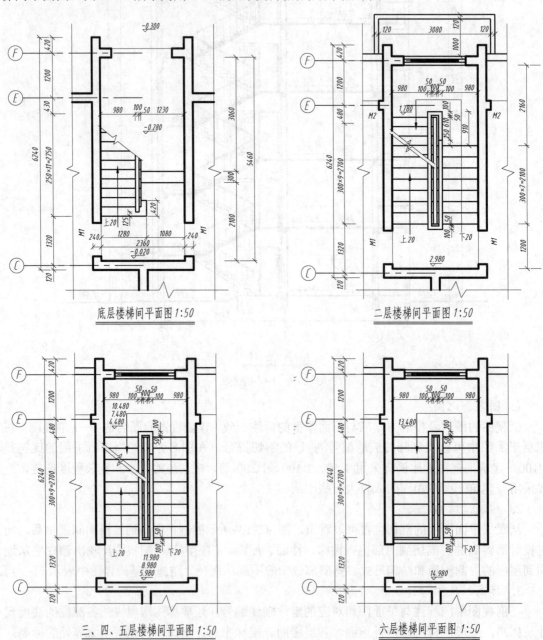

图 12-11　楼梯间平面详图

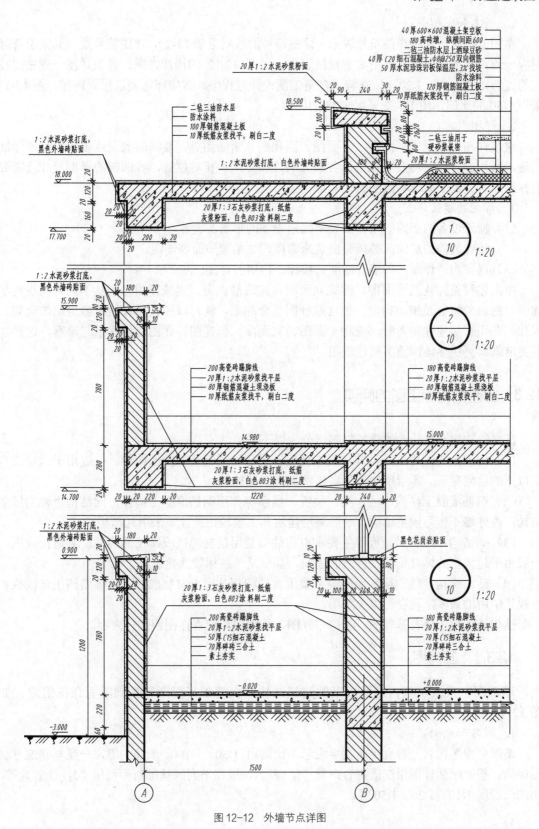

图12-12 外墙节点详图

1. 图名和比例

详图的图名一般用详图符号表示（详图符号的绘制见图 12-2），详图符号要与其索引符号对应一致。详图图名也可以用文字直接表示，如图 12-12 的楼梯详图。建筑详图一般采用较大的比例，如 1:10、1:20、1:50 等，在施工图设计过程中，按实际需要选用。例如，图 12-11 采用 1:50 的比例，图 12-12 采用 1:20 的比例。

2. 详图内容

建筑详图可以画成平面图、立面图、剖视图、断面图等，要清晰地表达出构配件的详细构造，所用的各种材料及其规格，各部分的连接方法和相对位置，各细部的详细尺寸及需要的标高，有关施工要求和做法的说明等。

3. 常见的建筑详图

（1）特殊设备的房间：用详图表明固定设备的形状及设置。

（2）特殊装修的房间：必须绘出装修详图，如吊顶平面等详图。

（3）局部构造详图：如墙身剖面、楼梯、门窗等详图。

由上述可见，建筑平面图、建筑立面图、建筑剖视图、建筑详图分别从不同方向表达了建筑物的内外特征及细部构造，把这四种图综合起来，就可以完整地表达一幢房屋的全貌。因此，在识读房屋建筑图时，应将平面图、立面图、剖视图、详图互相联系起来看，这样才能更准确、更快捷地读懂房屋建筑图。

12.3 房屋结构施工图的阅读

房屋结构按承重构件的建筑材料可分为以下几种。

（1）砖混结构：墙用砖砌筑，梁、楼板、屋面等用钢筋混凝土构件。一般用于六层或六层以下的房屋建筑。本章所举例住宅楼就是砖混结构的。

（2）钢筋混凝土结构：柱、梁、楼板、屋面等都用钢筋混凝土构件。此结构也称为框架结构，内外墙不作为承重结构。一般高层建筑和大型场馆的建筑采用此结构。

（3）钢结构：柱、梁、板等主要承重构件都是用钢材焊接或铆接的构件。其造价较高，一般用于超大型的体育场馆、会所的建筑，甚至是一些标致性建筑。

（4）砖木结构：柱、梁、屋架等主要承重结构都是用木材制成的，墙等结构用砖砌成。古建筑中用的最多，现在已很少采用。

结构施工图主要有基础图、结构布置图、构件图和节点详图四部分内容。

12.3.1 基础图

基础图一般表示室内地面以下的建筑结构，由基础平面图和基础断面详图组成，如图 12-13 所示。

1. 图名和比例

基础平面图图名一般直接用文字表示，比例用 1:50、1:100、1:200 等，一般与建筑平面图相同。基础断面详图用汉语拼音声母"J"表示，根据不同的基础断面可用"J_1、J_2、J_3 等，比例一般用 1:10、1:20、1:50 等。

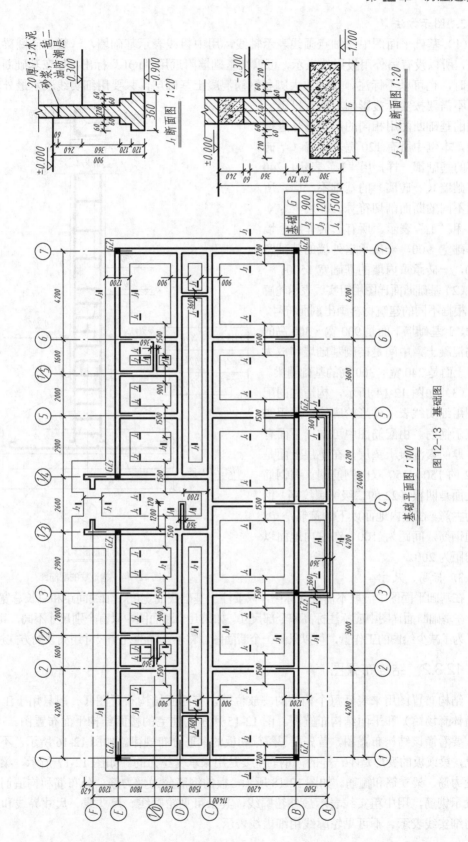

图12-13 基础图

2. 图示方法

（1）基础平面图中用细点画线表示轴线，用中粗线表示基础墙，一般基础圈梁与基础墙同宽，所以没有另外用投射线表示，可以在基础墙附近用"JQL"标出，如在基础断面图表示清楚时，也可以不标注。基础放大脚和钢筋混凝土基础层，只要用细实线表示最外轮廓线即可，不需要按实际投影画出所有投影。相同的基础断面用相同的剖切符号进行标注，本例中所有 120 宽基础墙（半砖墙）的基础都一样，用"J₁"表示。240 宽基础墙（一砖墙）的基础不一样，所以用不同的断面剖切符号，即用"J₂"、"J₃"和"J₄"表示。所有一砖非承重墙的基础宽 900，一砖承重外墙的基础宽 1200，一砖承重内墙的基础宽 1500。

（2）基础断面详图用粗实线表示轮廓线，根据不同的建筑材料画出剖面符号。例如，J₂基础墙下面是 900 宽 × 300 高的钢筋混凝土，中间是砖砌基础墙和放大脚，上面是 240 宽 × 300 高的基础圈梁。

（3）如图 12-14 所示，构造柱的配筋图用细实线表示外形轮廓线，用粗实线表示钢筋。由配筋图中可知，下面有100 厚的素混凝土垫层，在垫层上面是 Φ12 的 150 × 150 双向钢筋网。在钢筋网上面是四根 Φ22 的二级（螺纹钢）钢筋为主筋。在室内地面以下的箍筋是 Φ8普通钢筋，间距为 100，在室内地面以上间距为 200。

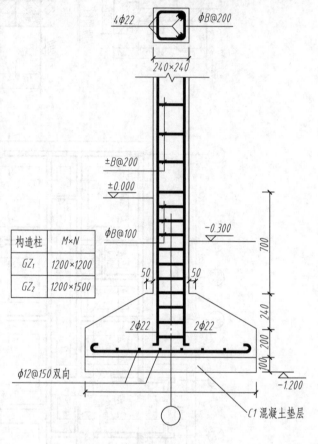

构造柱	M×N
GZ₁	1200×1200
GZ₂	1200×1500

GZ₁、GZ₂ 配筋图 1:20

图 12-14　构造柱的配筋图

3. 标高、尺寸

在基础平面图中一般不需要注标高，只要注出基础底面宽度、轴线间距和总长总宽等尺寸即可。在基础断面详图中应标注标高和全部尺寸。如果几个断面图中只有个别尺寸不同，其余尺寸相同，为了减少绘图的工作量，可以只画一个断面图，将不一样的几个尺寸用列表的方式进行表示。

12.3.2　结构布置图

结构布置图用来表示每个构件的安放位置，有立面结构布置图（一般只用于工业厂房和大型体育场馆）和平面结构布置图。图 12-15 所示为住宅的楼面结构平面布置图。

要看懂该结构布置图，首先要了解梁和板的钢筋分布规律。如图 12-16 所示，不同的受力情况，梁或板的变形是不一样的，钢筋主要是用来承受拉力的。如图 12-17 所示，梁的钢筋分为受力筋、架立筋和箍筋。如图 12-18 所示，板的钢筋分为受力筋、分布筋和构造筋。用粗实线表示钢筋，用中粗实线表示最外轮廓线，其余可见轮廓线、尺寸线、尺寸界线和各种符号均用细实线表示。不可见轮廓线用细虚线表示。

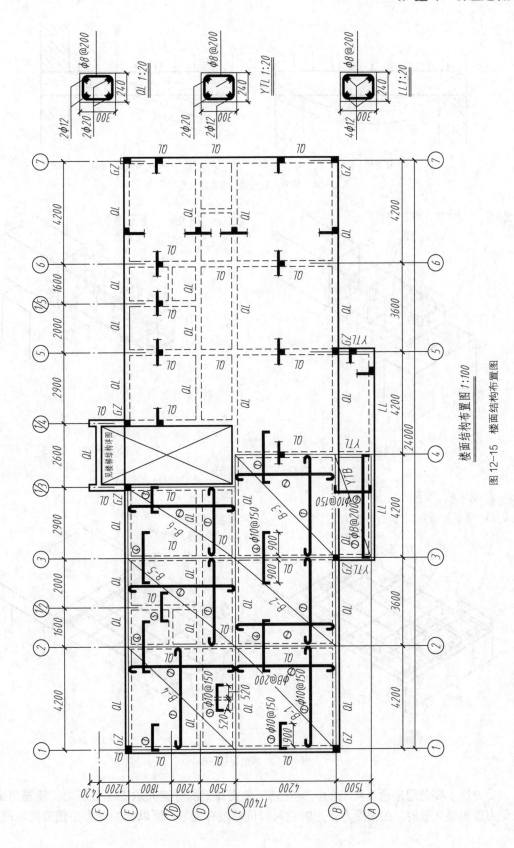

楼面结构布置图 1:100

图 12-15 楼面结构布置图

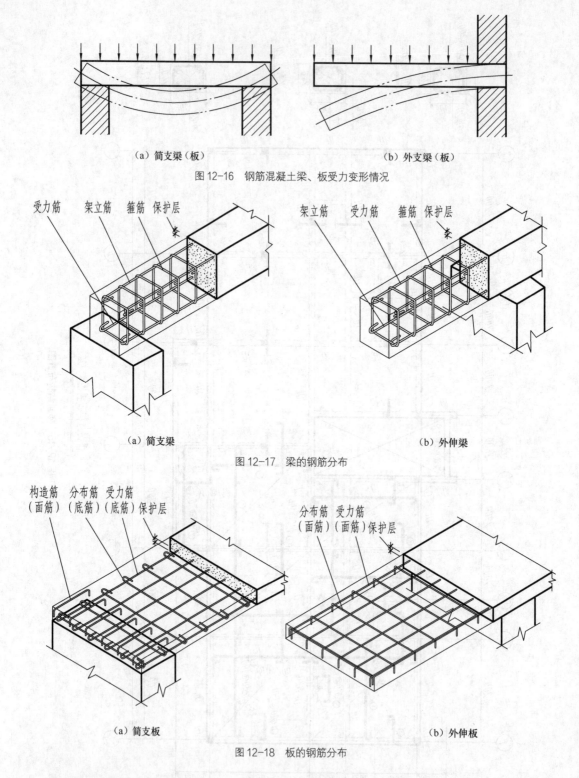

（a）简支梁（板）　　　　　　　　　（b）外支梁（板）

图 12-16　钢筋混凝土梁、板受力变形情况

（a）简支梁　　　　　　　　　（b）外伸梁

图 12-17　梁的钢筋分布

（a）简支板　　　　　　　　　（b）外伸板

图 12-18　板的钢筋分布

受力筋主要是用来承受拉力的。架立筋用来支撑梁的骨架并承受部分压力。箍筋用来固定受力筋和架立筋的，在梁受力变形时它只有位移没有变形。所以梁的受力筋强度要求最高，

架立筋强度要求次之，箍筋强度要求最低，一般直径 8mm 的普通圆钢就行了。根据受力变形情况不同，简支梁受力筋在下面，架立筋在上面，外伸梁则相反。

楼板受力情况与梁相似，楼板厚度较小，不需要架立筋，固定受力筋的钢筋称为分布筋，它与受力筋一起组成钢筋网。如果是简支板钢筋网在板的下面，外伸板钢筋网在板的上面。简支板在墙上面处为了增加刚度，在板上面再加上钢筋，这种钢筋称为构造筋。在板的下面钢筋称为底筋，在板的上面称为面筋。一般底筋两端有 180°弯钩，面筋两端有 90°弯钩。这是为了保证钢筋与水泥更好地结合和施工方便所决定的。

底筋弯钩向上弯曲，面筋弯钩向下弯曲。不管怎么弯曲，在平面图上按投影原理来说都是看不到弯钩的，为了在平面图中表示钢筋是底筋还是面筋，《建筑结构制图标准》GB/T 50105—2001 中统一规定如图 12-19 所示，弯钩朝上或朝左画表示底筋，弯钩朝下或朝右画表示面筋。

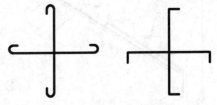

图 12-19 结构平面布置图钢筋的表示方法

综上所述，图 12-15 所示楼层结构平面布置图中各楼板（B-1、B-2、B-3、B-4、B-5、B-6）的受力筋直径为 10，间距为 150。分布筋直径为 8，间距为 200。构造筋直径为 10，间距为 150。阳台板（YTB）受力筋直径为 10，间距 150，分布筋直径为 8，间距为 200。要注意阳台板是外伸板，受力筋和分布筋都是面筋，注意弯钩的图示方向。

如图 12-15 所示的三个断面配筋图：圈梁（QL）受力筋在下面，直径 20 的二级钢筋（螺纹钢），架立筋在上面，直径 12 的普通圆钢。阳台梁（YTL）受力筋在上面，直径 20 的二级钢筋（螺纹钢），架立筋在下面，直径 12 的普通圆钢。连系梁（LL）由于承受的压力较小，所以四根主筋均为直径 12 的普通圆钢。螺纹钢一般不要制作弯钩。

12.3.3 构件图

钢筋混凝土构件图是表示某一构件（柱、梁、板等）的外形、配筋和预埋件的投影图。在构件图中，表示构件外形的图样称为模板图，它是浇铸混凝土构件时，制作和固定模板的依据。模板图一般用中粗实线表示。表示构件里面的钢筋布置的图样称为配筋图，是钢筋工的施工依据。外形用细实线绘制，钢筋不论粗细一律用粗实线绘制。每一种钢筋有一个编号，编号用直径 4mm 的细实线圆圈表示。有些柱、梁要和其他构件或设备相连，在浇铸混凝土时应留有预埋件，所以还应画出有预埋件的详图。在配筋图中，往往很多钢筋的投影是重叠的，不容易看清钢筋的形状，还应画出某根钢筋的单个详图，也称抽筋图。也可以用列表的方式，画出每根钢筋的示意图，并计算出各编号的钢筋尺寸和根数。为编制工程预算提供依据。

图 12-20 所示为第一梯段楼梯构件图。因为外形并不复杂，所以没有单独画模板图，只画了配筋图和预埋件的详图。如图 12-21 所示，预埋件用轴测图表示。为了编制预算工作的需要，绘制了钢筋统计表，如表 12-7 所示。在绘制钢筋统计表时要注意钢筋的长度计算方法。钢筋 180°弯钩要加 6.25 倍钢筋直径的长度为弯钩的展开长度。钢筋 90°弯钩要加 4.25 倍钢筋直径的长度为弯钩的展开长度。还要根据构件的外形尺寸减去保护层厚度。保护层厚度的计算方法是：受力筋和架立筋中，板 15mm、梁 25mm、柱 30mm、有垫层基础 40mm、无垫层基础 70mm，箍筋和构造筋 15mm，分布筋 10mm。

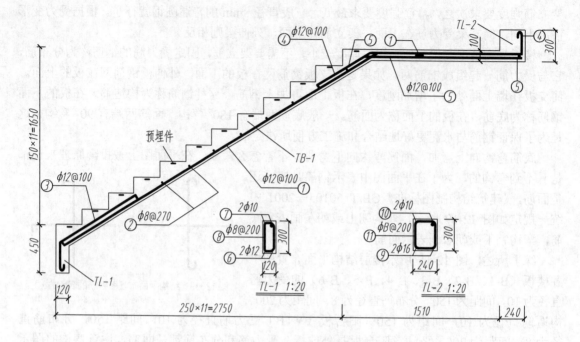

图 12-20　第一梯段楼梯构件图

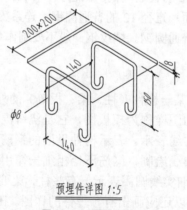

图 12-21　预埋件详图

12.4　房屋设备施工图的阅读方法简介

在房屋建筑施工图中，还有一类图即设备施工图。它主要有给水排水施工图（参照附表 34）、采暖通风施工图（参照附表 35）、电路布置施工图（参照附表 36）等。它们都是在建筑施工图（建筑施工图全部用细线绘制）的基础上，用粗线（单线）表示各种管路、电路，用中粗线表示设备外形，用各种符号表示配件。只要懂得专业知识，根据图例就不难看懂这一类的专业图样，所以在这里不再详述。

表 12-7 第一楼梯段配筋统计表

钢 筋 编 号	钢 筋 简 图	每 根 长	根 数	总 长
①	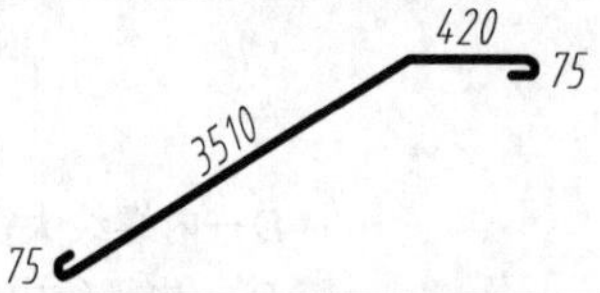 75 · 3510 · 420 · 75	4080	10	40800
②	 50 · 960 · 50	1060	6	6360
③	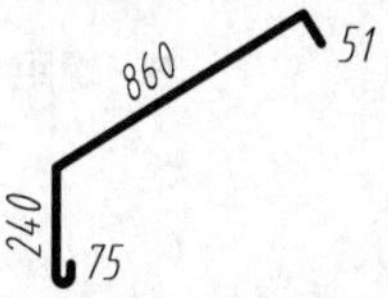 240 · 75 · 860 · 51	1226	10	12260
④	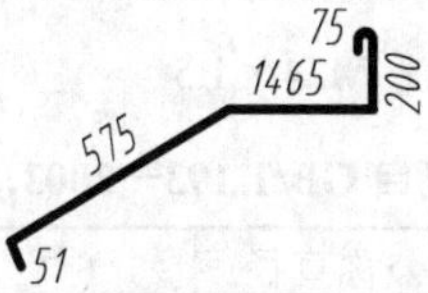 51 · 575 · 1465 · 200 · 75	2366	10	23660
⑤	 75 · 205 · 1515 · 75	1870	10	18700
⑥	 75 · 950 · 75	1100	2	2200
⑦	 63 · 950 · 63	1076	2	2152
⑧	 140 · 270 · 320 · 90	820	6	4920
⑨	 100 · 2790 · 100	2990	2	5980
⑩	 63 · 2790 · 63	2916	2	5832
⑪	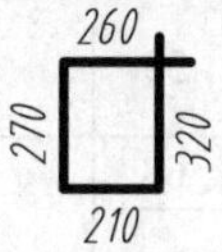 260 · 270 · 320 · 210	1070	15	16050

一、螺纹

1. 普通螺纹

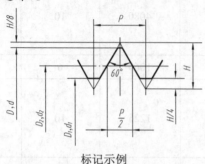

D—内螺纹大径　　d—外螺纹大径
D_2—内螺纹中径　　d_2—外螺纹中径
D_1—内螺纹小径　　d_1—外螺纹小径

P—螺距　　　　　$H = \dfrac{\sqrt{3}}{2} P$

标记示例

公称直径为24mm，螺距为1.5mm，右旋的细牙螺纹：M24×1.5

附表 1　　普通螺纹直径与螺距系列、公称尺寸（摘自 GB/T 193—2003，GB/T 196—2003）　　（mm）

公称直径 D、d		螺距 P		粗牙小径 D_1、d_1	公称直径 D、d		螺距 P		粗牙小径 D_1、d_1
第一系列	第二系列	粗牙	细　牙		第一系列	第二系列	粗牙	细　牙	
3		0.5	0.35	2.459		14	2	1.5，(1.25)，1，(0.75)，(0.5)	11.835
	3.5	(0.6)		2.850	16			1.5，1，(0.75)，(0.5)	13.835
4		0.7	0.5	3.242	18		2.5	2，1.5，(0.75)，(0.5)	15.294
	4.5	(0.75)		3.688	20				17.194
5		0.8		4.134	22				19.294
6		1	0.75，(0.5)	4.917	24		3	2，1.5，1，(0.75)	20.752
8		1.25	1，0.75，(0.5)	6.647		27			23.752
10		1.5	1.25，1，0.75，(0.5)	8.376	30		3.5	(3)，2，1.5，1，(0.75)	26.211
12		1.75	1.5，1.25，1，(0.75)，(0.5)	10.106		33		(3)，2，1.5，(1)，(0.75)	29.211
36		4	3，2，1.5，(1)	31.670		68			61.505
	39			34.670	72		4，3，2，1.5，(1)		65.505
42		4.5		37.129		76			69.505
	45		(4)，3，2，1.5，(1)	40.129	80		6		73.505
48		5		42.587		85			78.505
	52			46.587	90			4，3，2	83.505
56		5.5	4，3，2，1.5，(1)	50.046		95			88.505
	60			54.046	100				93.505
64		6		57.505		115			108.505

注：1. 优先选用第一系列，括号内尺寸尽可能不用。

2. 中经 D_2、d_2 未列入，第三系列未列入。

3. 第三系列公称直径 D、d 为 5.5、9、11、15、17、25、26、28、32、35、38、40、50、55、58、62、65、70、75 等。

4. M14×1.25 仅用于火花塞。

2. 梯形螺纹

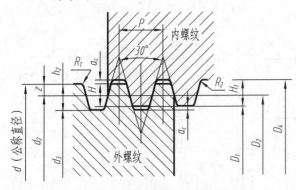

P—螺距　　a_c—牙顶间隙　　　$H = 0.5P$

$z = 0.5H = 0.25P$　　　$H_1 = h_2 = H+a_c$

$d_2 = D_2 = d-0.5P$　　$d_3 = d-2h_2 = d-p-2a_c$

$D_1 = d-2H = d-p$　　　$D_4 = d+2a_c$

$R_{1\max} = 0.5a_c$　　　　$R_{2\max} = a_c$

标记示例

公称直径为40mm，导程为14mm，螺距为7mm的双线左旋梯形螺纹：

Tr40 × 14(P7) – LH

附表 2　梯形螺纹直径与螺距系列、基本尺寸（摘自 GB/T 5796.2—2005，GB/T 5796.3—2005）（mm）

公称直径 d 第一系列	公称直径 d 第二系列	螺距 p	中径 $d_2=D_2$	大径 D_4	小径 d_3	小径 D_1
8		1.5*	7.25	8.30	6.20	6.50
	9	1.5	8.25	9.30	7.20	7.5
	9	2*	8.00	9.50	6.50	7.00
10		1.5	9.25	10.30	8.20	8.50
10		2*	9.00	10.50	7.50	8.00
	11	2*	10.00	11.50	8.50	9.00
	11	3	9.50	11.50	7.50	8.00
	18	4*	16.00	18.50	13.50	14.00
20		2	19.00	20.50	17.50	18.00
20		4*	18.00	20.50	15.50	16.00
	22	3	20.50	22.50	18.50	19.00
	22	5*	19.50	22.50	16.50	17.00
	22	8	18.00	23.00	13.00	14.00
24		3	22.50	24.50	20.50	21.00
24		5*	21.50	24.50	18.50	19.00
24		8	20.00	25.00	15.00	16.00
	26	3	24.50	26.50	22.50	23.00
	26	5*	23.50	26.50	20.50	21.00
	26	8	22.00	27.00	17.00	18.00
28		3	26.50	28.50	24.50	25.00
28		5*	25.50	28.50	22.50	23.00
28		8	24.00	29.00	19.00	20.00
	30	3	28.50	30.50	26.50	27.00
	30	6*	27.00	31.00	23.00	24.00

公称直径 d 第一系列	公称直径 d 第二系列	螺距 p	中径 $d_2=D_2$	大径 D_4	小径 d_3	小径 D_1
12		2	11.00	12.50	9.50	10.00
12		3*	10.50	12.50	8.50	9.00
	14	2	13.00	14.50	11.50	12.00
	14	3*	12.50	14.50	10.50	11.00
16		2	15.00	16.50	13.50	14.00
16		4*	14.00	16.50	11.50	12.00
	18	2	17.00	18.50	15.50	16.00
	30	10	25.00	31.00	19.00	20.00
32		3	30.50	32.50	28.50	29.00
32		6*	29.00	33.00	25.00	26.00
32		10	27.00	33.00	21.00	22.00
	34	3	32.50	34.50	30.50	31.00
	34	6*	31.00	35.00	27.00	28.00
	34	10	29.00	35.00	23.00	24.00
36		3	34.50	36.50	32.50	33.00
36		6*	33.00	37.00	29.00	30.00
36		10	31.00	37.00	25.00	26.00
	38	3	36.50	38.50	34.50	35.00
	38	7*	34.50	39.00	30.00	31.00
	38	10	33.00	39.00	27.00	28.00
40		3	38.50	40.50	36.50	37.00
40		7*	36.50	41.00	32.00	33.00
40		10	35.00	41.00	29.00	30.00

注：1. 牙顶间隙 a_c：当 $P=0.5$ 时，$a_c=0.15$；当 $P=2\sim5$ 时，$a_c=0.25$；当 $P=6\sim12$ 时，$a_c=0.5$；当 $P=14\sim40$ 时，$a_c=1$。

2. 优先选用第一系列，括号内尺寸尽可能不用。

3. 带"*"为优先选用的螺距。

3. 55°非螺纹密封的管螺纹

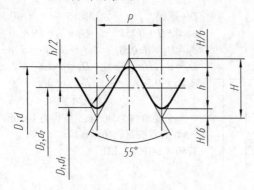

标记示例

尺寸代号为 1/2，左旋，圆柱非密封的管螺纹：

G1/2-LH

附表 3　　　　55°非螺纹密封的管螺纹基本尺寸（摘自 GB/T 7307—2001）　　　　（mm）

尺寸标记	每 25.4mm 内的牙数 n	螺距 p	牙高 h	圆弧半径 r	基 本 直 径		
					大径 $d = D$	中径 $d_2 = D_2$	小径 $d_1 = D_1$
1/16	28	0.907	0.581	0.125	7.723	7.142	6.561
1/8	28	0.907	0.581	0.125	9.728	9.142	8.566
1/4	19	1.337	0.856	0.184	13.157	12.301	11.445
3/8	19	1.337	0.856	0.184	16.662	15.806	14.950
1/2	14	1.814	1.162	0.249	20.955	19.793	18.631
5/8	14	1.814	1.162	0.249	22.911	21.749	20.587
3/4	14	1.814	1.162	0.249	26.441	25.279	24.117
7/8	14	1.814	1.162	0.249	30.201	29.039	27.877
1	11	2.309	1.479	0.317	33.249	31.770	30.291
1 1/3	11	2.309	1.479	0.317	37.897	36.418	34.939
1 1/2	11	2.309	1.479	0.317	41.910	40.431	38.952
1 2/3	11	2.309	1.479	0.317	47.803	46.324	44.845
1 3/4	11	2.309	1.479	0.317	53.746	52.267	50.788
2	11	2.309	1.479	0.317	59.614	58.135	56.656
2 1/4	11	2.309	1.479	0.317	65.710	64.231	62.752
2 1/2	11	2.309	1.479	0.317	75.184	73.705	72.226
2 3/4	11	2.309	1.479	0.317	81.534	80.055	78.576
3	11	2.309	1.479	0.317	87.844	86.405	84.926
3 1/2	11	2.309	1.479	0.317	100.330	98.851	97.372
4	11	2.309	1.479	0.317	113.030	111.551	110.072
4 1/2	11	2.309	1.479	0.317	125.730	124.251	122.772
5	11	2.309	1.479	0.317	138.430	136.951	135.472
5 1/2	11	2.309	1.479	0.317	151.130	149.651	148.172
6	11	2.309	1.479	0.317	163.830	162.351	160.872

注：1. 本标准适用于管接头、旋塞、阀门及其附件。

　　2. 尺寸标记单位为英寸，是管子的内径。

4. 锯齿形螺纹

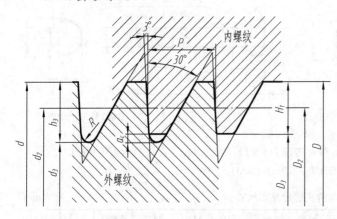

P—螺距 a_c—牙顶间隙

$H_1 = 0.75P$ $a_c = 0.117767P$

$D = d$ $D_2 = d_2 = d - 0.75P$

$h_3 = H_1 + a_c = 0.857767P$ $d_3 = d - 1.735534P$

$D_3 = d - 1.5P$ $R = 0.124271P$

标记示例

    公称直径为 40mm，导程为 14mm，螺距为 7mm 的双线左旋锯齿形螺纹：

$$B40 \times 14(P7)LH$$

附表 4   锯齿形螺纹直径与螺距系列、基本尺寸（摘自 GB/T 13576.1—2008,13576.2—2008）   （mm）

| 公称直径 d | | 螺距 p | 中径 $d_2=D_2$ | 小径 | | 公称直径 d | | 螺距 p | 中径 $d_2=D_2$ | 小径 | |
第一系列	第二系列			d_3	D_3	第一系列	第二系列			d_3	D_3
10		2*	8.5	6.529	7		30	3	27.75	24.793	25.5
12		2	10.5	8.529	9			6*	25.5	19.587	21
		3*	9.75	6.793	7.5			10	22.5	13.645	15
	14	2	12.5	10.529	11	32		3	29.75	26.793	27.5
		3*	11.75	8.793	9.5			6*	27.5	21.587	23
16		2	14.5	12.529	13			10	24.5	15.645	17
		4*	13	9.063	10		34	3	31.75	28.793	29.5
	18	2	16.5	14.529	15			6*	29.5	23.587	25
		4*	15	11.063	12			10	26.5	17.645	19
20		2	18.5	16.529	17	36		3	33.75	30.793	31.5
		4*	17	13.063	14			6*	31.5	25.587	27
	22	3	19.75	16.793	17.5			10	28.5	19.645	21
		5*	18.25	13.322	14.5		38	3	35.75	32.793	33.5
		8	16	8.116	10			7*	32.75	25.852	27.5
24		3	21.75	18.793	19.5			10	30.5	21.645	23
		5*	20.25	15.322	16.5	40		3	37.75	34.793	35.5
		8	18	10.116	12			7*	34.75	27.852	29.5
	26	3	23.75	20.793	21.5			10	32.5	23.645	25
		5*	22.25	17.322	18.5		42	3	39.75	36.793	37.5
		8	20	12.116	14			7*	36.75	29.852	31.5
28		3	25.75	22.793	23.5			10	34.5	25.645	27
		5*	24.25	19.322	20.5		44	3	41.75	38.793	39.5
		8	22	14.116	16			7*	38.75	31.852	33.5

注：带"*"为优先选用的螺距。

二、常用的标准件

1. 六角头螺栓

六角头螺栓——C 级（摘自 GB/T 5780—2000）

六角头螺栓——A 和 B 级（摘自 GB/T 5782—2000）

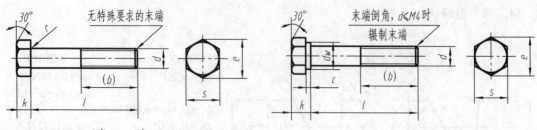

GB/T 5780—2000（当 $b=1$ 时，GB/T 5781—2000）　　　　　　　GB/T 5782—2000

标记示例

螺纹规格 $d=$ M12，公称长度 $l=80$mm，性能等级为 8.8 级、表面氧化，A 级的六角头螺栓：

螺栓　GB/T 5782—2000 M12 × 80

附表5　　　　　　　　　　　　　　**六角头螺栓基本尺寸**　　　　　　　　　　（mm）

螺纹规格 d		M3	M4	M5	M6	M8	M10	M12	M16	M20	M24	M30
b（参考）	$l\leqslant125$	12	14	16	18	22	26	30	38	46	54	66
	$125<l\leqslant200$	18	20	22	24	28	32	36	44	52	60	72
	$l>200$	31	33	35	37	41	45	49	57	65	73	85
c	min	0.15							0.2			
	max	0.4		0.5		0.6			0.8			
d_{w} 产品等级	A	4.57	5.88	6.88	8.88	11.63	14.63	16.63	22.49	28.19	33.61	—
	B、C	4.45	5.74	6.74	8.74	11.47	14.47	16.47	22	27.7	33.25	42.75
e 产品等级	A	6.01	7.66	8.79	11.05	14.38	17.77	20.03	26.75	33.53	39.98	—
	B、C	5.88	7.50	6.63	10.89	14.20	17.59	19.85	26.17	32.95	39.55	50.85
k（公称）		2	2.8	3.5	4	5.3	6.4	7.5	10	12.5	15	18.7
r		0.1	0.2	0.2	0.25	0.4	0.4	0.6	0.6	0.8	0.8	1
s（公称）		5.5	7	8	10	13	16	18	24	30	36	46
l（商品规格范围）		20~30	25~40	25~50	30~60	40~80	45~100	50~120	65~160	80~200	90~240	110~300
l（系列）		10，12，16，20，25，30，35，40，45，50，55，60，65，70，80，90，100，110，120，130，140，150，160，180，200，220，240，260，280，300，320，340，360，380，400，420，440，480，500										

注：1. A 级用于 $d\leqslant24$，$l\leqslant10d$ 或 $l\leqslant150$mm 的螺栓，B 级用于 $d>24$，$l>10d$ 或 $l>150$mm 的螺栓。

　2. 螺纹规格 d 范围：GB/T 5780 为 M5～M64，GB/T 5782 为 M1.6～M64。

　3. 公称长度范围：GB/T 5780 为 25～500，GB/T 5782 为 12～500。

2. 双头螺柱

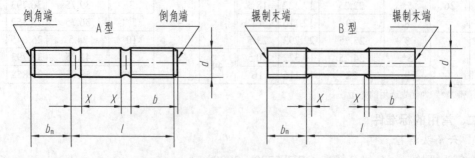

GB/T 897—1988（$b=d$）；GB/T 898—1988($b=1.25d$)；GB/T 899—1988($b=1.5d$)；GB/T 900—1988($b=2d$)

标记示例

两端均为粗牙普通螺纹，$d = 10mm$，$l = 50mm$，性能等级为 4.8 级、不经表面处理，B 型，$b_m = d$ 的双头螺柱：

螺柱　GB 897—1988　M10 × 50

附表 6　双头螺柱基本尺寸（摘自 GB/T 897—1988、GB/T 898—1988、GB/T 899—1988、GB/T 900—1988）（mm）

螺纹规格 d	b_m				l/b
	GB897—1988	GB898—1988	GB899—1988	GB900—1988	
M2			3	4	（12～16）/6，（18～25）/10
M2.5			3.5	5	（14～18）/8，（20～30）/11
M3			4.5	6	（16～20）/6，（22～40）/12
M4			6	8	（16～22）/8，（25～40）/14
M5	5	6	8	10	（16～22）/10，（25～50）/16
M6	6	8	10	12	（18～22）/10，（25～30）/14，（32～75）/18
M8	8	10	12	16	（18～22）/12，（25～30）/16，（32～90）/22
M10	10	12	15	20	（25～28）/14，（30～38）/16，（40～120）/26，130/32
M12	12	15	18	24	（25～30）/16，（32～40）/20，（45～120）/30，（130～180）/36
（M14）	14	18	21	28	（30～35）/18，（38～45）/25，（50～120）/34，（130～180）/40
M16	16	20	24	32	（30～38）/20，（40～55）/30，（60～120）/38，（130～200）/44
（M18）	18	22	27	36	（35～40）/22，（45～60）/35，（65～120）/42，（130～200）/48
M20	20	25	30	40	（35～40）/25，（45～65）/35，（70～120）/46，（130～200）/52
（M22）	22	28	33	44	（40～45）/30，（50～70）/40，（75～120）/50，（130～200）/56
M24	24	30	36	48	（45～50）/30，（55～75）/45，（80～120）/54，（130～200）/60
（M27）	27	35	40	54	（50～60）/35，（65～85）/50，（90～120）/60，（130～200）/66
M30	30	38	45	60	（60～65）/45，（70～90）/50，（95～120）/60，（130～200）/72，（210～250）/85
M36	36	45	54	72	（65～75）/45，（80～110）/60，120/78，（130～200）/84，（210～300）/97
M42	42	52	63	84	（70～80）/50，（85～110）/70，120/90，（130～200）/96，（210～300）/109
M48	48	60	72	96	（80～90）/60，（95～110）/80，120/102，（130～200）/108，（210～300）/121
1（系列）	12，（14），16，（18），20，（22），25，（28），30，（32），35，（38），40，45，50，55，60，65，70，75，80，85，90，95，100，110，120，130，140，150，160，170，180，190，200，210，220，230，240，250，260，280，300				

3. 螺钉

（1）开槽螺钉

开槽圆柱头螺钉（GB/T 65—2000）

开槽盘头螺钉（GB/T 67—2000）　　　　　　开槽沉头螺钉（GB/T 68—2000）

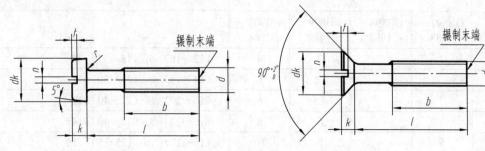

标记示例

螺纹规格 d = M5，公称长度 l = 20mm，性能等级为 4.8 级、不经表面处理的 A 级开槽圆柱头螺钉：

螺钉　GB/T 65 M5 × 20

附表 7　　　　　　开槽螺钉（摘自 GB/T 65—2000、GB/T 68—2000、GB/T 67—2000）　　　　（mm）

螺纹规格 d		M1.6	M2	M2.5	M3	M4	M5	M6	M8	M10
GB/T 65	d_{kmax}	3	3.8	4.5	5.5	7	8.5	10	13	16
	k_{max}	1.1	1.4	1.8	2.0	2.6	3.3	3.9	5	6
	T_{min}	0.45	0.6	0.7	0.85	1.1	1.3	1.6	2	2.4
	r_{min}	0.1				0.2		0.25	0.4	
	l	2～16	3～20	3～25	4～30	5～40	6～50	8～60	10～80	12～80
GB/T 67	d_{kmax}	3.2	4	5	5.6	8	9.5	12	16	20
	k_{max}	1	1.3	1.5	1.8	2.4	3	3.6	4.8	6
	t_{min}	0.35	1.5	0.6	0.7	1	1.2	1.4	1.9	2.4
	r_{min}	0.1				0.2		0.25	0.4	
	l	2～16	2.5～20	3～25	4～30	5～40	6～50	8～60	10～80	12～80
GB/T 68	d_{kmax}	3	3.8	4.7	5.5	8.4	9.3	11.3	15.8	18.3
	k_{max}	1	1.2	1.5	1.65	2.7	2.7	3.3	4.65	5
	t_{min}	0.32	0.4	0.5	0.6	1	1.1	1.2	1.8	2
	r_{min}	0.4	0.5	0.6	0.8	1	1.3	1.5	2	2.5
	l	2.5～16	3～20	4～25	5～30	6～40	8～50	8～60	10～80	12～80
螺距 P		0.35	0.4	0.45	0.5	0.7	0.8	1	1.25	1.5
N		0.4	0.5	0.6	0.8	1.2	1.2	1.6	2	2.5
B		25				38				
l 系列		2, 2.5, 3, 4, 5, 6, 8, 10, 12, （14）, 16, 20, 25, 30, 35, 40, 45, 50, （55）, 60, （65）, 70, （75）, 80（GB/T 65 无 l = 2.5；GB/T 68 无 l = 2）								

注：1. 括号内规格尽可能不采用。

2. M1.6～M3 的螺钉，当 l<30 时，制出全螺纹；对于开槽圆柱头螺钉和开槽盘头螺钉，M4～M10 的螺钉，当 l<40 时，制出全螺纹；对于开槽沉头螺钉，M4～M10 的螺钉，当 l<45 时，制出全螺纹。

（2）内六角圆柱头螺钉（GB/T 70.1—2000）

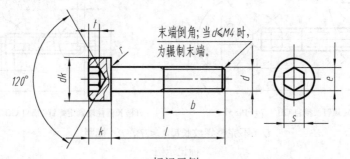

末端倒角；当 $d \leqslant M4$ 时，为辗制末端。

标记示例

螺纹规格 d = M5，公称长度 l = 20mm，性能等级为 8.8 级、表面氧化的 A 级内六方圆柱头螺钉：

螺钉　GB/T 70.1 M5 × 20

附表 8　　　　　　内六角圆柱头螺钉（GB/T 70.1—2000）　　　　　　（mm）

螺纹规格 d	M2.5	M3	M4	M5	M6	M8	M10	M12	M16	M20	M24	M30
螺距 P	0.45	0.5	0.7	0.8	1	1.25	1.5	1.75	2	2.5	3	3.5
d_{kmax}（光滑头部）	4.5	5.5	7	8.5	10	13	16	18	24	30	36	45
d_{kmax}（滚花头部）	4.68	5.68	7.22	8.72	10.22	13.27	16.33	18.27	24.33	30.33	36.39	45.39
d_{kmin}	4.32	5.32	6.78	8.28	9.78	12.73	15.73	17.73	23.67	29.67	35.61	44.61
k_{max}	2.5	3	4	5	6	8	10	16	16	20	24	30
k_{min}	2.36	2.86	3.82	4.82	5.7	7.64	9.64	15.57	15.57	19.48	23.48	29.48
t_{min}	1.1	1.3	2	2.5	3	4	5	6	8	10	12	15.5
r_{min}	0.1	0.1	0.2	0.2	0.25	0.4	0.4	0.6	0.6	0.8	0.8	1
$S_{公称}$	2	2.5	3	4	5	6	8	10	14	17	19	22
e_{min}	2.3	2.9	3.4	4.6	5.7	6.9	9.2	11.4	16	19	21.7	25.2
$b_{参考}$	17	18	20	22	24	28	32	36	44	52	60	72
公称长度 l	4～25	5～30	6～40	8～50	10～60	12～80	16～100	20～120	25～160	30～200	40～200	45～200
l 系列	2.5，3，4，5，6，8，10，12，16，20，25，30，35，40，45，50，55，60，65，70，80，90，100，110，120，130，140，150，160，180，200											

注：1. 括号内规格尽可能不采用。

2. M2.5～M3 的螺钉，当 l<20 时，制出全螺纹；M4～M5 的螺钉，当 l<25 时，制出全螺纹；M6 的螺钉，当 l<30 时，制出全螺纹；对于 M8 的螺钉，当 l<35 时，制出全螺纹；对于 M10 的螺钉，当 l<40 时，制出全螺纹；M12 的螺钉，当 l<50 时，制出全螺纹；M16 的螺钉，当 l<60 时，制出全螺纹。

（3）开槽紧定螺钉

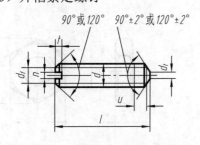

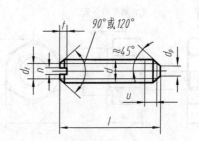

开槽锥端紧定螺钉（摘自 GB/T 71—2008）　　　　　开槽平端紧定螺钉（摘自 GB/T 73—1985）

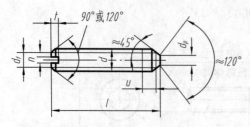 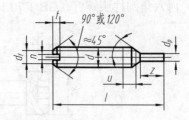

开槽凹端紧定螺钉（摘自 GB/T 74—1985）　　　　开槽长圆柱端紧定螺钉（摘自 GB/T 75—1985）

U（不完整螺纹长度）<2P，P—螺距

标记示例

螺纹规格 d = M5，公称长度 l = 12mm，性能等级为 14H 级、表面氧化的 A 级开槽锥端紧定螺钉：

螺钉　GB/T 71—2008　M5 × 12

附表 9　　开槽紧定螺钉（GB/T 71—1985、GB/T 73—1985、GB/T 74—1985、GB/T 75—1985）　　（mm）

螺纹规格 d		M1.2	M1.6	M2	M2.5	M3	M4	M5	M6	M8	M10	M12
螺距 p		0.25	0.35	0.4	0.45	0.5	0.7	0.8	1	1.25	1.5	1.75
n		0.2	0.25		0.4		0.6	0.8	1	1.2	1.6	2
d_{fmax}		≈螺纹小径										
t	max	0.52	0.74	0.84	0.95	1.05	1.42	1.63	2	2.5	3	3.6
	min	0.4	0.56	0.64	0.72	0.8	1.12	1.28	1.6	2	2.4	2.8
d_{zmax}		+	0.8	1	1.2	1.4	2	2.5	3	5	6	8
d_{tmax}		+	0.2	0.2	0.3	0.3	0.4	0.5	1.5	2	2.5	3
d_{pmax}		0.6	0.8	1	1.5	2	2.5	3.5	4	5.5	7	8.5
Z_{max}		+	1.05	1.25	1.50	1.75	2.25	2.75	3.25	4.30	5.30	6.30
公称长度范围 l	GB/T 71—2008	2～6	2～8	3～10	3～12	4～16	6～20	8～25	8～30	10～40	12～50	14～60
	GB/T 73—1985	2～6	2～8	2～10	2.5～12	3～16	4～20	5～25	6～30	8～40	10～50	12～60
	GB/T 74—1985	+	2～8	2.5～10	3～12	3～16	4～20	5～25	6～30	8～40	10～50	12～60
	GB/T 75—1985	+	2.5～8	3～10	4～12	5～16	6～20	8～25	8～30	10～40	12～50	14～60
l 系列		2，2.5，3，4，5，6，8，10，12，（14），16，20，25，30，35，40，45，50，（55），60										

4.　螺母

（1）六角螺母

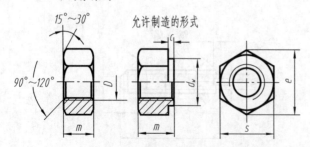 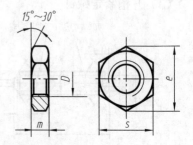

A 级和 B 级 I 型粗牙普通螺母（GB/T 6170—2000）　　　A 级和 B 级 I 型粗牙薄通螺母（GB/T 6172.1—2000）
C 级 I 型粗牙普通螺母（GB/T 41—2000）　　　　　　　II 型细牙薄螺母（GB/T 6173—2000）

标记示例

螺纹规格 D = M12，性能等级为 10 级、不经表面处理、A 级的 I 型六角螺母：

螺母 GB/T 6170—2000　M12

附表 10　六角螺母（摘自 GB/T 41—2000、GB/T 6170—2000、GB/T 6172.1—2000、GB/T 6173—2000）（mm）

螺纹规格 D			M3	M4	M5	M6	M8	M10	M12	M16	M20	M24	M30
螺距 P	粗牙		0.5	0.7	0.8	1	1.25	1.5	1.75	2	2.5	3	3.5
	细牙		+	+	+	+	1	1	1.5	1.5	2	2	2
								（1.25）		（2）			
c	max				0.4		0.5		0.6			0.8	
d_w	min		4.6	5.9	6.9	8.9	11.6	14.6	16.6	22.5	27.7	33.2	42.7
e_{min}	GB/T 41		—	—	8.63	10.89	14.20	17.59	19.85	26.17			
	GB/T 6170		6.01	7.66	8.79	11.05	14.38	17.77	20.03	26.75	32.95	39.55	50.85
	GB/T 6172.1												
	GB/T 6173—2000												
s		max	5.5	7	8	10	13	16	18	24	30	36	46
		min	5.35	6.78	7.78	9.78	12.73	15.73	17.73	23.67	29.16	35	45
m	GB/T 41	max	—	—	5.6	6.4	7.9	9.5	12.2	15.9	19	22.3	26.4
		min	—	—	4.4	4.9	6.4	8	10.1	14.1	16.9	20.2	24.3
	GB/T 6170	max	2.4	3.2	4.7	5.2	6.8	8.4	10.8	14.8	18	21.5	25.6
		min	2.15	2.9	4.4	4.99	6.44	8.04	10.37	14.1	16.9	20.2	24.3
	GB/T 6172.1	max	1.8	2.2	2.7	3.2	4	5	6	8	10	12	15
	GB/T 6173	min	1.55	1.95	2.45	2.9	3.7	4.7	5.7	7.42	9.1	10.9	13.9

注：1. A 级用于 D≤16；B 级用于 D＞16。

　　2. GB/T 41 允许内倒角。

（2）六角开槽螺母

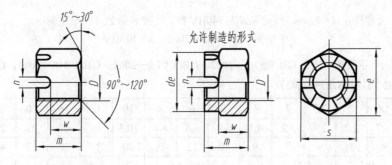

允许制造的形式

标记示例

螺纹规格 D = M12，性能等级为 8 级、表面氧化处理、A 级的 I 型六角开槽螺母：

螺母 GB/T　6178—1986　M12

附表 11　六角开槽螺母（摘自 GB/T 6178—1986、GB/T 6179—1986、GB/T 6181—1986）　　（mm）

螺纹规格 D		M4	M5	M6	M8	M10	M12	M16	M20	M24	M30	M36
n_{min}		1.2	1.4	2	2.5	2.8	3.5	4.5	4.5	5.5	7	7
e_{min}		7.66	8.79	11.05	14.38	17.77	20.03	26.75	32.95	39.55	50.85	60.79
d_e	max	—	—	—	—	—	—	—	28	34	42	50
	min	—	—	—	—	—	—	—	27.16	33	41	49
s	max	7	8	10	13	16	18	24	30	36	46	55
	min	6.78	7.78	9.78	12.73	15.73	17.73	23.67	29.16	35	45	53.8
m_{max}	GB/T 6178	5	6.7	7.7	9.8	12.4	15.8	20.8	24	29.5	34.6	40
	GB/T 6179	—	7.6	8.9	10.9	13.5	17.2	21.9	25	30.3	35.4	40.9
	GB/T 6181	—	5.1	5.7	7.5	9.3	12	16.4	20.3	23.9	28.6	34.7
w_{max}	GB/T 6178	3.2	4.7	5.2	6.8	8.4	10.8	14.8	18	21.5	25.6	31
	GB/T 6179	—	5.6	6.4	7.9	9.5	12.17	15.9	19	22.3	26.4	31.9
	GB/T 6181	—	3.1	3.5	4.5	5.3	7.0	10.4	14.3	15.9	19.6	25.7
开口销		1 × 10	1.2 × 12	1.6 × 14	2 × 16	2.5 × 20	3.2 × 22	4 × 28	4 × 36	4 × 40	6.3 × 50	6.3 × 65

注：1. A 级用于 D≤16 的螺母。

　　2. B 级用于 D>16 的螺母。

5. 垫圈

（1）平垫圈

平垫圈 A 级 GB/T 97.1—2002　　　　　　平垫圈倒角型 A 级 GB/T 97.2—2002

小垫圈 A 级 GB/T 848—2002　　　　　　平垫圈 C 级 GB/T 95—2002

大垫圈 C 级 GB/T 96.2—2002　　　　　　特大垫圈 C 级 GB/T5287—2002

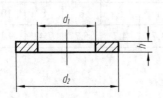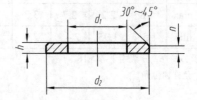

$$n = (0.25～0.5)h$$

标记示例

标准系列、公称尺寸 d = 8mm、性能等级为 140HV 级、不经表面处理的平垫圈：

平垫圈 GB/T 97.2—2002　　8—140HV

附表 12　　平垫圈（摘自 GB/T 97.1—2002、GB/T 97.2—2002、GB/T 848—2002、GB/T 95—2002、GB/T 96.2—2002、GB/T5287—2002）　　（mm）

螺纹大径 d		1.6	2	2.5	3	4	5	6	8	10	12	16	20	24	30	36
GB/T 97.1	d_1	1.7	2.2	2.7	3.2	4.3	5.3	6.4	8.4	10.5	13	17	21	25	31	37
	d_2	4	5	6	7	9	10	12	16	20	24	30	37	44	56	66
	h	0.3			0.5		0.8	1		1.6		2	2.5	3		4	5
GB/T 97.2	d_1	—					5.3	6.4	8.4	10.5	13	17	21	25	31	37
	d_2	—					10	12	16	20	24	30	37	44	56	66
	h						1		1.6		2	2.5		3		4	5

续表

螺纹大径 d		1.6	2	2.5	3	4	5	6	8	10	12	16	20	24	30	36
GB/T 848	d_1	1.7	2.2	2.7	3.2	4.3	5.3	6.4	8.4	10.5	13	17	21	25	31	37
	d_2	3.5	4.5	5	6	8	9	11	15	18	20	28	34	39	50	60
	h	0.3			0.5		0.8	1		1.6		2	2.5		3		4		5
GB/T 95	d_1		—		3.2	4.5	5.5	6.5	9	11	13.5	17.5	22	26	33	39
	d_2		—		7	9	10	12	16	20	24	30	37	44	56	66
	h		—		0.5	0.8	1		1.6		2	2.5		3		4		5
GB/T 96.2	d_1		—		3.2	4.5	5.5	6.6	9	11	13.5	17.5	22	26	33	39
	d_2		—		9	12	15	18	24	30	37	50	60	72	92	110
	h		—		0.8	1		1.6	2	2.5		3		4	5	6	8
GB/T 5287	d_1		—				5.5	6.6	9	11	13.5	17.5	22	26	33	39
	d_2		—				18	22	28	34	44	50	72	85	105	125
	h		—				2		3		4	5		6		8

注: 1. 垫圈上下面有表面粗糙度要求, 其余表面无粗糙度要求。当 $h \leqslant 3$ 时, 上下表面的 $Ra=1.6$; 当 $3 \leqslant h \leqslant 6$, $Ra=3.2$; 当 $h > 6$ 时, $Ra=6.3$。

2. GB/T 848 垫圈主要用于带圆柱头的螺钉, 其他用于标准的六角螺栓、螺钉和螺母。

3. GB/T 97.2 和 GB/T 5287 垫圈, d 范围为 5~36mm。

（2）标准型弹簧垫圈

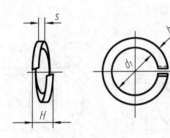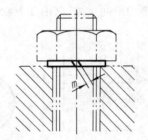

标记示例

规格为 16mm、材料为 65Mn, 表面氧化的标准型弹簧垫圈:

垫圈 GB/T 93—1987　16

附表 13　　　　　弹簧垫圈（摘自 GB/T 93—1987、GB/T 859—1987）　　　　　（mm）

螺纹规格 d	d_1	s		H_{max}		b		$m \leqslant$	
		GB/T 93	GB/T 859	GB/T 93	GB/T 859	GB/T 93	GB/T 859	GB/T 93	GB/T 859
3	3.1	0.8	0.6	2	1.5	0.8	1	0.4	0.3
4	4.1	1.1	0.8	2.75	2	1.1	1.2	0.55	0.4
5	5.1	1.3	1.1	3.25	2.75	1.3	1.5	0.65	0.55
6	6.1	1.6	1.3	4	3.25	1.6	2	0.8	0.65
8	8.1	2.1	1.6	5.25	4	2.1	2.5	1.05	0.8
10	10.2	2.6	2	6.5	5	2.6	3	1.3	1
12	12.2	3.1	2.5	7.25	6.25	3.1	3.5	1.55	1.25
(14)	14.2	3.6	3	9	7.5	3.6	4	1.8	1.5
16	16.2	4.1	3.2	10.25	8	4.1	4.5	2.05	1.6

续表

螺纹规格 d	d_1	s		H_{max}		b		$m \leqslant$	
		GB/T 93	GB/T 859	GB/T 93	GB/T 859	GB/T 93	GB/T 859	GB/T 93	GB/T 859
(18)	18.2	4.5	3.6	11.25	9	4.5	5	2.25	1.8
20	20.2	5	4	12.25	10	5	5.5	2.5	2
(22)	22.5	5.5	4.5	13.75	11.25	5.5	6	2.75	2.25
24	24.5	6	5	15	12.25	6	7	3	2.5
(27)	27.5	6.8	5.5	17	13.75	6.8	8	3.4	2.75
30	30.5	7.5	6	18.75	15	7.5	9	3.75	3
(33)	33.5	8.5	—	21.75	—	8.5	—	4.25	—
36	36.5	9	—	22.5	—	9	—	4.5	—
(39)	39.5	10	—	25	—	10	—	5	—
42	42.5	10.5	—	26.25	—	10.5	—	5.25	—
(45)	45.5	11	—	27.5	—	11	—	5.5	—
48	48.5	12	—	30	—	12	—	6	—

注: 1. 括号内规格尽可能不采用。

2. m 应大于 0。

6. 键

(1) 键和键槽的剖面尺寸（GB/T 1095—2003）

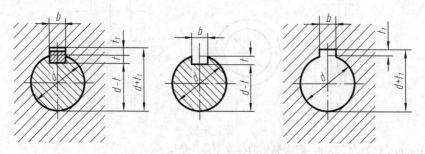

附表 14	键和键槽的剖面尺寸（摘自 GB/T 1095—2003）	（mm）

轴	键		键 槽									
			宽度 b					深 度				
公称直径 d（参考）	公称尺寸 $b \times h$	公称	偏差					轴 t		毂 t_1		半径 r
			较松键连接		一般键连接		较紧键连接					
			轴 H9	毂 D10	轴 N9	毂 Js10	轴和毂 P9	公称	偏差	公称	偏差	
>6～8	2×2	2	+0.025 0	+0.060 +0.020	−0.004 −0.029	±0.0125	−0.006 −0.031	1.2		1		0.08～ 0.16
>8～10	3×3	3						1.8		1.4		
>10～12	4×4	4	+0.030 0	+0.078 +0.030	0 −0.030	±0.015	−0.012 −0.042	2.5	+0.10	1.8	+0.10	
>12～17	5×5	5						3.0		2.3		
>17～22	6×6	6						3.5		2.8		

续表

轴	键	键槽									
			宽度 b					深度			
				偏差				轴 t		毂 t_1	
公称直径 d（参考）	公称尺寸 b×h	公称	较松键连接		一般键连接		较紧键连接				半径 r
			轴 H9	毂 D10	轴 N9	毂 Js10	轴和毂 P9	公称	偏差	公称	偏差
>22~30	8×7	8	+0.036 0	+0.098 +0.040	0 −0.036	±0.018	−0.015 −0.051	4.0	+0.20	3.3	+0.20
>30~38	10×8	10						5.0		3.3	
>38~44	12×8	12	+0.043 0	+0.120 +0.050	0 −0.043	±0.0215	−0.018 −0.061	5.0		3.3	
>44~50	14×9	14						5.5		3.8	
>50~58	16×10	16						6.0		4.3	
>58~65	18×11	18						7.0		4.4	
>65~75	20×12	20	+0.052 0	+0.149 +0.065	0 −0.052	±0.026	−0.022 −0.074	7.5		4.9	
>75~85	22×14	22						9.0		5.4	
>85~95	25×14	25						9.0		5.4	
>95~110	28×16	28						10.0		6.4	

半径 r 列: 0.16~0.25（>22~30, >30~38）; 0.25~0.40（>38~44 至 >65~75）; 0.40~0.60（>75~85 至 >95~110）

注: 1. 在工作图中, 轴槽深用 d−t 或 t 标注, 轮毂槽深用 d±t_1 标注。（d−t）和（d±t_1）尺寸偏差按相应的 t 和 t_1 的极限偏差选取, 但（d−t）极限偏差选负号（−）。

2. 平键槽的长度公差代号用 H14。

（2）普通平键的型式和尺寸（GB/T 1096—2003）

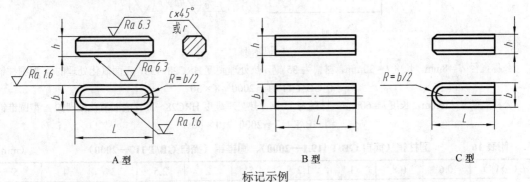

A 型   B 型   C 型

标记示例

圆头普通平键（A 型）, b = 18mm, h = 11mm, L = 100mm: 键 A18×100   GB/T 1096—2003
方头普通平键（B 型）, b = 18mm, h = 11mm, L = 100mm: 键 B18×100   GB/T 1096—2003
单圆头普通平键（C 型）, b = 18mm, h = 11mm, L = 100mm: 键 C18×100   GB/T 1096—2003

附表 15　　　　　　普通平键的尺寸（摘自 GB/T 1096—2003）　　　　　　（mm）

b	2	3	4	5	6	8	10	12	14	16	18	20	22	25
h	2	3	4	5	6	7	8	8	9	10	11	12	14	14
C 或 r	0.16~0.25			0.25~0.40			0.40~0.60					0.60~0.80		
L	6~20	6~36	8~45	10~56	14~70	18~90	22~110	28~140	36~160	45~180	50~200	56~220	63~250	70~280
L 系列	6、8、10、12、14、16、18、20、22、25、28、32、36、40、45、50、56、63、70、80、90、100、110、125、140、160、180、200、220、250、280、320、330、400、450													

7. 销

（1）圆柱销（摘自 GB/T 119.1—2000）

（2）圆锥销（摘自 GB/T 117—2000）

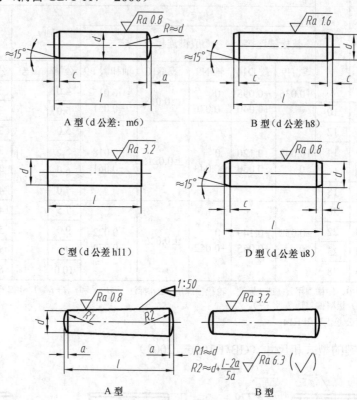

A 型（d 公差：m6）　　　　　　B 型（d 公差 h8）

C 型（d 公差 h11）　　　　　　D 型（d 公差 u8）

$R1 \approx d$

$R2 \approx d + \dfrac{l-2a}{5a}$

A 型　　　　　　B 型

标记示例

公称直径 $d = 8\text{mm}$，长度 $l = 30\text{mm}$，材料为 35 钢，热处理硬度 HRC28～38，表面氧化处理的 A 型圆柱销：

销 GB/T 119.1—2000　8 × 30

公称直径 $d = 10\text{mm}$，长度 $l = 60\text{mm}$，材料为 35 钢，热处理硬度 HRC28～38，表面氧化处理的 A 型圆锥销：

销 GB/T 117—2000　10 × 60

附表 16　　　圆柱销（摘自 GB/T 119.1—2000）、圆锥销（摘自 GB/T 117—2000）　　　（mm）

d（公称）	0.6	0.8	1	1.2	1.5	2	2.5	3	4	5
$a \approx$	0.08	0.10	0.12	0.16	0.20	0.25	0.30	0.40	0.50	0.63
$c =$	0.12	0.16	0.20	0.25	0.30	0.35	0.40	0.50	0.63	0.80
l（商品规格范围公称长度）	2～6	2～8	4～10	4～12	4～16	6～20	6～24	8～30	8～40	10～50
d（公称）	6	8	10	12	16	20	25	30	40	50
$a \approx$	0.80	1.0	1.2	1.6	2.0	2.5	3.0	4.0	5.0	6.3
$c \approx$	1.2	1.6	2.0	2.5	3.0	3.5	4.0	5.0	6.3	8.0
l（商品规格范围公称长度）	12～60	14～80	18～95	22～140	26～180	35～200	50～200	60～200	80～200	95～200
l（系列）	2、3、4、5、6、8、10、12、14、16、18、20、22、24、26、28、30、32、34、35、40、45、50、55、60、65、70、75、80、85、90、95、100、120、140、160、180、200									

（3）开口销（摘自 GB/T 91—2000）

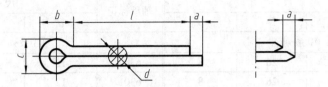

标记示例

公称直径 $d = 5mm$，长度 $l = 50mm$，材料为低碳钢，不经表面处理的开口销：销 GB/T 91—2000　5 × 50

附表 17	开口销（摘自 GB/T 91—2000）												（mm）
d（公称）	0.6	0.8	1	1.2	1.6	2	2.5	3.2	4	5	6.3	8	10	12

c	max	1	1.4	1.8	2	2.8	3.6	4.6	5.8	7.4	9.2	11.8	15	19	24.8
	min	0.9	1.2	1.6	1.7	2.4	3.2	4	5.1	6.5	8	10.3	13.1	16.6	21.7
$b \approx$		2	2.4	3	3	3.2	4	5	6.4	8	10	12.6	16	20	26
a_{max}		1.6	1.6	1.6	2.5	2.5	2.5	2.5	3.2	4	4	4	4	6.3	6.3
l（商品规格范围公称长度）		4～12	5～16	6～20	8～26	8～32	10～40	12～50	14～65	18～80	22～100	30～120	40～160	45～200	70～200
l（系列）		4，5，6，8，10，12，14，16，18，20，22，24，26，28，30，32，36，40，45，50，55，60，65，70，75，80，85，90，95，100，120，140，160，180，200													

注：1. 销孔的公称直径等于 d（公称）；d_{max}、d_{min} 可查阅 GB/T 91—2000，都小于 d（公称）。

　　2. 根据使用需要，由供需双方协议，可采用 d（公称）为 6.3mm 的规格。

8. 滚动轴承

（1）深沟球轴承（摘自 GB/T 276—1994）

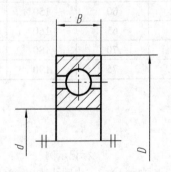

标记示例

类型标记为 6，内圈孔径 $d = 60mm$，尺寸系列标记为 02 的深沟球轴承：

滚动轴承　6212　GB/T 276—1994

附表 18　　　　　　　　深沟球轴承（摘自 GB/T 276—1994）　　　　　　　　（mm）

轴承标记	尺　寸			轴承标记	尺　寸		
	d	D	B		d	D	B
01 系列				03 系列			
6000	10	26	8	6300	10	35	11
6001	12	28	8	6301	12	37	12
6002	15	32	9	6302	15	42	13
6003	17	35	10	6303	17	47	14
6004	20	42	12	6304	20	52	15
6005	25	47	12	6305	25	62	17
6006	30	55	13	6306	30	72	19
6007	35	62	14	6307	35	80	21
6008	40	68	15	6308	40	90	23
6009	45	75	16	6309	45	100	25
6010	50	80	16	6310	50	110	27
6011	55	90	18	6311	55	120	29
6012	60	95	18	6312	60	130	31
02 系列				04 系列			
6200	10	30	9	6403	17	62	17
6201	12	32	10	6404	20	72	19
6202	15	35	11	6405	25	80	21
6203	17	40	12	6406	30	90	23
6204	20	47	14	6407	35	100	25
6205	25	52	15	6408	40	110	27
6206	30	62	16	6409	45	120	29
6207	35	72	17	6410	50	130	31
6208	40	80	18	6411	55	140	33
6209	45	85	19	6412	60	150	35
6210	50	90	20	6413	65	160	37
6211	55	100	21	6414	70	180	42
6212	60	110	22	6415	75	190	45

（2）圆锥滚子轴承（摘自 GB/T 297—1994）

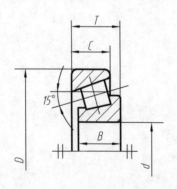

标记示例

类型标记为 3，内圈孔径 $d = 35$mm，尺寸系列标记为 03 的圆锥滚子轴承：

滚动轴承　30307　GB/T 297—1994

附表 19　　　　　　圆锥滚子轴承（摘自 GB/T 297—1994）　　　　　　（mm）

轴承标记	尺　寸					轴承标记	尺　寸				
	d	D	T	B	C		d	D	T	B	C
02 系列						13 系列					
30202	15	35	11.75	11	10	31305	25	62	18.25	17	13
30203	17	40	13.25	12	11	31306	30	72	20.75	19	14
30204	20	47	15.25	14	12	31307	35	80	22.75	21	15
30205	25	52	16.25	15	13	31308	40	90	25.25	23	17
30206	30	62	17.25	16	14	31309	45	100	27.25	25	18
30207	35	72	18.25	17	15	31310	50	110	29.25	27	19
30208	40	80	19.75	18	16	31311	55	120	31.5	29	21
30209	45	85	20.75	19	16	31312	60	130	33.5	31	22
30210	50	90	21.75	20	17	31313	65	140	36	33	23
30211	55	100	22.75	21	18	31314	70	150	38	35	25
30212	60	110	23.75	22	19	31315	75	160	40	37	26
30213	65	120	24.75	23	20	31316	80	170	42.5	39	27
03 系列						20 系列					
30302	15	42	14.25	13	11	32006	30	55	17	17	13
30303	17	47	15.25	14	12	32007	35	62	17	18	15
30304	20	52	16.25	15	13	32008	40	68	18	19	16
30305	25	62	18.25	17	15	32009	45	75	19	20	16
30306	30	72	20.75	19	16	32010	50	80	19	20	16
30307	35	80	22.75	21	18	32011	55	90	22	23	19
30308	40	90	25.25	23	20	22012	60	95	22	23	19
30309	45	100	27.25	25	22	22013	65	100	22	23	19
30310	50	110	29.25	27	23	22014	70	110	24	25	20
30311	55	120	31.5	29	25	22015	75	115	24	25	20
30312	60	130	33.5	31	26	22016	80	125	27	29	23
30313	65	140	36	33	28	22018	90	140	30	32	26

（3）推力球轴承（摘自 GB/T 301—1995）

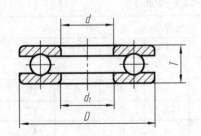

标记示例

类型标记为 5，内圈孔径 $d = 30$mm，尺寸系列标记为 13 的推力球轴承：

滚动轴承　51306　GB/T 301—1995

附表 20　　　　　　　　　推力球轴承（摘自 GB/T 301—1995）　　　　　　　　（mm）

轴承标记	尺　寸				轴承标记	尺　寸			
	d	D	T	d_1		d	D	T	d_1
11 系列					13 系列				
51104	20	35	10	21	51304	20	47	18	22
51105	25	42	11	26	51305	25	52	18	27
51106	30	47	11	32	51306	30	60	21	32
51107	35	52	12	37	51307	35	68	24	37
51108	40	60	13	42	51308	40	78	26	42
51109	45	65	14	47	51309	45	85	28	47
51110	50	70	14	52	51310	50	95	31	52
51111	55	78	16	57	51311	55	105	35	57
51112	60	85	17	62	51312	60	110	35	62
51113	65	90	18	67	51313	65	115	36	67
51114	70	95	18	72	51314	70	125	40	72
51115	75	100	19	77	51315	75	135	44	77
12 系列					14 系列				
51204	20	40	14	22	51405	25	60	24	27
51205	25	47	15	27	51406	30	70	28	32
51206	30	52	16	32	51407	35	80	32	37
51207	35	62	18	37	51408	40	90	36	42
51208	40	68	19	42	51409	45	100	39	47
51209	45	73	20	47	51410	50	110	43	52
51210	50	78	22	52	51411	55	120	48	57
51211	55	90	25	57	51412	60	130	51	62
51212	60	95	26	62	51413	65	140	56	68
51213	65	100	27	67	51414	70	150	60	73
51214	70	105	27	72	51415	75	160	65	78
51215	75	110	27	77	51416	80	170	68	83

三、极限与配合

1. 标准公差

附表 21　　　　　　　　　标准公差数值（摘自 GB/T 1800.3—2009）

基本尺寸/mm		标准公差等级									
		IT01	IT0	IT1	IT2	IT3	IT4	IT5	IT6	IT7	IT8
大于	至	μm									
—	3	0.3	0.5	0.8	1.2	2	3	4	6	10	14
3	6	0.4	0.6	1	1.5	2.5	4	5	8	12	18
6	10	0.4	0.6	1	1.5	2.5	4	6	9	15	22
10	18	0.5	0.8	1.2	2	3	5	8	11	18	27

续表

基本尺寸/mm		标准公差等级									
		IT01	IT0	IT1	IT2	IT3	IT4	IT5	IT6	IT7	IT8
大于	至	μm									
18	30	0.6	1	1.5	2.5	4	6	9	13	21	33
30	50	0.6	1	1.5	2.5	4	7	11	16	25	39
50	80	0.8	1.2	2	3	5	8	13	19	30	46
80	120	1	1.5	2.5	4	6	10	15	22	35	54
120	180	1.2	2	3.5	5	8	12	18	25	40	63
180	250	2	3	4.5	7	10	14	20	29	46	72
250	315	2.5	4	6	8	12	16	23	32	52	81
315	400	3	5	7	9	13	18	25	36	57	89
400	500	4	6	8	10	15	20	27	40	63	97

基本尺寸/mm		标准公差等级									
		IT9	IT10	IT11	IT12	IT13	IT14	IT15	IT16	IT17	IT18
大于	至	μm			mm						
—	3	25	40	60	0.1	0.14	0.25	0.4	0.6	1	1.4
3	6	30	48	75	0.12	0.18	0.30	0.48	0.75	1.2	1.8
6	10	36	58	90	0.15	0.22	0.36	0.58	0.9	1.5	2.2
10	18	43	70	110	0.18	0.27	0.43	0.7	1.1	1.8	2.7
18	30	52	84	130	0.21	0.33	0.52	0.84	1.3	2.1	3.3
30	50	62	100	160	0.25	0.39	0.62	1	1.6	2.5	3.9
50	80	74	120	190	0.3	0.46	0.74	1.2	1.9	3	4.6
80	120	87	140	220	0.35	0.54	0.87	1.4	2.2	3.5	5.4
120	180	100	160	250	0.4	0.63	1	1.6	2.5	4	6.3
180	250	115	185	290	0.46	0.72	1.15	1.85	2.9	4.6	7.2
250	315	130	210	320	0.52	0.81	1.3	2.1	3.2	5.2	8.1
315	400	140	230	360	0.57	0.89	1.4	2.3	3.6	5.7	8.9
400	500	155	250	400	0.63	0.97	1.55	2.5	4	6.3	9.7

注：1. IT01 和 IT02 的标准公差未列入。

2. 基本尺寸≤1mm 时，无 IT14 至 IT18。

2. 优先配合中孔的极限偏差

附表 22　　　公称尺寸≤500mm 优先配合中孔的极限偏差（摘自 GB/T 1800.4—2009）　　　（μm）

基本尺寸 /mm		公　差　带											
		C	D	F	G	H				K	N	P	S	U
大于	至	11	9	8	7	7	8	9	11	7	7	7	7	7
—	3	+120 +60	+45 +20	+20 +6	+12 +2	+10 0	+14 0	+25 0	+60 0	0 −10	−4 −14	−6 −16	−14 −24	−18 −28
3	6	+145 +70	+60 +30	+28 +10	+16 +4	+12 0	+18 0	+30 0	+75 0	+3 −9	−4 −16	−8 −20	−15 −27	−19 −31
6	10	+170 +80	+76 +40	+35 +13	+20 +5	+15 0	+22 0	+36 0	+90 0	+5 −10	−4 −10	−9 −24	−17 −32	−22 −37

续表

基本尺寸 /mm		公 差 带												
		C	D	F	G	H				K	N	P	S	U
大于	至	11	9	8	7	7	8	9	11	7	7	7	7	7
10	14	+205	+93	+43	+24	+18	+27	+43	+110	+6	−5	−11	−21	−26
14	18	+95	+50	+16	+6	0	0	0	0	−12	−23	−29	−39	−44
18	24	+240	+117	+53	+28	+21	+33	+52	+130	+6	−7	−14	−27	−33 / −54
24	30	+110	+65	+20	+7	0	0	0	0	−15	−28	−35	−48	−40 / −61
30	40	+280 / +120	+142	+64	+34	+25	+39	+62	+160	+7	−8	−17	−34	−51 / −76
40	50	+290 / +130	+80	+25	+9	0	0	0	0	−18	−33	−42	−59	−61 / −86
50	65	+330 / +140	+174	+76	+40	+30	+46	+74	+190	+9	−9	−21	−42 / −72	−76 / −106
65	80	+340 / +150	+100	+30	+10	0	0	0	0	−21	−39	−51	−48 / −78	−91 / −121
80	100	+390 / +170	+207	+90	+47	+35	+54	+87	+220	+10	−10	−24	−58 / −93	−111 / −146
100	120	+400 / +180	+120	+36	+12	0	0	0	0	−25	−45	−59	−66 / −101	−131 / −166
120	140	+450 / +200											−77 / −117	−155 / −195
140	160	+460 / +210	+245 / +145	+106 / +43	+54 / +14	+40 / 0	+63 / 0	+100 / 0	+250 / 0	+12 / −28	−12 / −52	−28 / −68	−85 / −125	−175 / −215
160	180	+480 / +230											−93 / −133	−195 / −235
180	200	+530 / +240											−105 / −151	−219 / −265
200	225	+550 / +260	+285 / +170	+122 / +50	+61 / +15	+46 / 0	+72 / 0	+115 / 0	+290 / 0	+13 / −33	−14 / −60	−33 / −79	−113 / −159	−241 / −287
225	250	+570 / +280											−123 / −169	−267 / −313
250	280	+620 / +300	+320 / +190	+137 / +56	+69 / +17	+52 / 0	+81 / 0	+130 / 0	+320 / 0	+16 / −36	−14 / −66	−36 / −88	−138 / −190	−295 / −347
280	315	+650 / +330											−150 / −202	−330 / −382
315	355	+720 / +360	+350 / +210	+151 / +62	+75 / +18	+57 / 0	+89 / 0	+140 / 0	+360 / 0	+17 / −40	−16 / −73	−41 / −98	−169 / −226	−369 / −426
355	400	+760 / +400											−187 / −244	−414 / −471
400	450	+840 / +440	+385 / +230	+165 / +68	+83 / +20	+63 / 0	+97 / 0	+155 / 0	+400 / 0	+18 / −45	−17 / −80	−45 / −108	−209 / −272	−467 / −530
450	500	+880 / +480											−229 / −292	−517 / −580

3. 优先配合中孔的极限偏差

附表 23　　公称尺寸≤500mm 优先配合中轴的极限偏差（摘自 GB/T 1800.4—1999）　（μm）

基本尺寸/mm 大于	至	c11	d9	f7	g6	h6	h7	h9	h11	k6	n6	p6	s6	u6
—	3	−60 −120	−20 −45	−6 −16	−2 −8	0 −6	0 −10	0 −25	0 −60	+6 0	+10 +4	+12 +6	+20 +14	+24 +18
3	6	−70 −145	−30 −60	−10 −22	−4 −12	0 −8	0 −12	0 −30	0 −75	+9 +1	+16 +8	+20 +12	+27 +19	+31 +23
6	10	−80 −170	−40 −76	−13 −28	−5 −14	0 −9	0 −15	0 −36	0 −90	+10 +1	+19 +10	+24 +15	+32 +23	+37 +28
10	14	−95 −205	−50 −93	−16 −34	−6 −17	0 −11	0 −18	0 −43	0 −110	+12 +1	+23 +12	+29 +18	+39 +28	+44 +33
14	18	−95 −205	−50 −93	−16 −34	−6 −17	0 −11	0 −18	0 −43	0 −110	+12 +1	+23 +12	+29 +18	+39 +28	+44 +33
18	24	−110 −240	−65 −117	−20 −41	−7 −20	0 −13	0 −21	0 −52	0 −130	+15 +2	+28 +15	+35 +22	+48 +35	+54 +41
24	30	−110 −240	−65 −117	−20 −41	−7 −20	0 −13	0 −21	0 −52	0 −130	+15 +2	+28 +15	+35 +22	+48 +35	+61 +48
30	40	−120 −280	−80 −142	−25 −50	−9 −25	0 −16	0 −25	0 −62	0 −160	+18 +2	+33 +17	+42 +26	+59 +43	+76 +60
40	50	−130 −290	−80 −142	−25 −50	−9 −25	0 −16	0 −25	0 −62	0 −160	+18 +2	+33 +17	+42 +26	+59 +43	+86 +70
50	65	−140 −330	−100 −174	−30 −60	−10 −29	0 −19	0 −30	0 −74	0 −190	+21 +2	+39 +20	+51 +32	+72 +53	+106 +87
65	80	−150 −340	−100 −174	−30 −60	−10 −29	0 −19	0 −30	0 −74	0 −190	+21 +2	+39 +20	+51 +32	+78 +59	+121 +102
80	100	−170 −390	−120 −207	−36 −71	−12 −34	0 −22	0 −35	0 −87	0 −220	+25 +3	+45 +23	+59 +37	+93 +71	+146 +124
100	120	−180 −400	−120 −207	−36 −71	−12 −34	0 −22	0 −35	0 −87	0 −220	+25 +3	+45 +23	+59 +37	+101 +79	+166 +144
120	140	−200 −450	−145 −245	−43 −83	−14 −39	0 −25	0 −40	0 −100	0 −250	+28 +3	+52 +27	+68 +43	+117 +92	+195 +170
140	160	−210 −460	−145 −245	−43 −83	−14 −39	0 −25	0 −40	0 −100	0 −250	+28 +3	+52 +27	+68 +43	+125 +100	+215 +190
160	180	−230 −480	−145 −245	−43 −83	−14 −39	0 −25	0 −40	0 −100	0 −250	+28 +3	+52 +27	+68 +43	+133 +108	+235 +210
180	200	−240 −530	−170 −285	−50 −96	−15 −44	0 −29	0 −46	0 −115	0 −290	+33 +4	+60 +31	+79 +50	+151 +122	+265 +236
200	225	−260 −550	−170 −285	−50 −96	−15 −44	0 −29	0 −46	0 −115	0 −290	+33 +4	+60 +31	+79 +50	+159 +130	+287 +258
225	250	−280 −570	−170 −285	−50 −96	−15 −44	0 −29	0 −46	0 −115	0 −290	+33 +4	+60 +31	+79 +50	+169 +140	+313 +284
250	280	−300 −620	−190 −320	−56 −108	−17 −49	0 −32	0 −52	0 −130	0 −320	+36 +4	+66 +34	+88 +56	+190 +158	+347 +315
280	315	−330 −650	−190 −320	−56 −108	−17 −49	0 −32	0 −52	0 −130	0 −320	+36 +4	+66 +34	+88 +56	+202 +170	+382 +350
315	355	−360 −720	−210 −350	−62 −119	−18 −54	0 −36	0 −57	0 −140	0 −360	+40 +4	+73 +37	+98 +62	+226 +190	+426 +390
355	400	−400 −760	−210 −350	−62 −119	−18 −54	0 −36	0 −57	0 −140	0 −360	+40 +4	+73 +37	+98 +62	+244 +208	+471 +435
400	450	−440 −840	−230 −385	−68 −131	−20 −60	0 −40	0 −63	0 −155	0 −400	+45 +5	+80 +40	+108 +68	+272 +232	+530 +490
450	500	−480 −880	−230 −385	−68 −131	−20 −60	0 −40	0 −63	0 −155	0 −400	+45 +5	+80 +40	+108 +68	+292 +252	+580 +540

4. 孔的基本偏差

附表 24　　　公称尺寸≤500mm 孔的基本偏差（摘自 GB/T 1800.3—2009）　　　（μm）

基本偏差		下偏差（EI）												上偏差（ES）				
		A	B	C	CD	D	E	EF	F	FG	G	H	JS	J			K	M
基本尺寸/mm		标准公差等级																
大于	至	所有等级												6	7	8	8	≤8
+	3	+270	+140	+60	+34	+20	+14	+10	+6	+4	+2	0	偏差=±(IT/2)	+2	+4	+6	0	+2
3	6	+270	+140	+70	+46	+30	+20	+14	+10	+6	+4	0		+5	+6	+10	−1+Δ	−4+Δ
6	10	+280	+140	+80	+56	+40	+25	+18	+13	+8	+5	0		+5	+8	+12	−1+Δ	−6+Δ
10	14	+290	+150	+95+		+50	+32		+16+		+6+	0		+6	+10	+15	−7+Δ	−7+Δ
14	18	+290	+150	+95+		+50	+32		+16+		+6+	0		+6	+10	+15		−7+Δ
18	24	+300	+160	+110		+65	+40		+20		+7	0		+8	+12	+20	−2+Δ	−8+Δ
24	30	+300	+160	+110		+65	+40		+20		+7	0		+8	+12	+20		−8+Δ
30	40	+310	+170	+120		+80	+50		+25		+9	0		+10	+14	+24	−2+Δ	−9+Δ
40	50	+320	+180	+130		+80	+50		+25		+9	0		+10	+14	+24		−9+Δ
50	65	+340	+190	+140		+100	+60		+30		+10	0		+13	+18	+28		−11+Δ
65	80	+360	+200	+150		+100	+60		+30		+10	0		+13	+18	+28		−11+Δ
80	100	+380	+220	+170	—	+120	+72	—	+36		+12	0		+16	+22	+34	−3+Δ	−13+Δ
100	120	+410	+240	+180		+120	+72		+36		+12	0		+16	+22	+34		−13+Δ
120	140	+460	+260	+200		+145	+85		+43		+14	0		+18	+26	+41	−3+Δ	−15+Δ
140	160	+520	+280	+210		+145	+85		+43		+14	0		+18	+26	+41		−15+Δ
160	180	+580	+310	+230		+145	+85		+43		+14	0		+18	+26	+41		−15+Δ
180	200	+660	+340	+240		+170	+100		+50		+15	0		+22	+30	+47	−4+Δ	−17+Δ
200	225	+740	+380	+260		+170	+100		+50		+15	0		+22	+30	+47		−17+Δ
225	250	+820	+420	+280		+170	+100		+50		+15	0		+22	+30	+47		−17+Δ
250	280	+920	+480	+300		+190	+110		+56		+17	0		+25	+36	+55	−4+Δ	−20+Δ
280	315	+1050	+540	+330		+190	+110		+56		+17	0		+25	+36	+55		−20+Δ
315	355	+1200	+600	+360		+210	+125		+62		+18	0		+29	+39	+60		−21+Δ
355	400	+1350	+680	+400		+210	+125		+62		+18	0		+29	+39	+60		−21+Δ
400	450	+1500	+760	+440		+230	+135		+68		+20	0		+33	+43	+65	−5+Δ	−23+Δ
450	500	+1650	+840	+480		+230	+135		+68		+20	0		+33	+43	+65		−23+Δ

注：1. 当基本偏差为 K，且基本尺寸大于 3 时，标准公差应≤8。

2. 当基本偏差为 M，且标准公差＞8 时，其基本偏差不加修正值 Δ。

3. 当基本偏差为 N，且基本尺寸大于 3 和标准公差 8 时，其基本偏差 0。

4. 当基本偏差为 P～ZC，且 IT≤7 时，其基本偏差在 IT＞7 的基本偏差数值上加一个修正值 Δ。

附表 24　　　　公称尺寸≤500mm 孔的基本偏差（摘自 GB/T 1800.3—2009）（续）　　　　（μm）

上偏差（ES）													修正值 Δ					
N	P	R	S	T	U	V	X	Y	Z	ZA	ZB	ZC	3	4	5	6	7	8
标准公差等级																		
≤8	>7												3	4	5	6	7	8
+4	+6	+10	+14		+18		+20		+26	+32	+40	+60	0	0	0	0	0	0
+8+Δ	+12	+15	+19		+23	+	+28		+35	+42	+50	+80	1	1.5	2	3	4	6
+10+Δ	+15	+19	+23		+28	+	+34	+	+42	+52	+67	+97	1	1.5	2	3	6	7
+12+Δ	+18	+23	+28	+	+33		+40		+50	+64	+90	+130	1	2	3	3	7	9
				+	+39		+45		+60	+77	+108	+150						
+15+Δ	+22	+28	+35		+41	+47	+54	+63	+73	+98	+136	+188	1.5	2	3	4	8	12
				+41	+48	+55	+64	+75	+88	+118	+160	+218						
	+26	+34	+43	+48	+60	+68	+80	+94	+112	+148	+200	+274	1.5	3	4	5	9	14
				+54	+70	+81	+97	+114	+136	+180	+242	+325						
+20+Δ	+32	+41	+52	+66	+87	+102	+122	+144	+172	+226	+300	+405	2	3	5	6	11	16
		+43	+59	+75	+102	+120	+146	+174	+210	+274	+360	+480						
+23+Δ	+37	+51	+71	+91	+124	+146	+178	+214	+258	+335	+445	+585	2	4	5	7	13	19
		+54	+79	+104	+144	+172	+210	+254	+310	+400	+525	+690						
+27+Δ	+43	+63	+92	+122	+177	+202	+248	+300	+365	+470	+620	+800	3	4	6	7	15	23
		+65	+100	+134	+190	+228	+280	+340	+415	+535	+700	+900						
		+68	+108	+146	+210	+252	+310	+380	+465	+600	+780	+1000						
+31+Δ	+50	+77	+122	+166	+236	+284	+350	+425	+520	+670	+880	+1150	3	4	6	9	17	26
		+80	+130	+180	+258	+310	+385	+470	+575	+740	+960	+1250						
		+84	+140	+196	+284	+340	+425	+520	+640	+820	+1050	+1350						
+34+Δ	+56	+94	+158	+218	+315	+385	+475	+580	+710	+920	+1200	+1550	4	4	7	9	20	29
		+98	+170	+240	+350	+425	+525	+650	+790	+1000	+1300	+1700						
+37+Δ	+62	+108	+190	+268	+390	+475	+590	+730	+900	+1150	+1500	+1900	4	5	7	11	21	32
		+114	+208	+294	+435	+530	+660	+820	+1000	+1300	+1650	+2100						
+40+Δ	+68	+126	+232	+330	+490	+595	+740	+920	+1100	+1450	+1850	+2400	5	5	7	13	23	34
		+132	+252	+360	+540	+660	+820	+1000	+1250	+1600	+2100	+2600						

5. 轴的基本偏差

附表 25　　公称尺寸≤500mm 轴的基本偏差（摘自 GB/T 1800.3—2009）　　（μm）

基本偏差		上偏差（es）												下偏差（ei）			
基本尺寸/mm		a	b	c	cd	d	e	ef	f	fg	g	h	js	j (5、6)	j (7)	j (8)	k (4至7)
大于	至	所有等级												5、6	7	8	4至7
+	3	-270	-140	-60	-34	-20	-14	-10	-6	-4	-2	0	偏差=±(IT/2)	-2	-4	-6	0
3	6			-70	-46	-30	-20	-14	-10	-6	-4						
6	10	-280		-80	-56	-40	-25	-18	-13	-8	-5				-5		
10	14	-290	-150	-95		-50	-32		-16		-6			-3	-6		+1
14	18																
18	24	-300	-160	-110		-65	-40		-20		-7			-4	-8		
24	30																
30	40	-310	-170	-120		-80	-50		-25		-9			-5	-10		+2
40	50	-320	-180	-130													
50	65	-340	-190	-140		-100	-60		-30		-10			-7	-12		
65	80	-360	-200	-150													
80	100	-380	-220	-170		-120	-72		-36		-12			-9	-15		
100	120	-410	-240	-180													
120	140	-460	-260	-200		-145	-85		-43		-14			-11	-18		+3
140	160	-520	-280	-210													
160	180	-580	-310	-230													
180	200	-660	-340	-240		-170	-100		-50		-15			-13	-21		
200	225	-740	-380	-260													
225	250	-820	-420	-280													
250	280	-920	-480	-300		-190	-110		-56		-17			-16	-26		+4
280	315	-1050	-540	-330													
315	355	-1200	-600	-360		-210	-125		-62		-18			-18	-28		
355	400	-1350	-680	-400													
400	450	-1500	-760	-440		-230	-135		-68		-20			-20	-22		+5
450	500	-1650	-840	-480													

注：1. 当基本尺寸≤1时，基本偏差 a 和 b 均不采用。

　　2. 当基本偏差为 k，且 IT≤3 和 IT＞7 时，基本公差数值为 0。

附表 25 公称尺寸≤500mm 轴的基本偏差（摘自 GB/T 1800.3—2009）（续）　　（μm）

下偏差（ei）													
m	n	p	r	s	t	u	v	x	y	z	za	zb	zc
标准公差等级													
所有标准公差等级													
+2	+4	+6	+10	+14	—	+18	—	+20	—	+26	+32	+40	+60
+4	+8	+12	+15	+19	—	+23	—	+28	—	+35	+42	+50	+80
+6	+10	+15	+19	+23	—	+28	—	+34	—	+42	+52	+67	+97
+7	+12	+18	+23	+28	—	+33	—	+40	—	+50	+64	+90	+130
					—	+33	+39	+45	—	+60	+77	+108	+150
+8	+15	+22	+28	+35	—	+41	+47	+54	+63	+73	+98	+136	+188
					+41	+48	+55	+64	+75	+88	+118	+160	+218
+9	+17	+26	+34	+43	+48	+60	+68	+80	+94	+112	+148	+200	+274
					+54	+70	+81	+97	+114	+136	+180	+242	+325
+11	+20	+32	+41	+52	+66	+87	+102	+122	+144	+172	+226	+300	+405
			+43	+59	+75	+102	+120	+146	+174	+210	+274	+360	+480
+13	+23	+37	+51	+71	+91	+124	+146	+178	+214	+258	+335	+445	+585
			+54	+79	+104	+144	+172	+210	+254	+310	+400	+525	+690
+15	+27	+43	+63	+92	+122	+170	+202	+248	+300	+365	+470	+620	+800
			+65	+100	+134	+190	+228	+280	+340	+415	+535	+700	+900
			+68	+108	+146	+210	+252	+310	+380	+465	+600	+780	+1000
+17	+31	+50	+77	+122	+166	+236	+284	+350	+425	+520	+670	+880	+1150
			+80	+130	+180	+258	+310	+385	+470	+575	+740	+960	+1250
			+84	+140	+196	+284	+340	+425	+520	+640	+820	+1050	+1350
+20	+34	+56	+94	+158	+218	+315	+385	+475	+580	+710	+920	+1200	+1550
			+98	+170	+240	+350	+425	+525	+650	+790	+1000	+1300	+1700
+21	+37	+62	+108	+190	+268	+390	+475	+590	+730	+900	+1150	+1500	+1900
			+114	+208	+294	+435	+530	+660	+820	+1000	+1300	+1650	+2100
+23	+40	+68	+126	+232	+330	+490	+595	+740	+920	+1100	+1450	+1850	+2400
			+132	+252	+360	+540	+660	+820	+1000	+1250	+1600	+2100	+2600

6. 优先、常用配合

附表 26　　基孔制优先、常用配合（摘自 GB/T 1800.1—2009）

基准孔	轴																				
	a	b	c	d	e	f	g	h	js	k	m	n	p	r	s	t	u	v	x	y	z
	间 隙 配 合								过 渡 配 合			过 盈 配 合									
H6						$\frac{H6}{f5}$	$\frac{H6}{g5}$	$\frac{H6}{h5}$	$\frac{H6}{js5}$	$\frac{H6}{k5}$	$\frac{H6}{m5}$	$\frac{H6}{n5}$	$\frac{H6}{p5}$	$\frac{H6}{r5}$	$\frac{H6}{s5}$	$\frac{H6}{t5}$					
H7						$\frac{H7}{f6}$	$\frac{H7}{g6}$	$\frac{H7}{h6}$	$\frac{H7}{js6}$	$\frac{H7}{k6}$	$\frac{H7}{m6}$	$\frac{H7}{n6}$	$\frac{H7}{p6}$	$\frac{H7}{r6}$	$\frac{H7}{s6}$	$\frac{H7}{t6}$	$\frac{H7}{u6}$	$\frac{H7}{v6}$	$\frac{H7}{x6}$	$\frac{H7}{y6}$	$\frac{H7}{z6}$
H8					$\frac{H8}{e7}$	$\frac{H8}{f7}$	$\frac{H8}{g7}$	$\frac{H8}{h7}$	$\frac{H8}{js7}$	$\frac{H8}{k7}$	$\frac{H8}{m7}$	$\frac{H8}{n7}$	$\frac{H8}{p7}$	$\frac{H8}{r7}$	$\frac{H8}{s7}$	$\frac{H8}{t7}$	$\frac{H8}{u7}$				
				$\frac{H8}{d8}$	$\frac{H8}{e8}$	$\frac{H8}{f8}$		$\frac{H8}{h8}$													
H9			$\frac{H9}{c9}$	$\frac{H9}{d9}$	$\frac{H9}{e9}$	$\frac{H9}{f9}$		$\frac{H9}{h9}$													
H10			$\frac{H10}{c10}$	$\frac{H10}{d10}$				$\frac{H10}{h10}$													
H11	$\frac{H11}{a11}$	$\frac{H11}{b11}$	$\frac{H11}{c11}$	$\frac{H11}{d11}$				$\frac{H11}{h11}$													
H12		$\frac{H12}{b12}$						$\frac{H12}{h12}$													

注：1. 有底色的配合为优先配合。

2. $\frac{H6}{n5}$ 和 $\frac{H7}{p6}$ 在公称尺寸≤3mm 和 $\frac{H8}{r7}$ 在公称尺寸≤100mm 时，为过渡配合。

附表 27　　基轴制优先、常用配合（摘自 GB/T 1800.1—2009）

基准轴	孔																				
	A	B	C	D	E	F	G	H	JS	K	M	N	P	R	S	T	U	V	X	Y	Z
	间 隙 配 合								过 渡 配 合			过 盈 配 合									
H5						$\frac{F6}{h5}$	$\frac{G6}{h5}$	$\frac{H6}{h5}$	$\frac{JS6}{h5}$	$\frac{K6}{h5}$	$\frac{M6}{h5}$	$\frac{N6}{h5}$	$\frac{P6}{h5}$	$\frac{R6}{h5}$	$\frac{S6}{h5}$	$\frac{T6}{h5}$					
H6						$\frac{F7}{h6}$	$\frac{G7}{h6}$	$\frac{H7}{h6}$	$\frac{JS7}{h6}$	$\frac{K7}{h6}$	$\frac{M7}{h6}$	$\frac{N7}{h6}$	$\frac{P7}{h6}$	$\frac{R7}{h6}$	$\frac{S7}{h6}$	$\frac{T7}{h6}$	$\frac{U7}{h6}$				
H7					$\frac{E8}{h7}$	$\frac{F8}{h7}$		$\frac{H8}{h7}$	$\frac{JS8}{h7}$	$\frac{K8}{h7}$	$\frac{M8}{h7}$	$\frac{N8}{h7}$									
H8				$\frac{D8}{h8}$	$\frac{E8}{h8}$	$\frac{F8}{h8}$		$\frac{H8}{h8}$													
h9				$\frac{D9}{h9}$	$\frac{E9}{h9}$	$\frac{F9}{h9}$		$\frac{H9}{h9}$													

续表

基准轴	孔																				
	A	B	C	D	E	F	G	H	JS	K	M	N	P	R	S	T	U	V	X	Y	Z
	间 隙 配 合								过 渡 配 合				过 盈 配 合								
h10				$\dfrac{D10}{h10}$				$\dfrac{H10}{h10}$													
h11	$\dfrac{A11}{h11}$	$\dfrac{B11}{h11}$	$\dfrac{C11}{h11}$	$\dfrac{D11}{h11}$				$\dfrac{H11}{h11}$													
h12		$\dfrac{B12}{h12}$						$\dfrac{H12}{h12}$													

四、常用的金属材料

1. 常用铸铁的牌号、性能及用途

附表 28   常用铸铁的牌号、性能及用途（摘自 GB/T 9439—1988、GB/T 1348—2009、GB/T 9440—1988、GSB 03-1567—2003）

名　称	牌　号	用　途	说　明
灰铸铁 GB/T 9439—1988	HT100	用于低强度铸件，如盖、外罩、手轮、支架等	"HT"表示灰铸铁，后面的数字表示抗拉强度值（MPa）
	HT150	用于中等强度铸件，如底座、刀架、床身、带轮等	
	HT200	用于承受大载荷的铸件，如汽车、拖拉机的汽缸体、汽缸盖、刹车轮、液压缸、泵体等	
	HT250		
	HT300	用于承受高载荷、要求耐磨和高气密性的铸件，如受力较大的齿轮、凸轮、衬套，大型发动机的汽缸、缸套、泵体、阀体等	
	HT350		
球墨铸铁 GB/T 1348—2009	QT400-17	具有较高的塑性和适当的强度，用于承受冲击负荷的零件，如汽车、拖拉机的牵引框、轮毂、离合器及减速器的壳体等	"QT"表示球墨铸铁，后面第一组数字表示抗拉强度值（MPa），第二组数字表示延伸率（%）
	QT420-10		
	QT500-5		
	QT600-2	具有较高的强度，但塑性较低，用于连杆、曲轴、凸轮轴、汽缸体、进排气门座、部分机床主轴、小型水轮机主轴、缸套等	
	QT700-2		
	QT800-2		
可锻铸铁 GB/T 9440—1988	TH300-06	黑心可锻铸铁，具有一定的强度和较高的塑性和韧性，主要用于承受冲击和振动的载荷，如拖拉机、汽车后轮壳、转向节壳、制动器壳等	"KT"表示可锻铸铁，"H"表示黑心，"Z"表示白心，后面第一组数字表示抗拉强度值（MPa），第二组数字表示延伸率（%）
	KTH330-08		
	KTH350-10		
	KTH370-10		
	KTZ450-06	珠光体可锻铸铁，具有较高的强度、硬度和耐磨性，主要用于要求强度、硬度和耐磨性高的铸件，如曲轴、连杆、凸轮轴、万向接头、传动链条等	
	KTZ550-04		
	KTZ650-02		
	KTZ700-02		

续表

名　　称	牌　号	用　　途	说　明
蠕墨铸铁	RuT420	珠光体基体蠕墨铸铁，用于要求强度、硬度和耐磨性较高的铸件，如活塞环、汽缸套、制动盘、泵体等	"RuT"表示蠕墨铸铁，后面的一组数字表示最低抗拉强度（MPa）
	RuT380		
	RuT340	珠光体加铁素体基体蠕墨铸铁，性能介于珠光体基体蠕墨铸铁和铁素体基体蠕墨铸铁之间，应用于液压阀体、汽缸盖、液压件等	
	RuT300		
	RuT260	铁素体基体蠕墨铸铁，用于要求塑性、韧性、导热率和耐热疲劳性较高的铸件，如增压器废气进气壳体，汽车、拖拉机的某些底盘零件等	

2. 常用钢（碳素结构钢、合金钢、工程用铸造碳钢、工具钢）的牌号、性能及用途

附表 29　　常用碳素结构钢的牌号、性能及用途（摘自 GB/T 700—2006、GB/T 699—1999）

名　　称	牌　号	性能及用途	说　明
普通碳素结构钢 GB/T 700—2006	Q195	塑性好，焊接性好，强度低，一般轧制成板带材和各种型钢。主要用于工程结构如桥梁、高压线塔、建筑构架和制造受力不大的机器零件，如铆钉、螺钉、螺母、轴套	"Q"表示普通碳素结构钢的屈服强度，后面的数字表示屈服点数值，如 Q235 表示碳素结构钢的屈服点 235MPa
	Q215		
	Q235		
	Q225	强度较高，可用于制造受理中等的普通零件，如链轮、拉杆、小轴、活塞销等。尤其 Q275 焊接性能较好	
	Q275		
优质碳素结构钢 GB/T 699—1999	08F	塑性好，焊接性好，宜制作冷冲压件、焊接件及一般螺钉、铆钉、垫片、螺母、容器渗碳件（齿轮轴、小轴、凸轮、摩擦片）等	牌号的两位数字表示平均含碳量质量的万分比，如 08F 钢表示平均含碳量 0.08%；45 钢表示平均含碳量 0.45%，牌号后面有"F"表示是沸腾钢。牌号后面没有标注"Mn"，表示普通含锰量（0.35%~0.8%）；牌号后
	10F		
	15F		
	08		
	10		
	15		
	20		
	25		
	30	综合力学性能优良，宜制作受力较大的零件，如连杆、曲轴、主轴、活塞杆、齿轮等	
	35		
	40		
	45		
	50		
	55		
	60	屈服点高，硬度高，宜制作弹性元件，如各种螺旋弹簧、板簧等，以及耐磨零件、弹簧垫片、轧辊等	
	65		
	70		
	75		
	80		
	85		

名　称	牌　号	性能及用途	说　明
优质碳素结构钢 GB/T 699—1999	15Mn	可用于制作渗碳零件，受磨损零件及较大尺寸的各种弹性元件等，或要求强度稍高的零件	面标注"Mn"，表示较高含锰量（0.7%～1.2%），此钢因含Mn量较多，故淬透性稍好些，强度稍高些
	20Mn		
	25Mn		
	30Mn		
	40Mn		
	50Mn		
	65Mn		
	70Mn		

附表30　常用合金钢的牌号、性能及用途（摘自 GB/T 1591—2008、GB/T 3077—1999、GB/T 1222—2007、GB/T 18254—2002）

名　称	牌　号	性能及用途	说　明
低合金结构钢 GB/T 1591—2008	Q295	良好的塑性、韧性和可焊性，用于受力不大的机器零件，如机座、变速箱壳等	"Q245"表示工程用铸造碳钢，屈服点为245MPa
	Q345	一定的强度与好的塑性与韧性，焊接性良好。用于受力不大，韧性良好的机器零件，如砧座、轴承盖、阀体等	
	Q390	较高的强度与较好的塑性与韧性，铸造性良好，焊接性尚好，切削性好。用于轧钢机机架、轴承座、连杆、箱体、曲轴、缸体等	
	Q420	强度和切削性良好，塑性、韧性较低。用于载荷较大的大齿轮、缸体、制动轮、辊子等	
	Q460	有高的强度和耐磨性，切削性好，焊接性较差，流动性好，裂纹敏感性较大。用于制造齿轮、棘轮等	
合金结构钢 GB/T 3077—1999	20Cr	低淬透性渗碳钢，用于制造受力不太大，不需要强度很高的耐磨件，如机床及小汽车齿轮等	合金结构钢的编号，采用"数字+化学元素+数字"的方法，前面两位数字表示平均含碳量的万分之几，合金元素以化学元素符号表示，化学元素后面的数字一般表示合金含量的百分数。当平均含量在＜1.5%至0.8%时，钢号只标出化学元素符号，而不表明含量。
	20CrMnTi	中淬透性渗碳钢，用于制造承受中等载荷的耐磨件，如汽车、拖拉机承受冲击、摩擦的重要渗碳件，齿轮、齿轮轴等	
	12Cr2Ni4A	高淬透性渗碳钢，用于制造承受重载及强烈磨损的重要大型零件，如重型载重车、坦克的齿轮等	
	28Cr2Ni4WA		
	40Cr	低淬透性调质钢，广泛应用于汽车后半轴、机床齿轮、轴、花键轴等	
	40MnB		
	35CrMo	中淬透性调质钢，调质后强度更高，可作截面大、承受较重载的机器，如主轴、大电机轴、曲轴等	
	40CrNiMoA	高淬透性调质钢，调质后强度最高，韧性也很好，可用作大截面、承受更大载荷的重要调质零件，如重型机器中高载荷轴类等	

续表

名　　称	牌　号	性能及用途	说　明
合金弹簧钢 GB/T 1222—2007	55Si2Mn	有高的弹性极限和屈强比，具有足够的强度与韧性，能承受交变载荷和冲击载荷的作用，应用于制造弹簧等弹性元件	例如，20CrMnTi 表示平均含碳量 0.20%，还含有 CrMnTi 三种合金元素
	60Si2CrA		
	50CrVA		
	30W4Cr2VA		
滚动轴承钢 GB/T 18254—2002	GCr4	高的接触疲劳强度和抗压强度；高的硬度和耐磨性；高的弹性极限和一定的冲击韧度；一定的抗蚀性。用于制造各种规格的轴承	牌号："G"表示滚动轴承钢。注意：①滚动轴承钢是一种高级优质钢，但后面不加"A"；②该类钢含 Cr 量低于 1.65%，如"GCr15"，表示是滚动轴承钢，平均含 Cr 量 1.5%
	GCr15SiMn		
	GCr15		
	GCr15SiMo		

附表 31　　　常用工程用铸造碳钢的牌号、性能及用途（摘自 GB/T 11352—2009）

名　　称	牌　号	性能及用途	说　明
工程用铸造碳钢 GB/T 11352—2009	ZG200-00	良好的塑性、韧性和可焊性。用于受力不大的机器零件，如机座、变速箱壳等	"ZG230-450"表示工程用铸造碳钢，屈服点 230MPa，抗拉强度 450MPa
	ZG230-450	一定的强度与良好的塑性、韧性、焊接性。用于受力不大、韧性良好的机器零件，如砧座、轴承盖、阀体等	
	ZG270-500	较高的强度与较好的塑性与韧性，铸造性良好，焊接性尚好，切削性好。用于轧钢机机架、轴承座、连杆、箱体、曲轴、缸体等	
	ZG310-570	强度和切削性良好，塑性、韧性较低。用于载荷较大的大齿轮、缸体、制动轮、辊子等	
	ZG340-640	有高的强度和耐磨性，切削性好，焊接性较差，流动性好，裂纹敏感性较大，常用于制造齿轮、棘轮等	

附表 32　　　常用工具钢的牌号、性能及用途（摘自 GB/T 1298—2008、GB/T 1299—2000）

名　　称	牌　号	性能及用途	说　明
碳素工具钢 GB/T 1298—2008	T7、T7A	塑性较好，但耐磨性较差，用作承受冲击和要求韧性较高的工具，如木工用刃具、手锤、剪刀等	用"碳"或"T"附以平均含碳量的千分数，如 T8A，表示碳素工具钢，平均含碳量 0.8%，A 表示高级优质
	T8、T8A		
	T10、T10A	硬度及耐磨性高，但韧性差，用于制造不承受冲击的刃具，如锉刀、精车刀、钻头等	
	T12、T12A	塑性较差，耐磨性较好，用于制造承受冲击振动较小而受较大切削力的工具，如丝锥、板牙、手锯条等	

续表

名　称	牌　号	性能及用途	说　明
低合金工具钢 GB/T 1299—2000	9SiCr	热硬性较高，硬而耐磨，可采用分级淬火，以减小变形，适宜制造要求变形小的薄刃刀具	含碳量≥1%时不标出，<1%时，在钢的牌号前部用数字表示出平均含碳量的千分之几。合金元素的表示法与合金结构钢相同
	CrWMn	热硬性较高，硬而耐磨，淬火变形小，适宜制造较细长、淬火变形小且耐磨性好的低速切削刃具，如长丝锥、长铰刀等	
高速钢 GB/T 1299—2000	W18Cr4V	具有良好的综合性能，用于制作各种复杂刃具，如拉刀、螺纹铣刀、齿轮刀具等	
	W6Mo5Cr4V2	耐磨性优于 W18Cr4V，适宜于制造要求耐磨和韧性较好的刃具，如铣刀、插齿刀等	
热作模具钢 GB/T 1299—2000	5CrMnMo	高的热硬性和高温耐磨性，高的热稳定性，高的抗热疲劳性，足够的强度与韧性，用于制作热锻模	
	5CrNiMo		

3. 有色金属及其合金的牌号、性能及用途

附表 33　有色金属及其合金的牌号、性能及用途（摘自 GB/T 11511—2009、GB/T 1173—1995、GB/T 1176—1987）

名　称		牌　号	性能及用途	说　明
变形铝合金	防锈铝	LF5、LF11、LF21	塑性及焊接性良好，常用拉延法制造各种高耐腐蚀性的薄板容器（如油箱等）、防锈铝皮及受力小、质轻、耐蚀的制品	变形铝合金的标记采用汉语拼音字首加序数号表示。防锈铝用 LF，后跟序列号。硬铝、超硬铝、锻铝分别用 LY、LC、LD 字母开头，后跟序列号，如 LY12、LC4、LD6 等
	硬铝	LY11、LY12	有相当高的强度、硬度，LY11 常用于制造形状复杂、载荷较低的结构件，LY12 用于制造飞机翼肋、翼梁等受力构件	
	超硬铝	LC3	强度比硬铝还高，强度已相当于超高强度钢，用于飞机的机翼大梁、起落架等	
		LC4		
	锻铝	LD2	具有良好的热塑性及耐蚀性，适宜锻造生产，主要作航空及仪表工业中形状复杂、比强度要求较高的锻件	
		LD6		
铸造铝合金	铝硅合金	ZL101（ZA1Si7Mg）	流动性好，适宜于铸造形状复杂受力很小的零件，如仪表壳及其他薄壁零件	"ZL"表示铸造铝合金，第一位数字表示合金系列：1 为硅铝系合金；2 为铝铜系合金；3 为铝镁系合金；4 为铝锌系合金；铸造牌号用 ZA1+合金元素和其含量表示
		ZL102（ZA1Si12）		
	铝铜合金	ZL201（ZA1Cu5Mn）	在 300℃下保持较高的强度，是铸造耐热铝合金，它的缺点是铸造型和耐蚀性均差，可用于 300℃下工作的形状简单的铸件，如内燃机汽缸盖、活塞等	
		ZL201（ZA1Cu10）		
	铝镁合金	ZL301（ZA1Mg10）	强度和塑性高，耐蚀性优良，用于承受高载荷和要求耐腐蚀的外形简单的铸件	
	铝锌合金	ZL401（ZA1Zn11Si7）	铸造性能很好，强度较高，适宜压力铸造，主要用于温度不超过 200℃，结构形状复杂的汽车、飞机零件，医疗机器零件等	

续表

名　称	牌　号	性能及用途	说　明
普通黄铜	H90（90 黄铜）	优良的耐蚀性、导热性和冷变形能力，常用于艺术装饰品、奖章等	牌号如"H90"，H 表示普通黄铜，90 表示含铜 90%，其余为锌，铜锌二元合金简称普通黄铜
	H68（68 黄铜）	优良的冷、热塑性变形能力，适合制造形状复杂而又耐蚀的管、套类零件，如弹壳、波纹管等	
	H62（62 黄铜）	强度较高并有一定的耐蚀性，广泛用于制作电器上要求导电、耐蚀及强度适中的结构件，如螺栓、垫片、弹簧等	
特殊黄铜	HSn62－1（62－1 锡黄铜）	加入其他合金元素，强度和耐蚀性提高，应用于与海水和汽油接触的船舶零件，海轮制造业和弱电工业用的零件	牌号：H－主加元素符号（Zn 除外）－铜含量（%）－主加元素的含量（%）
	HSi80－3（80－3 硅黄铜）		
	HMn58－2（58－2 锰黄铜）		
普通青铜	压力加工锡青铜	QSn4－3（4－3 锡青铜）	优良的弹性、耐磨性，较好的塑性和抗蚀性，主要应用于制造弹性高、耐磨、抗蚀抗磁的零件，如弹簧片、电极、齿轮等	青铜分为普通青铜和特殊青铜两类。青铜的标记是"青"的汉语拼音字首 Q－第一主加元素及含量（%）－其他元素含量（%），标记中"Z"，表示铸造
		QSn6.5－0.1（6.5－0.1 锡青铜）		
	铸造锡青铜	ZQSn6.5－0.1（6.5－0.1 锡青铜）	具有更高的强度和耐磨性，适宜铸造耐磨、减摩、耐蚀的铸件，如轴承、涡轮、摩擦轮等	
特殊青铜		QAl9－4（9－4 铝青铜）	强度、硬度、耐磨性、耐蚀性比黄铜、锡青铜更高，适宜制造强度及耐磨性较高的摩擦零件，如齿轮、涡轮等	
		QBe2（2 铍青铜）	导热、导电、耐磨性极好，主要用于精密仪表、仪器中的重要的弹性元件、耐磨零件，以及在高速、高温、高压下工作的轴承。	
		QSi3+1（3－1 硅青铜）	主要用于弹簧，在腐蚀性介质中工作的零件及涡轮、蜗杆、齿轮、制动销等	

五、常用的热处理工艺

附表 34　　　　　　　　　　　　常用的热处理工艺

名　词	说　明	应　用
退火	将钢材或钢件加热至适当温度，保温一段时间后，缓慢冷却，以获得接近平衡状态组织的热处理工艺	退火作为预备热处理，安排在铸造或锻造之后、粗加工之前，用以消除前一道工序所带来的缺陷，为随后的工序做准备
正火	将钢材或钢件加热到临界点 AC_3 或 A_{CM} 以上的适当温度保持一定时间后在空气中冷却，得到珠光体类组织的热处理工艺	改善低碳钢和低碳合金钢的切削加工性；作为普通结构零件或大型及形状复杂零件的最终热处理；作为中碳和低合金结构钢重要零件的预备热处理

续表

名　词	说　明	应　用
淬火	将钢奥氏体化后以适当的冷却速度冷却,使工件在横截面内全部或一定的范围内发生马氏体等不稳定组织结构转变的热处理工艺	钢的淬火多半是为了获得马氏体,提高它的硬度和强度。例如,各种工模具、滚动轴承的淬火,是为了获得马氏体以提高其硬度和耐磨性
回火	将经过淬火的工件加热到临界点A_{C1}以下的适当温度保持一定时间,随后用符合要求的方法冷却,以获得所需要的组织和性能的热处理工艺	低温回火(150℃～250℃)其目的是在保持淬火钢的高硬度和高耐磨性的前提下,降低其淬火内应力和脆性,以免使用时崩裂或过早损坏。它主要用于各种高碳的切削刀具、量具、冷冲模具、滚动轴承等;中温回火(350℃～500℃),获得弹性极限和较高的韧性;高温回火(500℃～650℃)能获得强度、硬度和塑性、韧性都较好的综合机械性能
调质	将淬火加高温回火相结合的热处理称为调质处理	
表面淬火	用火焰或高频电流将零件表面迅速加热到临界温度以上,快速冷却	表层获得硬而耐磨的马氏体组织,而心部仍保持一定的韧性,使零件既耐磨又能承受冲击,表面淬火常用来处理齿轮等
渗碳	向钢件表面渗入碳原子的过程	使零件表面具有高硬度和耐磨性,而心部仍保持一定的强度及较高的塑性、韧性,可用在汽车、拖拉机齿轮、套筒等
渗氮	向钢件表面渗入氮原子的过程	增加钢件的耐磨性、硬度、疲劳强度和耐蚀性,可用在模具、螺杆、齿轮、套筒等
氰化	氰化是向钢的表层同时渗入碳和氮的过程	目前以中温气体碳氮共渗和低温气体碳氮共渗(即气体软氮化)应用较为广泛。中温气体碳氮共渗的主要目的是提高钢的硬度、耐磨性和疲劳强度。低温气体碳氮共渗以渗氮为主,其主要目的是提高钢的耐磨性和抗咬合性
时效	低温回火后,精加工之前,加热到100℃～160℃,保持10～40h。对铸件也可用天然时效(放在露天中一年以上)	使工件消除内应力和稳定尺寸,用于量具、精密丝杠、床身导轨等
发蓝发黑	将金属零件放在很浓的碱和氧化剂溶液中加热氧化,使金属表面形成一层氧化铁所组成的保护性薄膜	能防腐蚀,美观。用于一般连接的标准件和其他电子类零件
HB(布氏硬度)	硬度指金属材料抵抗外物压入其表面的能力,也是衡量金属材料软硬程度的一种力学性能指标	用于退火、正火、调质的零件及铸件的硬度检验。优点:测量结果准确;缺点:压痕大,不适合成品检验
HRC(洛氏硬度)		用于经淬火、回火及表面渗碳、渗氮等处理的零件的硬度检验。优点:测量迅速简便,压痕小,可在成品零件上检测
HV(维氏硬度)		维氏硬度试验所用载荷小,压痕深度浅,适用于测量零件薄的表面硬化层的硬度。试验载荷可任意选择,故可测硬度范围宽,工作效率较低

六、设备施工图图例

1. 给水排水工程图图例

附表 35　　　　　给水排水工程图图例（摘自 GB/T 50106—2001）

名　称	图　例	说　明	名　称	图　例	说　明
给水管	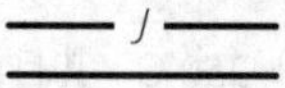 —J—	用汉语拼音声母表示管道类型，也可用不同线型表示管道类型	法兰管堵		
废水管	—F—		闸阀		
污水管	—W—		截止阀		当公称直径大于或等于 50 时用上图表示
雨水管	—Y—				
交叉管	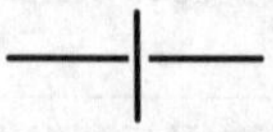	在下方或后方的管道断开	浮球阀		左图表示平面图，右图表示系统图
三通管					
四通管	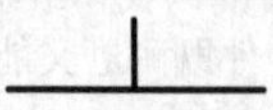	四段管的轴线必须在同一平面内	水龙头		
多孔管		用于公共厕所的小便池	台式洗脸盆		
立管	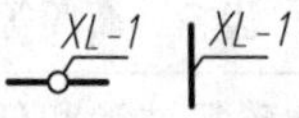 XL-1　XL-1	左图用于平面图中，右图用于轴测系统图中	浴盆		
存水弯			污水池		
立管检查口			盥洗槽		
通气帽	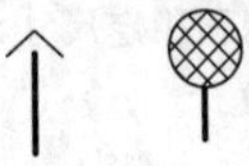	左图表示成品，右图表示铅丝球	坐式大便器		
地漏	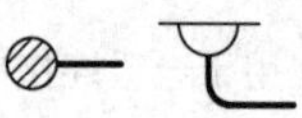	左图表示地漏平面图，右图表示地漏立面图	小便槽		
自动冲洗水箱	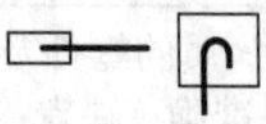	左图表示水箱平面图，右图表示水箱立面图	淋浴喷头		
法兰连接			矩形化粪池	HC	
承插连接					
活接头			阀门井或检查井	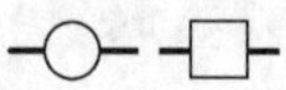	
管堵			水表		

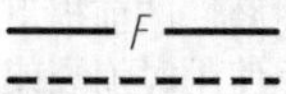

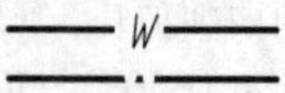

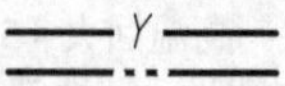

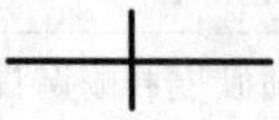

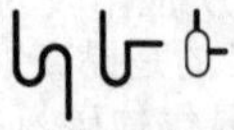

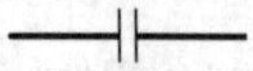

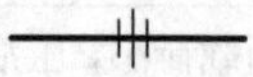

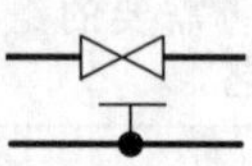

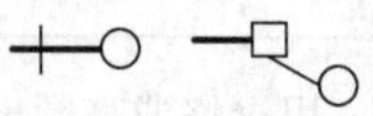

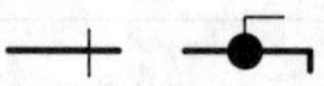

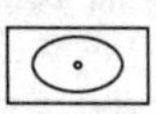

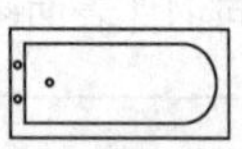

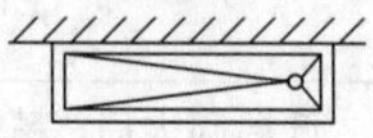

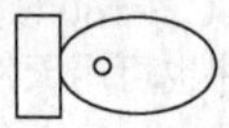

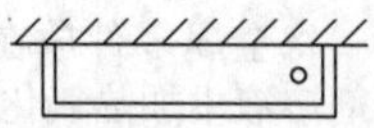

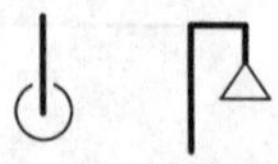

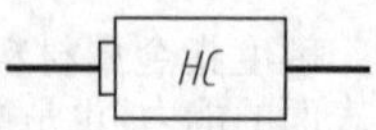

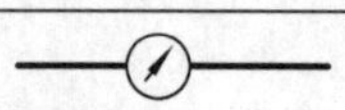

2. 暖通空调工程图图例

附表 36 暖通空调工程图图例（摘自 GB/T 50114—2001）

名　称	图　例	名　称	图　例	名　称	图　例
供暖热水干管	——————	离心水泵		滤尘器（集尘器）	
供暖回水干管	– – – – –				
供暖蒸气干管		疏水器		除尘器	
供暖保温干管					
供暖凝水干管		自动放气阀		风管断面	
地沟管				排尘罩	
管道固定支架	—×—	泄水阀		百叶窗	
方形热补偿管		放气阀		送风口	
圆形热补偿管		压力表		吸风口	
供热立管	○	温度汁		碟阀	
回水立管	●				
散热器		离心式通风机		多叶调节阀	
集气罐（空气箱）		空气加热器		闸板阀	
膨胀水箱		冷却器		拉杆阀	

3. 电气施工工程图图例

附表 37 电气施工工程图图例（摘自 GB/T 4728.12—1996）

名　称	图　例	说　明	名　称	图　例	说　明
单根导线			照明配电箱（屏）		需要时允许涂红
双根导线					
三根导线			单项插座		涂黑表示暗装
n 根导线		n 为导线根数			
导线引上去		上下一般指两楼层之间	带接地孔单项插座		

续表

名　称	图　例	说　明	名　称	图　例	说　明
导线引下来			带接地孔三项插座		涂黑表示暗装
导线引上并引下			插座箱		
导线由上引来并引下			一般荧光灯		
			双管荧光灯		
			三管荧光灯		
导线由下引来并引上			n 管荧光灯		在一般符号上加注灯管数量
电源引入线			负荷开关		
手动开关					
断路器					
熔断器			自动释放负荷开关		也称负荷隔离开关
熔断器开关			一般开关符号		从左至右依次是：普通开关、暗装开关、防水开关和防爆开关
电度表			单极开关		
灯的一般号			双极开关		
接地盒或接线盒			三极开关		
普通配电箱		屏、台、箱、柜的一般符号	拉线开斋		
动力或动力和照明配电箱		需要时符号内可标注电流	风扇		也可以外加方框

主要参考文献

[1]　中华人民共和国国家标准技术制图与机械制图. 北京：中国标准出版社，1996.

[2]　中华人民共和国国家标准机械制图. 北京：中国标准出版社，2004.

[3]　中华人民共和国国家标准技术制图　标题栏. 北京：中国标准出版社，2009.

[4]　中华人民共和国国家标准技术制图　投影法. 北京：中国标准出版社，2008.

[5]　中华人民共和国国家标准技术制图　图纸幅面与格式. 北京：中国标准出版社，2008.

[6]　中华人民共和国国家标准产品几何技术规范（GPS）技术产品文件中表面结构的表示法. 北京：中国标准出版社，2008.

[7]　中华人民共和国国家标准产品几何技术规范（GPS）几何公差形状、方向、位置和跳动公差标注. 北京：中国标准出版社，2008.

[8]　王槐德. 机械制图新旧标准代换教程. 修订版. 北京：中国标准出版社，2009.

[9]　胡建生. 工程制图. 第三版. 北京：化学工业出版社，2008.

[10]　吴宗泽，卢颂峰，冼健生. 简明机械零件设计手册. 北京：中国电力出版社，2011.

[11]　董怀武，刘传慧. 画法几何及机械制图. 第二版. 武汉：武汉理工大学出版社，2009.

[12]　刘朝儒，吴志军，高政一，许纪旻. 机械制图. 第五版. 北京：高等教育出版社，2009.

[13]　杨裕根，诸世敏. 现代工程制图. 第三版. 北京：北京邮电大学出版社，2012.

[14]　曹云露. 现代工程制图. 第二版. 合肥：安徽科学技术出版社，2005.

[15]　中华人民共和国建设部. 房屋建筑制图统一标准 GB/T50001—2001. 北京：中国计划出版社，2002.

[16]　中华人民共和国建设部. 总图制图标准 GB/T50103—2001. 北京：中国计划出版社，2002.

[17]　中华人民共和国建设部. 建筑制图标准 GB/T50104—2001. 北京：中国计划出版社，2002.

[18]　中华人民共和国建设部. 建筑结构制图标准 GB/T50105—2001. 北京：中国计划出版社，2002.

[19]　中华人民共和国建设部. 给水排水制图标准 GB/T50106—2001. 北京：中国计划出版社，2002.

[20]　中华人民共和国建设部. 暖通空调制图标准 GB/T50114—2001. 北京：中国计划出版社，2002.

[21]　中华人民共和国电力部. 电气简图用图形符号制图标准 GB/T728.12—1996. 北京：中

国标准出版社，2002.

[22] 何铭新. 画法几何及土木工程制图. 第二版. 武汉：武汉理工大学出版社，2009.

[23] 李武生，沈本. 建筑图学. 第二版. 武汉：华中科技大学出版社，2004.

[24] 钱可强. 建筑制图. 北京：化学工业出版社，2002.

[25] 于习法，周佶. 画法几何与土木工程制图. 南京：东南大学出版社，2010.

[26] 徐德良. 建筑制图与识图. 南京：河海大学出版社，2004.

[27] 俞智昆. 建筑制图. 北京：中国铁道出版社，2007.

[28] 何斌，陈锦昌，陈炽坤. 建筑制图. 第四版. 北京：高等教育出版社，2001.

[29] 唐顺钦. 实用板金工展开手册. 第二版. 北京：冶金工业出版社，1976.

[30] 苏燕，赵仁高，张云新. 现代工程制图. 北京：化学工业出版社，2010.